EINFÜHRUNG IN DIE THEORIE DER ELLIPTISCHEN FUNKTIONEN UND DEREN ANWENDUNGEN

VON

Dr. phil. ERNST GRAESER
DOZENT AN DER UNIVERSITÄT GÖTTINGEN

MIT 49 ABBILDUGNEN

MÜNCHEN 1950
VERLAG VON R. OLDENBOURG

Satz und Druck: C. Brügel & Sohn, Ansbach.
Buchbinderarbeiten: Gebhardt, Ansbach.

Vorwort.

Dieses Buch soll ein kurzes Lehrbuch für Studenten der Universitäten und Technischen Hochschulen sein, das in leicht lesbarer, moderner Darstellung möglichst weit in die Lehre von den elliptischen Funktionen und ihren Anwendungen auf Geometrie (konforme Abbildung) und Physik (Potentialströmungen) einführt. Anwendungen auf Algebra und Zahlentheorie sind als zu weit abliegend beiseite gelassen worden.

Grundkenntnisse aus der Funktionentheorie werden zwar vorausgesetzt, aber es wird im Verlaufe der Darstellung immer wieder sehr ausführlich auf die als bekannt anzunehmenden funktionentheoretischen Grundlagen hingewiesen, damit der Leser Lücken in seinem Wissen ausfüllen kann. An manchen Stellen sind die mathematischen Entwicklungen breit angelegt, um das Eindringen in die Theorie zu erleichtern. Aus demselben Grunde werden auch Zwischenrechnungen mit genügender Ausführlichkeit gebracht.

Möge dieses Buch den Studierenden eine wesentliche Hilfe sein!

Göttingen, im August 1950.

Ernst Graeser

Inhaltsverzeichnis.

Einleitung.

In der Integralrechnung wird gezeigt, wie Integrale der Art $\int \mathfrak{R}(z, \sqrt{\alpha z^2 + \beta z + \gamma})\,dz$[1]) mittels geeigneter Substitutionen behandelt und auf Integrale rationaler Funktionen zurückgeführt werden können. Z. B. kann das Integral $\int \mathfrak{R}(z, \sqrt{1 - z^2})\,dz$ mittels der Substitution $z = \frac{2t}{1 + t^2}$ oder nach Einführung einer Hilfsveränderlichen t' durch $z = \sin t'$ bzw.

$$t' = \arcsin z = \int_0^z \frac{dz}{\sqrt{1 - z^2}}$$ berechnet werden.

Im nächst höheren Fall, nämlich bei den Integralen $\int \mathfrak{R}(z, \sqrt{Az^3 + Bz^2 + Cz + D})\,dz$ und $\int \mathfrak{R}(z, \sqrt{Az^4 + Bz^3 + Cz^2 + Dz + E})\,dz$ ist das Suchen nach passenden elementaren Substitutionen, die ein solches Integral z. B. auf das Integral einer rationalen Funktion zurückführen könnten, vergebens. Der tiefere Grund hierfür ist die Unmöglichkeit, die Riemannsche Fläche der Quadratwurzel aus einem Polynom dritten oder vierten Grades durch eine elementare Funktion auf einen schlichten Bereich konform abzubilden. Wohl ist auch hier eine schlichte konforme Abbildung der Riemannschen Fläche des Integranden möglich, die Abbildungsfunktion ist aber selbst ein Integral der betrachteten Art. Solche Integrale werden als elliptische Integrale bezeichnet, und zwar aus dem recht äußerlichen Grund, weil unter anderen das Problem, die Länge eines Ellipsenbogens zu berechnen, auf ein Integral solcher Art führt. Vor allem die Mathematiker Fagnano (1714)[2]), Euler (1751), Legendre, Lagrange (1768) haben höchst erfolgreich auf dem Gebiet dieser Integrale gearbeitet.

Abel erforschte als erster die Umkehrung eines speziellen elliptischen Integrals, des elliptischen Integrals I. Art, und entdeckte insbesondere, daß es sich bei dieser Umkehrfunktion um eine doppeltperiodische Funktion handelt. Solche doppeltperiodischen Funktionen heißen elliptische Funktionen. Jacobi (1827), Abel (1827), Gauß (1808, 1843) und Liouville (1844) haben die Theorie der elliptischen Integrale und der elliptischen Funktionen entwickelt.

Nach grundlegenden Untersuchungen von Weierstraß über Partialbruch- und Produktdarstellungen und über Additionstheoreme wurde — unter Benutzung inzwischen gewonnener funktionentheoretischer Erkenntnisse — das Gebäude der elliptischen Funktionen auf eine neue Basis gestellt.

---

[1]) $\mathfrak{R}$ heißt rationale Funktion.
[2]) Die Jahreszahlen in Klammern bedeuten den Zeitpunkt der Hauptfortschritte.

EINLEITUNG

In der heutigen modernen Theorie wird von dem Problem ausgegangen, aus der Mannigfaltigkeit der meromorphen Funktionen durch die Forderung der Periodizität besondere Funktionenklassen zu gewinnen. Neben den einfach periodischen Funktionen ergeben sich die doppeltperiodischen, die elliptischen Funktionen.

Im folgenden wird eine moderne Darstellung der Theorie der elliptischen Funktionen unter besonderer Berücksichtigung der Anwendungsmöglichkeiten gegeben.

Zur Vertiefung des Studiums der elliptischen Funktionen und als Nachschlagewerke können besonders empfohlen werden:

1. Heinrich Burckhardt, Elliptische Funktionen (Berlin u. Leipzig 1920).
2. Der Enzyklopädieaufsatz von Fricke in Enzyklopädie der math. Wissenschaften, Bd. II 2, Heft 2/3 (Leipzig 1913).

Außerdem sei auf das Schrifttumsverzeichnis auf Seite 142 hingewiesen.

A. Perioden eindeutiger analytischer Funktionen.

Perioden eindeutiger analytischer Funktionen $f(z)$ sind Zahlen 2ω, welche zu einer Funktionalgleichung der Form

$$f(z + 2\omega) = f(z)$$

Anlaß geben. Mit jeder Periode 2ω sind auch alle Größen $m\,2\omega$ mit $m = 0, \pm 1, \pm 2, \pm 3, \ldots$ Perioden. Denn, wenn für alle z gilt $f(z + 2\omega) = f(z)$, so setzen wir für z den Wert $z + 2\omega$ ein und erhalten $f(z + 2\omega + 2\omega) = f(z + 2\omega) = f(z)$, also $f(z + 2 \cdot 2\omega) = f(z)$; auf diese Weise können wir zeigen, daß jedes positiv ganzzahlige Vielfache von 2ω eine Periode ist. Setzen wir in $f(z + 2\omega) = f(z)$ statt z den Wert $z - 2\omega$ ein, so bekommen wir $f(z - 2\omega + 2\omega) = f(z - 2\omega)$, also $f(z - 2\omega) = f(z)$; in dieser Weise können wir zeigen, daß mit jeder Periode auch die negative Periodengröße eine Periode ist. Also sind wirklich alle positiven und negativen ganzzahligen Vielfachen von 2ω ebenfalls Perioden. Ebenso ist leicht einzusehen: Wenn 2ω und $2\omega'$ zwei Perioden sind, so sind nicht nur $m\,2\omega$ mit $m = 0, \pm 1, \pm 2, \pm 3, \ldots$ und $m'\,2\omega'$ mit $m' = 0, \pm 1, \pm 2, \pm 3, \ldots$ ebenfalls Perioden, sondern auch die Zahlen $m\,2\omega + m'\,2\omega'$ mit $\left.\begin{matrix} m \\ m' \end{matrix}\right\} = 0, \pm 1, \pm 2, \pm 3, \ldots$ sind Perioden. Denn wenn

$$\begin{aligned} f(z + m\,2\omega) &= f(z), \\ f(z + m'\,2\omega') &= f(z), \end{aligned}$$

so setzen wir in die letzte Gleichung $z + m\,2\omega$ statt z ein und erhalten

$$f(z + m\,2\omega + m'\,2\omega') = f(z + m\,2\omega) = f(z).$$

Die Größen $m\,2w + m'\,2\omega'$ geben Anlaß zur Bildung eines Parallelogrammgitters (Bild 1).

Wir wollen jetzt zeigen, daß eine höhere als doppelte Periodizität bei eindeutigen analytischen Funktionen nicht vorkommen kann, und behaupten zunächst:

Die absoluten Beträge der bei einer eindeutigen analytischen Funktion vorkommenden Perioden müssen eine von Null verschiedene untere Grenze haben.

Beweis: Es sei a eine Regularitätsstelle, an ihr gilt also eine Potenzreihenentwicklung

$$\begin{aligned} f(z) &= f(a) + c_k (z - a)^k + c_{k+1} (z - a)^{k+1} + c_{k+2} (z - a)^{k+2} + \cdots \\ &= f(a) + c_k (z - a)^k \left(1 + \frac{c_{k+1}}{c_k}(z - a) + \frac{c_{k+2}}{c_k}(z - a)^2 + \cdots\right), \end{aligned}$$

und deshalb ist sicher: $f(z)$ nimmt bei $z = a$ den Wert $f(a)$ an, aber in un-

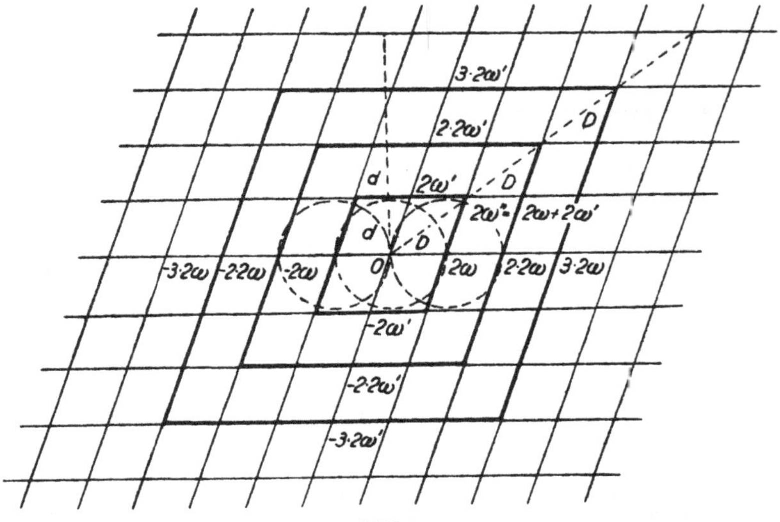

Bild 1.

mittelbarer Nähe der Stelle a nicht nochmals[1]). Wenn aber keine von Null verschiedene untere Grenze der Perioden vorhanden wäre, wenn es also beliebig kleine Perioden gäbe, so müßte $f(z)$ in beliebiger Nähe von $z = a$ den Wert $f(a)$ nochmals annehmen.

Es seien nun alle Perioden einer eindeutigen analytischen Funktion in der Ebene aufgetragen. Diese Periodenpunkte können im Endlichen keinen Häufungspunkt haben, weil nämlich die Differenz irgend zweier Perioden wieder eine Periode ist und beliebig kleine Perioden nicht vorkommen können, wie wir soeben gesehen haben. In jedem um den Nullpunkt konstruierten Kreis mit endlichem Radius können daher nur endlich viele Periodenpunkte liegen. Unter diesen endlich vielen Perioden wählen wir diejenige mit kleinstem absoluten Betrag und nennen sie $2\,\omega$. Die durch $2\,\omega$ von selber mitgelieferten Periodenpunkte $m\,2\,\omega$ mit $m = 0, \pm 1, \pm 2, \pm 3, \ldots$ liegen auf einer Geraden durch den Nullpunkt. Auf dieser Geraden können keine weiteren Periodenpunkte auftreten. Wenn nämlich in einem der Intervalle der Länge $|\,2\,\omega\,|$ ein weiterer Periodenpunkt läge, so hätten wir sofort Perioden von kleinerem absoluten Betrage als $|\,2\,\omega\,|$ im Widerspruch zur Annahme, daß $2\,\omega$ bereits die kleinste Periode ist.

Treten außer $m\,2\,\omega$ mit $m = 0, \pm 1, \pm 2, \pm 3, \ldots$ keine weiteren Perioden auf, so haben wir es mit einer einfach periodischen Funktion zu tun.

Wir nehmen jetzt an, daß außer $m\,2\,\omega$ noch andere Perioden vorhanden sind. Um jeden Periodenpunkt $m\,2\,\omega$ können wir einen Kreis vom Radius

[1]) $(z - a)^k$ verschwindet nur bei a, und der zweite Faktor hat in geeignet gewählter Nähe der Stelle a einen Wert, der gewünscht wenig von 1 verschieden ist.

$|2\omega|$ zeichnen (Bild 1) und behaupten, daß im Innern dieser Kreise keine weiteren Periodenpunkte liegen; denn sonst gäbe es kleinere Perioden als 2ω. Alle weiteren Periodenpunkte müssen demnach von der gezeichneten Periodengeraden ($m\,2\omega$) einen Abstand haben, der größer als die Höhe des mit der Seitenlänge $|2\omega|$ konstruierten gleichseitigen Dreiecks ist. Jeder weitere Periodenpunkt liefert eine zur bereits gezeichneten Periodengeraden parallele Periodengerade mit: wir können nämlich zu einem solchen Periodenwert alle Größen $m\,2\omega$ mit $m = 0, \pm 1, \pm 2, \pm 3, \ldots$ addieren und bekommen damit eine neue Periodengerade. Auch auf dieser Periodengeraden liegen die Periodenpunkte nur in Abständen $|2\omega|$ aufgereiht, denn ein sonst etwa noch auf ihr liegender Periodenpunkt würde sofort wieder kleinere Perioden als 2ω liefern. Jede weitere Periode gibt also stets Anlaß zu einer solchen Periodengeraden. Sämtliche überhaupt auftretenden Periodenpunkte sind somit auf derartigen parallelen Geraden angeordnet. Aus den oben genannten Gründen können zwei solche Periodengeraden niemals einen Abstand haben, der kleiner als die Höhe des erwähnten gleichseitigen Dreiecks ist. Es gibt demnach unter allen Periodengeraden eine Gerade, deren Abstand von der zuerst gezeichneten Periodengeraden am kleinsten ist (auf beiden Seiten eine Gerade). Auf ihr wählen wir einen der Periodenpunkte aus und nennen ihn $2\omega'$. Mit $2\omega'$ sind, wie bereits erkannt, $m'\,2\omega'$ mit $m' = 0, \pm 1, \pm 2, \pm 3, \ldots$ ebenfalls Periodenpunkte. Addition von $m\,2\omega$ zu diesen Perioden liefert dann die schon erwähnten Punkte eines parallelogrammatischen Netzes: $m\,2\omega + m'\,2\omega'$ mit $\left.\begin{matrix} m \\ m' \end{matrix}\right\} = 0, \pm 1, \pm 2, \pm 3, \ldots$.

Es kann aber außer diesen Gitterpunkten des parallelogrammatischen Netzes keine weiteren Periodenpunkte geben, denn wir bekämen sonst sofort parallel zur ersten Periodengeraden eine das Netz schneidende weitere Periodengerade, deren Abstände von ihren beiden Nachbargeraden kleiner als der bereits benutzte kleinste Abstand zweier Periodengeraden wären[1]). Wir wollen, nachdem nun das Periodengitter vorliegt, die zur Grundperiode 2ω gehörende zweite Periode $2\omega'$ stets so wählen, daß 2ω durch eine Drehung im positiven Sinn in die Richtung von $2\omega'$ übergeht. Wenn wir $2\omega = 2\varrho\, e^{i\varphi}$ und $2\omega' = 2\varrho'\, e^{i\varphi'}$ setzen, so muß in

$$\tau = \frac{2\omega'}{2\omega} = \frac{\varrho'}{\varrho}\, e^{i(\varphi'-\varphi)} = \frac{\varrho'}{\varrho}\,[\cos(\varphi'-\varphi) + i\sin(\varphi'-\varphi)]$$

gelten: $\sin(\varphi'-\varphi) > 0$; wir können das so schreiben:

$$I\{\tau\} = I\left\{\frac{2\omega'}{2\omega}\right\} > 0\,.$$

[1]) Addition oder Subtraktion eines geeigneten Vielfachen von $2\omega'$ würde eine Periodengerade liefern, die einen kürzeren Abstand von der Ausgangsgeraden hätte als die nächste Periodengerade.

B. Allgemeine Eigenschaften elliptischer Funktionen.

Wir betrachten das Fundamentalparallelogramm 0, 2ω, $2\omega + 2\omega' = 2\omega''$, $2\omega'$. Es soll lauter Punkte z enthalten, von denen keine zwei vermöge Periodenverschiebungen $z + 2\omega$, $z + 2\omega'$ einander äquivalent sind; das sind alle inneren Punkte des Parallelogramms, alle Randpunkte auf der Seite 0, 2ω ohne den Punkt 2ω und alle Randpunkte auf der Seite 0, $2\omega'$ ohne den Punkt $2\omega'$. Wir können die genannten Punkte so charakterisieren:

$$z = t\,2\omega + t'\,2\omega' \text{ mit } 0 \leqq \begin{Bmatrix} t \\ t' \end{Bmatrix} < 1 .$$

In dem so definierten Fundamentalparallelogramm (es enthält keine kongruenten Stellen) nimmt die doppeltperiodische Funktion $f(z)$ $[f(z+2\omega) = f(z), f(z + 2\omega') = f(z)]$ ihre sämtlichen Werte bereits an. Denn die ganze Ebene ist mit einem Netz solcher Parallelogramme bedeckt, und in jedem derartigen Parallelogramm kann sich gemäß der doppelten Periodizität nur der Wertebereich wiederholen, der schon im Fundamentalparallelogramm vorliegt. Wir setzten von $f(z)$ voraus, daß es sich um eine eindeutige Funktion handelt, wir wollen jetzt insbesondere annehmen, daß $f(z)$ im Fundamentalparallelogramm — und damit in der vollen Ebene außer ∞ — als singuläre Stellen nur Pole, also keine wesentlich singuläre Stelle im Endlichen hat. Im Punkte ∞ muß eine wesentliche Singularität vorliegen, denn im Unendlichen häufen sich die Parallelogramme; deshalb wird in beliebiger Nähe des Punktes ∞ jeder beliebige, im Fundamentalparallelogramm überhaupt angenommene Wert unendlich oft angenommen; ein solches Unbestimmtheitsverhalten ist nur an einer wesentlich singulären Stelle möglich. Eindeutige Funktionen, die in der vollen Ebene außer ∞ bis auf Pole regulär sind, heißen meromorphe Funktionen, und wir definieren jetzt:

Elliptische Funktionen sind doppeltperiodische meromorphe Funktionen.

Die Anzahl der im Fundamentalparallelogramm gelegenen Pole — unter richtiger Zählung ihrer Vielfachheit — nennen wir den Grad der betreffenden elliptischen Funktion oder auch ihre Ordnungszahl[1]).

Wir wissen noch nicht, ob es überhaupt elliptische Funktionen gibt. Wir werden später die Existenz elliptischer Funktionen beweisen und diese Funktionen alle herstellen. Zunächst wollen wir — falls es elliptische Funktionen gibt — einige charakteristische, von Liouville gefundene Sätze nennen.

Satz 1: *Eine elliptische Funktion nullter Ordnung, d. h. ohne Pole, ist eine Konstante.*

Beweis: Wenn $f(z)$ eine elliptische Funktion ohne Pole im Fundamentalparallelogramm ist, so ist sie auch in sämtlichen Parallelogrammen des Netzes regulär, d. h. in der ganzen Ebene regulär (zunächst ausschließlich

[1]) Z. B. hat eine elliptische Funktion mit nur zwei Polen erster Ordnung im Fundamentalparallelogramm die Ordnung 2 und eine elliptische Funktion mit nur einem Pol dritter Ordnung im Fundamentalparallelogramm die Ordnung 3.

des Punktes ∞). Wir zeigen nun, daß $f(z)$ im Fundamentalparallelogramm und damit überhaupt beschränkt ist. Wäre nämlich $|f(z)|$ im Fundamentalparallelogramm nicht unter einer endlichen Schranke M gelegen, so gäbe es eine Punktfolge, für welche die Funktion $f(z)$ über alle Grenzen wachsende absolute Beträge annehmen würde. In dem Konvergenzpunkt dieser Punktfolge müßte also von $|f(z)|$ der Wert ∞ angenommen werden im Gegensatz zu der Forderung, daß kein Pol vorhanden ist; $f(z)$ ist also in der vollen Ebene beschränkt: $|f(z)| < M$. Dann ist aber $f(z)$ eine Konstante[1]).

Satz 2: *Es gibt keine elliptische Funktion erster Ordnung, also mit nur einem Pol I. Ordnung im Fundamentalparallelogramm.*

Beweis: b sei ein Pol I. Ordnung, der einzige Pol im Fundamentalparallelogramm[2]). Wir zeichnen um b einen ganz im Fundamentalparallelogramm liegenden Kreis und führen von einem seiner Peripheriepunkte einen Schnitt nach einem Randpunkt des Parallelogramms (Bild 2 bei der Stelle b_μ). Es entsteht ein einfach zusammenhängender Bereich, der die Stelle b nicht mehr im Innern enthält. Das über den Rand dieses einfach zusammenhängenden Bereiches erstreckte Integral der Funktion $f(z)$ verschwindet nach dem Cauchyschen Integralsatz, so daß wir schreiben können:

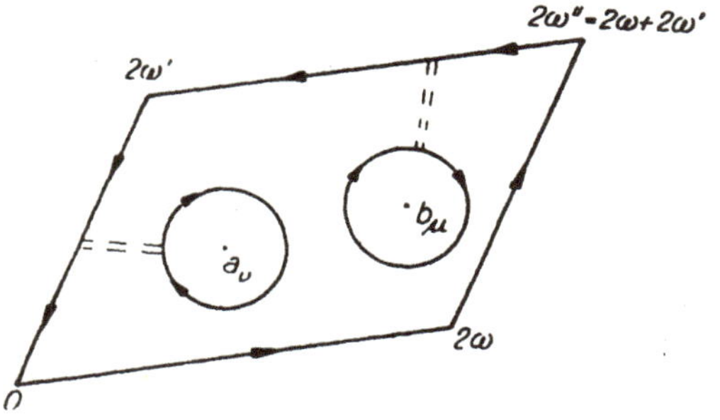

Bild 2.

[1]) Da $f(z)$ im abgeschlossenen Kreis vom Radius ϱ um den Nullpunkt regulär ist, äßt sich nach der Cauchyschen Integralformel der Funktionswert an einer inneren Stelle z so ausdrücken:

$f(z) = \frac{1}{2\pi i}\oint \frac{f(\zeta)}{-z}\,d\zeta$, speziell im Nullpunkt: $f(0) = \frac{1}{2\pi i}\oint \frac{f(\zeta)}{\zeta}\,d\zeta$. Differentiation liefert: $\frac{f^n(z)}{n!} = \frac{1}{2\pi i}\oint \frac{f(\zeta)}{(\zeta - z)^{n+1}}\,d\zeta$, speziell im Nullpunkt: $\frac{f^n(0)}{n!} = \frac{1}{2\pi i}\oint \frac{f(\zeta)}{\zeta^{n+1}}\,d\zeta$;

also, wenn wir $\zeta = \varrho e^{i\varphi}$ setzen: $\frac{f^n(0)}{n!} = \frac{1}{2\pi i}\oint f(\zeta)\,\frac{i\,d\varphi}{\varrho^n e^{in\varphi}}$. Daraus folgt: $\left|\frac{f^n(0)}{n!}\right| \leqq \frac{1}{2\pi}$ [Maximum von $|f(\zeta)|$] $\frac{1}{\varrho^n}\,2\pi = \frac{M}{\varrho^n}$. ϱ kann aber beliebig große Werte haben, demnach werden die Entwicklungskoeffizienten der Reihe

$$f(z) = f(0) + \frac{f'(0)}{1!}z + \frac{f''(0)}{2!}z^2 + \cdots + \frac{f^n(0)}{n!}z^n + \cdots$$

unter jedem Kleinheitsgrad liegen, also Null sein, d. h. $f(z) = f(0) =$ Konstante.

[2]) Falls der Pol gerade auf dem Parallelogrammrand liegt, verschieben wir das Parallelogramm etwas, so daß sich der Pol im Inneren befindet (Bild 4).

$$\oint\limits_{\text{Parallelogr.}} f(z)\,dz + \int\limits_{\substack{\text{Schnittufer}\\ \rightarrow}} f(z)\,dz + \oint\limits_{\text{Kreis}} f(z)\,dz + \int\limits_{\substack{\text{Schnittufer}\\ \leftarrow}} f(z)\,dz = 0\,.$$

Die Integrale über die Schnittufer haben entgegengesetzt gleiche Werte, heben also einander auf, demnach bleibt

$$\oint\limits_{\text{Parallelogr.}} f(z)\,dz = \oint\limits_{\text{Kreis}} f(z)\,dz\,.$$

Das erste Integral können wir so schreiben:

$$\int_0^{2\omega} f(z)\,dz + \int_{2\omega}^{2\omega+2\omega'} f(z)\,dz + \int_{2\omega+2\omega'}^{2\omega'} f(z)\,dz + \int_{2\omega'}^{0} f(z)\,dz =$$

$$= \int_0^{2\omega} f(z)\,dz + \int_{2\omega}^{0} f(z+2\,\omega')\,dz + \int_{2\omega'}^{0} f(z)\,dz + \int_{0}^{2\omega'} f(z+2\,\omega)\,dz =$$

$$= \int_0^{2\omega} f(z)\,dz - \int_0^{2\omega} f(z)\,dz + \int_{2\omega'}^{0} f(z)\,dz - \int_{2\omega'}^{0} f(z)\,dz = 0\,.$$

Demnach ergibt sich, daß das über den Kreis erstreckte Integral verschwindet. An der Stelle b gilt eine Entwicklung

$$f(z) = \frac{c_{-1}}{z-b} + c_0 + c_1\,(z-b) + c_2\,(z-b)^2 + \cdots, \quad \text{also ist}$$

$$\oint\limits_{\text{Kreis}} \frac{c_{-1}}{z-b}\,dz + \oint\limits_{\text{Kreis}} [c_0 + c_1\,(z-b) + c_2\,(z-b)^2 + \cdots]\,dz = 0\,.$$

Da das Integral der regulären Potenzreihe, über den Kreis erstreckt, nach dem **Cauchyschen** Integralsatz verschwindet, muß das erste Integral gleich Null sein, d. h. $\oint c_{-1}\,d\log(z-b) = c_{-1}\,2\,\pi\,i = 0$[1]) und daher $c_{-1} = 0$ im Widerspruch zu der Annahme eines Poles erster Ordnung bei b.

Satz 3: *Die Summe der Residuen einer elliptischen Funktion im Fundamentalparallelogramm ist Null.*

Beweis (analog wie bei *Satz* 2; *Satz* 2 ist ein Sonderfall dieses Satzes): Die Pole von $f(z)$ mögen in den Stellen $b_1, b_2, \ldots, b_\mu, \ldots, b_m$ liegen. Wir konstruieren kleine einander nicht treffende, ganz im Fundamentalparallelogramm befindliche Kreise um die Stellen b_μ und führen Schnitte, die einander und die Kreise nicht treffen, von den einzelnen Kreisperipherien

[1]) Der Logarithmus des absoluten Betrages ändert sich bei einem vollen Umlauf nicht, das Argument erfährt eine Änderung um $2\,\pi$.

zum Parallelogramm (Bild 2 an der Stelle b_μ). Es entsteht ein einfach zusammenhängender Bereich, in dem $f(z)$ regulär ist; das über seinen Rand erstreckte Integral der Funktion $f(z)$ verschwindet demnach; wir können schreiben:

$$\oint\limits_{\text{Parallelogr.}} f(z)\,\mathrm{d}z + \textit{Integrale} \int\limits_{\text{über die Schnittufer}} f(z)\,\mathrm{d}z + \sum_{\mu=1}^{m} \oint\limits_{\text{Kreis um } b_\mu} f(z)\,\mathrm{d}z = 0\,.$$

Die Integrale über die Schnittufer haben paarweise entgegengesetzt gleiche Werte, heben einander also auf, das Integral über den Parallelogrammrand ist Null (wie beim Beweis von *Satz* 2 gezeigt wurde). Demnach muß die Summe der über die kleinen Kreise erstreckten Integrale verschwinden; d. h. wenn wir die Entwicklung an der Stelle b_μ entsprechend einem Pol λ_μ-ter Ordnung

$$f(z) = \frac{c_{-\lambda_\mu}}{(z-b_\mu)^{\lambda_\mu}} + \frac{c_{-(\lambda_\mu-1)}}{(z-b_\mu)^{\lambda_\mu-1}} + \cdots + \frac{c_{-1_\mu}}{z-b_\mu} + c_{0_\mu} + c_{1_\mu}(z-b_\mu) + \cdots$$

einsetzen:

$$\sum_{\mu=1}^{m} \oint\limits_{\text{Kreis um } b_\mu} \left[\frac{c_{-\lambda_\mu}}{(z-b_\mu)^{\lambda_\mu}} + \frac{c_{-(\lambda_\mu-1)}}{(z-b_\mu)^{\lambda_\mu-1}} + \cdots + \frac{c_{-1_\mu}}{z-b_\mu} + c_{0_\mu} + c_{1_\mu}(z-b_\mu) + \cdots\right] \mathrm{d}z = 0\,.$$

Das Integral über die rechtsstehende reguläre Potenzreihenentwicklung verschwindet (Cauchyscher Integralsatz), das Integral über eine Potenz von $z - b_\mu$ mit dem Exponenten $-\lambda_\mu$, wobei λ_μ eine ganze positive Zahl $\geqq 2$, verschwindet ebenfalls[1]); daher bleibt

$$\sum_{\mu=1}^{m} \oint\limits_{\text{Kreis um } b_\mu} \frac{c_{-1_\mu}}{z-b_\mu}\,\mathrm{d}z = \sum_{\mu=1}^{m} c_{-1_\mu}\, 2\pi i = 0^{2)}\,, \text{ d. h.}$$

$$\sum_{\mu=1}^{m} c_{-1_\mu} = \sum \textit{Residuen} = 0\,.$$

Ist nur ein Pol erster Ordnung vorhanden, so muß das einzige vorhandene Residuum also verschwinden, d. h. es gibt gar nicht die Möglichkeit eines einzigen Poles erster Ordnung (das war der Inhalt von *Satz* 2).

Satz 4: *Für jede elliptische Funktion gilt im Fundamentalparallelogramm: Anzahl der Nullstellen = Anzahl der Pole bei richtiger Zählung der Vielfachheiten.*

Beweis: Es seien

$a_1, a_2, \ldots, a_\nu, \ldots, a_n$ die Nullstellen von $f(z)$ mit den Vielfachheiten $k_1, k_2, \ldots, k_\nu, \ldots, k_n$ (a_ν Nullstelle k_ν-ter Ordnung) und

---

[1]) Z. B. $\oint\limits_{\text{Kreis um } b} \frac{\mathrm{d}z}{(z-b)^3} = \oint\limits_{\text{Kreis um } b} \mathrm{d}\,\frac{1}{-2(z-b)^2} = 0$, da die Größe $(z-b)^2$ bei einem vollen Umlauf um b keine Änderung erfährt.

[2]) Überlegung wie beim Beweis von *Satz* 2.

$b_1, b_2, \ldots, b_\mu, \ldots, b_m$ die Pole von $f(z)$ mit den Vielfachheiten $\lambda_1, \lambda_2, \ldots, \lambda_\mu, \ldots, \lambda_m$ (b_μ Pol λ_μ-ter Ordnung).

Wir bemerken zunächst, daß aus $f(z + 2\,\omega) = f(z)$ und $f(z + 2\,\omega') = f(z)$ durch Differentiation folgt: $f'(z + 2\,\omega) = f'(z)$ und $f'(z + 2\,\omega') = f'(z)$; da also die Ableitung einer elliptischen Funktion ebenfalls eine elliptische Funktion ist, stellt auch $\dfrac{f'(z)}{f(z)}$ eine elliptische Funktion dar.

Es gilt an der Nullstelle a_ν mit der Ordnung k_ν folgende Entwicklung:

$$f(z) = c_{k_\nu}(z - a_\nu)^{k_\nu} + c_{k_\nu+1}(z - a_\nu)^{k_\nu+1} + \cdots =$$

$$= c_{k_\nu}(z - a_\nu)^{k_\nu}\left[1 + \frac{c_{k_\nu+1}}{c_{k_\nu}}(z - a_\nu) + \cdots\right] \text{ und}$$

$$f'(z) = k_\nu c_{k_\nu}(z - a_\nu)^{k_\nu-1} + c_{k_\nu+1}(k_\nu + 1)(z - a_\nu)^{k_\nu} + \cdots =$$

$$= k_\nu c_{k_\nu}(z - a_\nu)^{k_\nu-1}\left[1 + \frac{c_{k_\nu+1}}{k_\nu c_{k_\nu}}(k_\nu + 1)(z - a_\nu) + \cdots\right], \text{ demnach}$$

$$\frac{f'(z)}{f(z)} = \frac{k_\nu}{z - a_\nu}\,[1 + C_{1_\nu}(z - a_\nu) + C_{2_\nu}(z - a_\nu)^2 + \cdots] =$$

$$= \frac{k_\nu}{z - a_\nu} + k_\nu C_{1_\nu} + k_\nu C_{2_\nu}(z - a_\nu) + \cdots.$$

Es gilt am Pol b_μ mit der Ordnung λ_μ folgende Entwicklung:

$$f(z) = \frac{c_{-\lambda_\mu}}{(z - b_\mu)^{\lambda_\mu}} + \frac{c_{-(\lambda_\mu-1)}}{(z - b_\mu)^{\lambda_\mu-1}} + \cdots + \frac{c_{-1_\mu}}{z - b_\mu} + c_{0_\mu} + c_{1_\mu}(z - b_\mu) + $$
$$+ c_{2_\mu}(z - b_\mu)^2 + \cdots$$

$$= \frac{c_{-\lambda_\mu}}{(z - b_\mu)^{\lambda_\mu}}\left[1 + \frac{c_{-(\lambda_\mu-1)}}{c_{-\lambda_\mu}}(z - b_\mu) + \cdots\right] \text{ und}$$

$$f'(z) = \frac{-\lambda_\mu c_{-\lambda_\mu}}{(z - b_\mu)^{\lambda_\mu+1}} + \frac{-(\lambda_\mu - 1)\,c_{-(\lambda_\mu-1)}}{(z - b_\mu)^{\lambda_\mu}} + \cdots - \frac{c_{-1_\mu}}{(z - b_\mu)^2} +$$
$$+ c_{1_\mu} + 2\,c_{2_\mu}(z - b_\mu) + \cdots =$$

$$= \frac{-\lambda_\mu c_{-\lambda_\mu}}{(z - b_\mu)^{\lambda_\mu+1}}\left[1 + \frac{(\lambda_\mu - 1)\,c_{-(\lambda_\mu-1)}}{\lambda_\mu c_{-\lambda_\mu}}(z - b_\mu) + \cdots\right], \text{ demnach}$$

$$\frac{f'(z)}{f(z)} = \frac{-\lambda_\mu}{z - b_\mu}\,[1 + \Gamma_{1_\mu}(z - b_\mu) + \Gamma_{2_\mu}(z - b_\mu)^2 + \cdots]$$

$$= \frac{-\lambda_\mu}{z - b_\mu} - \lambda_\mu \Gamma_{1_\mu} - \lambda_\mu \Gamma_{2_\mu}(z - b_\mu) + \cdots.$$

Wir erkennen: Die elliptische Funktion $\dfrac{f'(z)}{f(z)}$ hat bei a_ν einen Pol erster Ordnung mit dem Residuum k_ν und bei b_μ einen Pol erster Ordnung mit dem Residuum $-\lambda_\mu$ (Bild 2). Die Summe der Residuen im Fundamentalperiodenparallelogramm muß verschwinden (nach Satz 3), also gilt:

$$\sum_{\nu=1}^{n} k_\nu - \sum_{\mu=1}^{m} \lambda_\mu = 0 \text{ oder } \sum_{\nu=1}^{n} k_\nu = \sum_{\mu=1}^{m} \lambda_\mu = \mathrm{N}, \text{ d. h.}$$

Anzahl der Nullstellen = Anzahl der Pole
bei richtiger Zählung der Vielfachheiten.

Hieraus folgt:

Satz 5: *Eine elliptische Funktion nimmt auch jeden anderen Wert w^* genau so oft an, wie ihre Ordnung angibt (Ordnungszahl = Anzahl der Pole = Anzahl der Nullstellen), d. h. eine elliptische Funktion nimmt überhaupt jeden Wert gleich oft an.*

Beweis: $f(z) - w^*$ ist eine elliptische Funktion derselben Ordnung wie $f(z)$, denn sie hat die gleiche Polzahl, also auch die gleiche Nullstellenzahl wie $f(z)$, demnach wird der Wert w^* so oft angenommen, wie $f(z)$ den Wert ∞ oder 0 annimmt.

C. Additiver Aufbau der elliptischen Funktionen.

Wir wollen alle elliptischen Funktionen, die zu vorgeschriebenem Periodenpaar $2\,\omega, 2\,\omega'$ gehören, kennenlernen. Pole müssen vorhanden sein, aber die Hauptteile sind nicht vollkommen frei vorgebbar, sondern so, daß die Bedingung erfüllt ist: Summe der Residuen gleich Null im Periodenparallelogramm! Wir geben etwa die Pole im Grundparallelogramm vor; hierdurch sind die kongruenten Pole vermöge der Periodizität mitgegeben. Wir können aber auch endlich viele Stellen in der z-Ebene vorgeben, von denen keine zwei kongruent sind vermöge Periodenverschiebung, und bringen dann alle diese Pole durch geeignete Periodenverschiebungen in das Fundamentalparallelogramm hinein.

1. Weierstraßsche $\wp$-Funktion.

Die einfachste Frage lautet: Elliptische Funktion mit nur einer Polstelle im Fundamentalparallelogramm? Jedenfalls muß es sich um einen Pol höherer als erster Ordnung handeln, weil die Residuensumme gleich Null sein muß. Der einfachste Fall, den wir untersuchen können, heißt also: Pol II. Ordnung im Fundamentalparallelogramm ohne Hauptteilglied I. Ordnung. Wir wählen ihn in besonders einfacher Lage, nämlich im Nullpunkt. Die Entwicklung an dieser Stelle lautet dann

$$\frac{C_{-2}}{z^2} + C_0 + C_1 z + C_2 z^2 + \cdots.$$

Wir normieren diese Entwicklung noch so, daß wir das konstante Glied $C_0 = 0$ und $C_{-2} = 1$ setzen, also

$$\frac{1}{z^2} + c_1 z + c_2 z^2 + \cdots. \tag{1}$$

a. Unitätssatz. *Es kann nicht zwei verschiedene, diesen Forderungen genügende elliptische Funktionen geben.*

Beweis: Angenommen, es gäbe zwei solche elliptische Funktionen $f_1(z)$ und $f_2(z)$. Dann wäre $f_2(z) - f_1(z)$ eine elliptische Funktion ohne Hauptteile, d. h. ohne Pole, also durchaus regulär und demnach eine Konstante, die wegen der Entwicklung bei $z = 0$ den Wert Null haben müßte.

b. Konstruktion der $\wp$-Funktion. Um dem Hauptteil bei $z = 0$ und den an allen Gitterpunkten gemäß der doppelten Periodizität vorliegenden Hauptteilen gerecht zu werden, müssen wir einen Ansatz in der Form versuchen

$$f(z) = \frac{1}{z^2} + \sum{}' \frac{1}{(z - 2\,\tilde{\omega})^2} \quad \text{mit } 2\,\tilde{\omega} = m\,2\,\omega + m'\,2\,\omega'\,,$$

wobei das Strichzeichen an dem Summenzeichen bedeutet, daß der Gitterpunkt $z = 0$ $(2\,\tilde{\omega} = 0)$ schon in dem vorangestellten Glied berücksichtigt wird. Der Ausdruck Σ' müßte bei $z = 0$ regulär sein. Wir kommen demnach auf die Frage der absoluten Konvergenz der Summe für $z = 0$. Die Summierung gemäß der in Bild 1 ersichtlichen Rahmenanordnung liefert

$$\sum{}' \frac{1}{|2\,\tilde{\omega}|^2} = \underset{\text{1. Rahmen}}{\sum \frac{1}{|2\,\tilde{\omega}|^2}} + \underset{\text{2. Rahmen}}{\sum \frac{1}{|2\,\tilde{\omega}|^2}} + \underset{\text{3. Rahmen}}{\sum \frac{1}{|2\,\tilde{\omega}|^2}} + \cdots + \underset{\text{n-ter Rahmen}}{\sum \frac{1}{|2\,\tilde{\omega}|^2}} + \cdots >$$

$$> \frac{8}{D^2} + \frac{2 \cdot 8}{(2\,D)^2} + \frac{3 \cdot 8}{(3\,D)^2} + \cdots + \frac{n\,8}{(n\,D)^2} + \cdots =$$

$$= \frac{8}{D^2}\left(1 + \frac{1}{2} + \frac{1}{3} + \cdots + \frac{1}{n} + \cdots\right);$$

die harmonische Reihe ist aber divergent, also ist unsere Reihe bei $z = 0$ nicht absolut konvergent, wie es im Falle der Regularität bei $z = 0$ sein müßte.

Wir müssen also den Ansatz für $f(z)$ so modifizieren, daß für $z = 0$ eine absolut konvergente Reihe, und zwar mit Sicherheit, $\Sigma' = 0$ herauskommt, wie es gemäß (1) vorgeschrieben ist. Wir versuchen, das gliedweise zu erreichen (ohne den Hauptteil dabei zu stören), indem wir bilden

$$\wp(z) = \frac{1}{z^2} + \sum{}' \left[\frac{1}{(z - 2\,\tilde{\omega})^2} - \frac{1}{(2\,\tilde{\omega})^2}\right].$$

Der Gedanke des Konvergenzwunsches ist folgender: Bleiben wir mit z in einem hinreichend kleinen Kreis um den Nullpunkt, in dem keine weiteren Gitterpunkte liegen, so muß Σ' absolut und gleichmäßig konvergent sein. Wählen wir einen größeren Kreis um den Nullpunkt, so müssen wir den in diesem Kreis und auf seiner Peripherie gelegenen Gitterpunkten (Polstellen) gerecht werden, indem wir die dazugehörigen, endlich vielen Hauptteile vor das Σ'-Zeichen herausschreiben, so daß unter dem Summenzeichen nur noch die außerhalb des gewählten Kreises befindlichen Gitterpunkte vorkommen. Für alle z innerhalb des Kreises soll dann die Summe absolut und gleichmäßig konvergent sein.

Wir denken uns einen Kreis um $z = 0$ mit dem Radius R. Unsere Betrachtungsstelle z liegt darin. Alle Gitterpunkte in und auf diesem Kreise lassen wir also bei der Konvergenzbetrachtung weg. Der dem Nullpunkt am nächsten gelegene, außerhalb der Kreisperipherie befindliche Gitterpunkt habe einen Abstand $> \delta$ von der Kreisperipherie, also einen Abstand $> R + \delta$ vom Nullpunkt. Für alle anderen Gitterpunkte gilt also erst recht $|2\bar{\omega}| > R + \delta$. Wir betrachten

$$\frac{1}{(z-2\bar{\omega})^2} - \frac{1}{(2\bar{\omega})^2} = \frac{(2\bar{\omega})^2 - (z-2\bar{\omega})^2}{(2\bar{\omega})^2(z-2\bar{\omega})^2} = \frac{-z^2 + 2z\cdot 2\bar{\omega}}{(2\bar{\omega})^2(z-2\bar{\omega})^2} = \frac{2z - \frac{z^2}{2\bar{\omega}}}{(2\bar{\omega})^3\left(1-\frac{z}{2\bar{\omega}}\right)^2},$$

$$\left|\frac{1}{(z-2\bar{\omega})^2} - \frac{1}{(2\bar{\omega})^2}\right| < \frac{2R + \frac{R^2}{R+\delta}}{|2\bar{\omega}|^3\left(1-\frac{R}{R+\delta}\right)^2} = \frac{M}{|2\bar{\omega}|^3}.$$

Die Frage der absoluten Konvergenz unserer Summe (nach Weglassen der oben genannten endlich vielen Glieder) ist gleichbedeutend mit der Frage der absoluten Konvergenz der Reihe

$$\sum{}' \frac{1}{|2\bar{\omega}|^3} = \sum_{\text{1. Rahmen}} \frac{1}{|2\bar{\omega}|^3} + \sum_{\text{2. Rahmen}} \frac{1}{|2\bar{\omega}|^3} + \sum_{\text{3. Rahmen}} \frac{1}{|2\bar{\omega}|^3} + \cdots + \sum_{\text{n-ter Rahmen}} \frac{1}{|2\bar{\omega}|^3} + \cdots {}^{1)} <$$

$$< \frac{8}{d^3} + \frac{2\cdot 8}{(2d)^3} + \frac{3\cdot 8}{(3d)^3} + \cdots + \frac{n\cdot 8}{(nd)^3} + \cdots =$$

$$= \frac{8}{d^3}\left(1 + \frac{1}{2^2} + \frac{1}{3^2} + \cdots + \frac{1}{n^2}\right).$$

Der Klammerausdruck stellt eine konvergente Reihe dar. Wir erkennen also:

$$\boxed{\wp(z) = \wp(z; 2\omega, 2\omega') = \frac{1}{z^2} + \sum{}' \left[\frac{1}{(z-2\bar{\omega})^2} - \frac{1}{(2\bar{\omega})^2}\right]} \qquad (2)$$

ist eine analytische Funktion mit Polen II. Ordnung an den Gitterpunkten und mit dem oben geforderten Entwicklungstypus bei $z = 0$.

Wir müssen noch untersuchen, ob $\wp(z)$ doppeltperiodisch ist. Bisher wissen wir nur, daß sich die Pole nach dem Prinzip der doppelten Periodizität wiederholen. Wir zeigen zunächst die doppelte Periodizität für

$$\wp'(z) = \frac{-2}{z^3} - 2\sum{}' \frac{1}{(z-2\bar{\omega})^3} = -2\sum \frac{1}{(z-2\bar{\omega})^3}{}^{2)}.$$

---

[1]) Falls durch die erwähnte eventuelle Weglassung von Gitterpunkten Rahmenteile oder Rahmen wegfallen, so ändert das an der Konvergenzbetrachtung natürlich nichts.

[2]) Σ ohne Strichzeichen: über alle Gitterpunkte einschließlich $z = 0$ summieren!

Es ist

$$\wp'(z+2\,\omega) = -2\sum\frac{1}{(z+2\,\omega-2\,\tilde{\omega})^3} = -2\sum\frac{1}{[z-(2\,\tilde{\omega}-2\,\omega)]^3} = \wp'(z)\,,$$

denn $2\,\tilde{\omega} - 2\,\omega$ stellen wieder alle Gitterpunkte dar. Analog ergibt sich

$$\wp'(z+2\,\omega') = \wp'(z)\,.$$

$\wp'(z)$ ist also eine doppeltperiodische meromorphe Funktion, d. h. eine elliptische Funktion. Integration der beiden Periodizitäts-Funktionalgleichungen liefert $\wp(z+2\,\omega) = \wp(z) + K$ und $\wp(z+2\,\omega') = \wp(z) + K'$, wo K und K' Konstante bedeuten. Zur Bestimmung der Konstanten zeigen wir zunächst die Geradheitseigenschaft

$$\wp(-z) = \wp(z)\,. \tag{3}$$

Es wird

$$\wp(-z) = \frac{1}{z^2} + \sum{}'\left[\frac{1}{(z+2\,\tilde{\omega})^2} - \frac{1}{(2\,\tilde{\omega})^2}\right],$$

und wenn wir $-2\,\tilde{\omega}$ statt $2\,\tilde{\omega}$ schreiben (damit erschöpfen wir auch alle Periodenpunkte)

$$\wp(-z) = \frac{1}{z^2} + \sum{}'\left[\frac{1}{(z-2\,\tilde{\omega})^2} - \frac{1}{(2\,\tilde{\omega})^2}\right] = \wp(z)\,.$$

Setzen wir nun zur Konstantenbestimmung $z = -\omega$ ein, das ist eine reguläre Stelle (kein Gitterpunkt, sondern Halbgitterpunkt), so ergibt sich

$$\wp(-\omega+2\,\omega) = \wp(-\omega) + K\,,$$

also folgt wegen der Geradheitseigenschaft $\wp(\omega) = \wp(-\omega)$, daß die Konstante K gleich Null sein muß. Es ist also

$$\wp(z+2\,\omega) = \wp(z)$$

und

$$\wp(z+2\,\omega') = \wp(z)\,,$$

wie analog gezeigt werden kann.

$\wp(z)$ ist demnach die elliptische Funktion, die wir verlangten; sie heißt die Weierstraßsche $\wp$-Funktion: $\wp(z;\,2\,\omega,\,2\,\omega')$.

2. Eigenschaften der $\wp$-Funktion.

a. Potenzreihenentwicklung. Falls z in einem Kreis vom Radius $q\,|2\,\omega^*|$ mit $q < 1$ gelegen ist, wobei $2\,\omega^*$ die kleinste der beiden Perioden $2\,\omega$ und $2\,\omega'$ sei, so ist die Entwicklung nach Potenzen von z möglich:

$$\frac{1}{(z-2\,\tilde{\omega})^2} = \frac{1}{(2\,\tilde{\omega})^2}\,\frac{1}{\left(1-\frac{z}{2\,\tilde{\omega}}\right)^2} = \frac{1}{(2\,\tilde{\omega})^2}\left(1-\frac{z}{2\,\tilde{\omega}}\right)^{-2} =$$

$$= \frac{1}{(2\,\tilde{\omega})^2}\left[1 + \frac{2z}{2\,\tilde{\omega}} + \frac{6\,z^2}{1\cdot 2\,(2\,\tilde{\omega})^2} + \frac{24\,z^3}{1\cdot 2\cdot 3\,(2\,\tilde{\omega})^3} + \frac{120\,z^4}{1\cdot 2\cdot 3\cdot 4\,(2\,\tilde{\omega})^4} + \cdots\right],$$

also

$$\frac{1}{(z-2\bar\omega)^2}-\frac{1}{(2\bar\omega)^2}=\frac{1}{(2\bar\omega)^3}2z+\frac{6}{1\cdot 2}\frac{1}{(2\bar\omega)^4}z^2+\frac{24}{1\cdot 2\cdot 3}\frac{1}{(2\bar\omega)^5}z^3+\frac{120}{1\cdot 2\cdot 3\cdot 4}\frac{1}{(2\bar\omega)^6}z^4+\cdots,$$

demnach

$$\wp(z)=\frac{1}{z^2}+\sum{}'\left[\frac{1}{(z-2\bar\omega)^2}-\frac{1}{(2\bar\omega)^2}\right]=\frac{1}{z^2}+2\sum{}'\frac{1}{(2\bar\omega)^3}z+\frac{6}{1\cdot 2}\sum{}'\frac{1}{(2\bar\omega)^4}z^2+$$

$$+\frac{24}{1\cdot 2\cdot 3}\sum{}'\frac{1}{(2\bar\omega)^5}z^3+\frac{120}{1\cdot 2\cdot 3\cdot 4}\sum{}'\frac{1}{(2\bar\omega)^6}z^4+\cdots.$$

Die Summen mit ungeraden Exponenten von $2\bar\omega$ verschwinden alle, weil mit $(2\bar\omega)^{2n+1}$ auch $(-2\bar\omega)^{2n+1}=-(2\bar\omega)^{2n+1}$ auftritt, es bleibt also die nur gerade Exponenten von z enthaltende Entwicklung

$$\wp(z)=\frac{1}{z^2}+3\sum{}'\frac{1}{(2\bar\omega)^4}z^2+5\sum{}'\frac{1}{(2\bar\omega)^6}z^4+\cdots. \tag{4}$$

Es ist zweckmäßig, folgende Bezeichnungen einzuführen:

$$\boxed{\begin{aligned}60\sum{}'\frac{1}{(2\bar\omega)^4}&=g_2=g_2(2\omega,2\omega'),\\ 140\sum{}'\frac{1}{(2\bar\omega)^6}&=g_3=g_3(2\omega,2\omega')\,^{1)}\end{aligned}}\,. \tag{5}$$

Wir erhalten dann als Potenzreihenentwicklung am Nullpunkt:

$$\boxed{\wp(z)=\frac{1}{z^2}+\frac{g_2}{20}z^2+\frac{g_3}{28}z^4+\cdots}\,. \tag{6}$$

b. Verhalten an den Halbgitterpunkten. Wir hatten in (3) die Geradheitseigenschaft $\wp(-z)=\wp(z)$ erkannt, die man jetzt auch an der Potenzreihenentwicklung (6) ablesen kann. Für $\wp'(z)$ gilt

$$\wp'(z)=\frac{-2}{z^3}+6\sum{}'\frac{1}{(2\bar\omega)^4}z+20\sum{}'\frac{1}{(2\bar\omega)^6}z^3+\cdots,$$

$$\wp'(z)=\frac{-2}{z^3}+\frac{g_2}{10}z+\frac{g_3}{7}z^3+\cdots, \tag{7}$$

also Ungeradheitseigenschaft

$$\wp'(-z)=-\wp'(z)\,. \tag{8}$$

Es ist

$$\wp(-z+2\omega)=\wp(-z)=\wp(z)\,, \tag{9 a}$$

d. h. Geradheit in bezug auf die Halbgitterstelle ω (Bild 3);

$$\wp(-z+2\omega')=\wp(-z)=\wp(z)\,, \tag{9 b}$$

d. h. Geradheit in bezug auf die Halbgitterstelle ω';

$$\wp(-z+2\omega+2\omega')=\wp(-z+2\omega'')=\wp(-z)=\wp(z)\,, \tag{9 c}$$

---

1) Wir werden auf Seite 24 erkennen, warum es nicht nötig ist, die mit höheren geraden Potenzen von $2\bar\omega$ gebildeten Summen extra zu benennen.

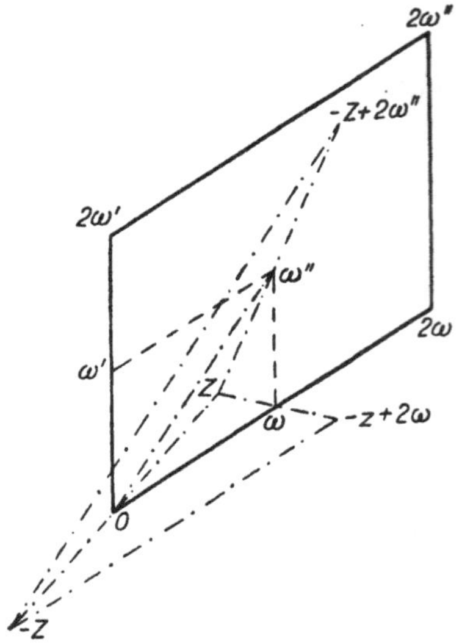

Bild 3.

d. h. Geradheit in bezug auf die Halbgitterstelle ω'' (Bild 3). Ebenso erkennen wir die Ungeradheit von $\wp'(z)$ an den Halbgitterpunkten ω, ω', ω'':

$$\wp'(-z+2\omega) = \wp'(-z) = -\wp'(z),$$
$$\wp'(-z+2\omega') = \wp'(-z) = -\wp'(z),$$
$$\wp'(-z+2\omega'') = \wp'(-z) = -\wp'(z).$$

Daraus folgen für $z \to \omega$ bzw. $z \to \omega'$ bzw. $z \to \omega''$ die Relationen

$$\wp'(\omega) = -\wp'(\omega),$$
$$\wp'(\omega') = -\wp'(\omega'),$$
$$\wp'(\omega'') = -\wp'(\omega''),$$

und, weil ω, ω', ω'' keine Unendlichkeitsstellen (Polstellen) sind,

$$\wp'(\omega) = 0\,, \quad \wp'(\omega') = 0\,, \quad \wp'(\omega'') = 0\,. \tag{10}$$

Die Halbgitterpunkte sind also Nullstellen der Ableitung der $\wp$-Funktion; das sind aber auch alle Nullstellen von $\wp'(z)$, und zwar müssen es drei Nullstellen I. Ordnung sein; denn $\wp'(z)$ hat im Fundamentalparallelogramm einen Pol III. Ordnung bei $z = 0$ (sonst keinen Pol in diesem Parallelogramm), und so oft wird es auch Null.

Die Entwicklung von $\wp(z)$ an einer Halbgitterstelle, z. B. bei $z = \omega$,

$$\wp(z) = \wp(\omega) + \frac{\wp'(\omega)}{1!}(z-\omega) + \frac{\wp''(\omega)}{2!}(z-\omega)^2 + \cdots$$

heißt demnach

$$\wp(z) = \wp(\omega) + \frac{\wp''(\omega)}{2!}(z-\omega)^2 + \cdots \quad \text{mit } \wp''(\omega) \neq 0\,; \tag{10a}$$

denn wäre $\wp''(\omega) = 0$, so würde die Entwicklung erst mit der dritten Potenz von $(z-\omega)$ beginnen, also eine dreifache Annahme des Wertes $\wp(\omega)$ stattfinden; $\wp(z)$ kann aber jeden Wert nur zweimal annehmen (genau so oft wie ∞).

Wir bezeichnen

$$\boxed{\wp(\omega) = e_1\,, \quad \wp(\omega'') = e_2\,, \quad \wp(\omega') = e_3}\,; \tag{11}$$

diese Werte werden also doppelt angenommen und müssen alle voneinander verschieden sein; denn angenommen, es wäre $e_1 = e_2$, so würde dieser Wert bei ω und ω'' je doppelt, also im ganzen viermal angenommen, das ist aber unmöglich.

c. Differentialgleichung der $\wp$-Funktion. Wir fanden [(6) und (7)] die Reihenentwicklungen

$$\wp(z) = \frac{1}{z^2} + \frac{g_2}{20} z^2 + \frac{g_3}{28} z^4 + \cdots,$$

$$\wp'(z) = \frac{-2}{z^3} + \frac{g_2}{10} z + \frac{g_3}{7} z^3 + \cdots.$$

Demnach ergibt sich

$$\left(\wp(z)\right)^3 = \wp^3(z) = \frac{1}{z^6} + \frac{3g_2}{20}\frac{1}{z^2} + \frac{3g_3}{28} + \textit{Potenzreihe in } z \textit{ ohne konstantes Glied},$$

$$\left(\wp'(z)\right)^2 = \wp'^2(z) = \frac{4}{z^6} - \frac{2g_2}{5}\frac{1}{z^2} - \frac{4g_3}{7} + \textit{Potenzreihe in } z \textit{ ohne konstantes Glied}.$$

Es wird demnach

$$\left(\wp'(z)\right)^2 - 4\wp^3(z) = -g_2\frac{1}{z^2} - g_3 + \textit{Potenzreihe in } z \textit{ ohne konstantes Glied},$$

also

$$\left(\wp'(z)\right)^2 - 4\wp^3(z) + g_2\wp(z) + g_3 = \textit{Potenzreihe in } z, \text{ die bei } z = 0 \text{ verschwindet};$$

das ist eine elliptische Funktion ohne Pole[1]), demnach eine Konstante, die wegen des Wertes im Nullpunkt gleich Null sein muß. Wir haben hiermit die Differentialgleichung der $\wp$-Funktion gewonnen:

$$\boxed{\left(\wp'(z)\right)^2 = 4\wp^3(z) - g_2\wp(z) - g_3}\,. \tag{12}$$

Insbesondere ergibt sich unter Benutzung von (10) und (11)

$$\begin{aligned}\left(\wp'(\omega)\right)^2 &= 0 = 4e_1^3 - g_2 e_1 - g_3,\\ \left(\wp'(\omega'')\right)^2 &= 0 = 4e_2^3 - g_2 e_2 - g_3,\\ \left(\wp'(\omega')\right)^2 &= 0 = 4e_3^3 - g_2 e_3 - g_3.\end{aligned}$$

Wir setzen $\wp(z) = s$ und können dann sagen:

Der Ausdruck $4s^3 - g_2 s - g_3$ hat die gemäß (11) sämtlich voneinander verschiedenen Nullstellen e_1, e_2, e_3; demnach ist

$$4s^3 - g_2 s - g_3 = 4(s - e_1)(s - e_2)(s - e_3), \text{ d. h.:}$$

$$\begin{aligned}\left(\wp'(z)\right)^2 &= 4\left(\wp(z) - e_1\right)\left(\wp(z) - e_2\right)\left(\wp(z) - e_3\right) \qquad (12\,\text{a})\\ &= 4\wp^3(z) - 4(e_1 + e_2 + e_3)\wp^2(z) + 4(e_1e_2 + e_1e_3 + e_2e_3)\wp(z) - 4e_1e_2e_3.\end{aligned}$$

Der Vergleich mit (12) ergibt

$$\boxed{\begin{aligned}&e_1 + e_2 + e_3 = 0,\\ &e_1 e_2 + e_1 e_3 + e_2 e_3 = -\frac{1}{4} g_2,\\ &e_1 e_2 e_3 = \frac{1}{4} g_3.\end{aligned}} \tag{13}$$

[1]) Nur bei $z = 0$ könnten Pole vorhanden sein, und diese sind weggehoben.

Aus der Differentialgleichung der $\wp$-Funktion (12), nämlich aus

$$\left(\frac{d\wp(z)}{dz}\right)^2 = 4\wp^3(z) - g_2\wp(z) - g_3$$

folgt:

$$z = \int \frac{d\wp}{\sqrt{4\wp^3 - g_2\wp - g_3}}.$$

Wenn wir wieder $\wp(z) = s$, d. h. $\wp'(z) = \sqrt{4s^3 - g_2 s - g_3}$ einführen, ergibt sich

$$z(s) = \int \frac{ds}{\sqrt{4s^3 - g_2 s - g_3}} = \int \frac{ds}{\sqrt{4(s-e_1)(s-e_2)(s-e_3)}}. \tag{14}$$

Die Umkehrfunktion der Funktion $s = \wp(z)$ (s. auch S. 59) ist ein elliptisches Integral und heißt elliptisches Integral I. Art. (Die Berechtigung dieser Bezeichnungsweise werden wir auf Seite 104 erkennen.)

Der zweideutige Zusammenhang s, $\sqrt{4s^3 - g_2 s - g_3}$ (+ oder — Wurzelwert) stellt sich jetzt in Parameterform so dar:

$$s = \wp(z), \quad \sqrt{4s^3 - g_2 s - g_3} = \wp'(z), \tag{15}$$

also mittels der beiden eindeutigen Funktionen $\wp$ und $\wp'$; z heißt uniformisierender Parameter und ist durch das elliptische Integral I. Art gegeben. Wir sagen: Der oben genannte zweideutige Zusammenhang wird durch die elliptischen Funktionen $\wp(z)$ und $\wp'(z)$ uniformisiert[1]).

d. Koeffizientenproblem. Wir führten mit (5) die Bezeichnungen ein

$$60\sum{}'\frac{1}{(2\tilde{\omega})^4} = g_2 \quad \text{und} \quad 140\sum{}'\frac{1}{(2\tilde{\omega})^6} = g_3,$$

ohne aber die weiteren mit $(2\tilde{\omega})^8$ usw. gebildeten Summen besonders zu benennen. Wir brauchen auch keine neuen Bezeichnungen einzuführen, denn wir werden sehen, daß sich diese mit höheren geraden Potenzen von $2\tilde{\omega}$ gebildeten Summen in einfacher Weise durch g_2 und g_3 ausdrücken lassen. Wir wollen zur Berechnung solcher Summen so verfahren: Aus der Differentialgleichung (12) der $\wp$-Funktion

$$(\wp'(z))^2 = 4\wp^3(z) - g_2\wp(z) - g_3$$

folgt durch Differentiation

$$2\wp'(z)\wp''(z) = 12\wp^2(z)\wp'(z) - g_2\wp'(z), \quad \text{d. h.}$$

$$\wp''(z) = 6\wp^2(z) - \frac{g_2}{2} \tag{16}$$

---

1) Elementares Beispiel der Uniformisierung eines zweideutigen Zusammenhangs durch einfach periodische Funktionen: x, $y = \sqrt{1-x^2}$ (Kreisgleichung); nach Einführung des Polarwinkels φ ergibt sich $x = \cos\varphi$, $y = \sqrt{1-x^2} = \sin\varphi$. Auch φ ist dabei durch ein Integral darstellbar: $\varphi = \arccos x = -\int_1^x \frac{dx}{\sqrt{1-x^2}}$.

und weiterhin

$$\wp'''(z) = 12\,\wp(z)\,\wp'(z)\,. \qquad (17)$$

Danach können wir höhere Ableitungen der $\wp$-Funktion sofort berechnen. Insbesondere dient uns die letzte Gleichung auch zur Berechnung der genannten Summen. Wir entwickeln beide Seiten nach Potenzen von z und vergleichen die Koeffizienten; es ist

$$\wp(z) = \frac{1}{z^2} + c_2 z^2 + c_3 z^4 + \cdots + c_\lambda z^{2\lambda-2} + \cdots, \qquad (18)$$

(nach dem Entwicklungstyp (6))

$$\wp'(z) = \frac{-2}{z^3} + 2c_2 z + 4c_3 z^3 + \cdots + (2\lambda - 2)\, c_\lambda z^{2\lambda-3} + \cdots,$$

$$\wp''(z) = \frac{2\cdot 3}{z^4} + 2c_2 + 4\cdot 3 c_3 z^2 + \cdots + (2\lambda-3)(2\lambda-2)\, c_\lambda z^{2\lambda-4} + \cdots,$$

$$\wp'''(z) = \frac{-2\cdot 3\cdot 4}{z^5} + 4\cdot 3\cdot 2 c_3 z + \cdots + (2\lambda-4)(2\lambda-3)(2\lambda-2)\, c_\lambda z^{2\lambda-5} + \cdots.$$

Demnach bekommen wir aus Gleichung (17)

$$\frac{-2\cdot 3\cdot 4}{z^5} + 4\cdot 3\cdot 2c_3 z + \cdots + (2\lambda-4)(2\lambda-3)(2\lambda-2)\, c_\lambda z^{2\lambda-5} + \cdots =$$

$$= 12\left[\frac{1}{z^2} + c_2 z^2 + c_3 z^4 + \cdots + c_\lambda z^{2\lambda-2} + \cdots\right]$$

$$\left[\frac{-2}{z^3} + 2c_2 z + 4c_3 z^3 + \cdots + (2\lambda-2)\, c_\lambda z^{2\lambda-3} + \cdots\right]$$

Koeffizientenvergleich von $z^{2\lambda-5}$ liefert

$$\begin{aligned}
&(2\lambda-4)(2\lambda-3)(2\lambda-2)\, c_\lambda = \\
&\quad = 12\{(2\lambda-2)\, c_\lambda + c_2 c_{\lambda-2}(2\lambda-6) + c_3 c_{\lambda-3}(2\lambda-8) + \cdots + \\
&\qquad + c_{\lambda-3}\, 4c_3 + c_{\lambda-2}\, 2c_2 - 2c_\lambda\} = \\
&\quad = 12\{(2\lambda-4)\, c_\lambda + c_2 c_{\lambda-2}\, 2(\lambda-2) + c_3 c_{\lambda-3}\, 2(\lambda-2) + \cdots\} = \\
&\quad = 24(\lambda-2)\, c_\lambda + 12(\lambda-2)\{c_2 c_{\lambda-2} + c_3 c_{\lambda-3} + \cdots + c_{\lambda-3} c_3 + \\
&\qquad + c_{\lambda-2} c_2\}\,, \text{ d. h.}
\end{aligned}$$

$$\begin{aligned}
&(2\lambda-3)(2\lambda-2)\, c_\lambda - 12c_\lambda = \\
&\quad = 6\{c_2 c_{\lambda-2} + c_3 c_{\lambda-3} + \cdots + c_{\lambda-3} c_3 + c_{\lambda-2} c_2\}
\end{aligned}$$

$$c_\lambda = \frac{3\{c_2 c_{\lambda-2} + c_3 c_{\lambda-3} + \cdots + c_{\lambda-3} c_3 + c_{\lambda-2} c_2\}}{(\lambda-3)(2\lambda+1)}\,, \qquad (19)$$

für $\lambda > 3$ gültig.

Bekannt sind $c_2 = \frac{g_2}{20}$ und $c_3 = \frac{g_3}{28}$. Nach der gewonnenen Formel können wir sofort die Koeffizienten der höheren Potenzen von z ausrechnen.

$$\lambda = 4 \text{ liefert}: c_4 = \frac{3\,c_2^2}{1 \cdot 9} = \frac{1}{3}\,c_2^2 = \frac{1}{3}\,\frac{g_2^2}{400} = \frac{g_2^2}{1200},$$

$$\lambda = 5 \text{ liefert}: c_5 = \frac{3\left(\frac{g_2}{20}\frac{g_3}{28} + \frac{g_3}{28}\frac{g_2}{20}\right)}{2 \cdot 11} = \frac{3\,g_2 g_3}{560 \cdot 11} = \frac{3\,g_2 g_3}{6160} \text{ usw.}$$

Wir erkennen also: Die Koeffizienten, in transzendenter Form (durch Summen) gegeben, drücken sich alle durch die Grundgrößen g_2 und g_3 in ganzer rationaler Weise mit positiven rationalen Zahlenkoeffizienten aus. Deshalb ist neben der Schreibweise $\wp(z; 2\,\omega, 2\,\omega')$ auch die Schreibweise $\wp(z; g_2, g_3)$ berechtigt.

3. Allgemeinste elliptische Funktion mit gegebenen Polen und Hauptteilen.

a. Hauptteile ohne Glieder erster Ordnung. Wiederholte Differentiation von

$$\wp(z) = \frac{1}{z^2} + \sum{}' \left[\frac{1}{(z - 2\,\bar{\omega})^2} - \frac{1}{(2\,\bar{\omega})^2}\right]$$

liefert

$$\wp'(z) = \frac{-2}{z^3} - 2 \sum{}' \frac{1}{(z - 2\,\bar{\omega})^3},$$

$$\wp''(z) = \frac{3!}{z^4} + 3! \sum{}' \frac{1}{(z - 2\,\bar{\omega})^4},$$

. . . .

$$\wp^{(n-2)}(z) = \frac{(-1)^n\,(n-1)!}{z^n} + (-1)^n\,(n-1)! \sum{}' \frac{1}{(z - 2\,\bar{\omega})^n}, \tag{20}$$

also elliptische Funktionen mit Polen dritter, vierter, ..., n-ter Ordnung bei $z = 0$ und Hauptteilen einfachster Gestalt.

Wird die allgemeinste elliptische Funktion zum Periodenpaar $2\,\omega$, $2\,\omega'$ verlangt, die nur bei $z = 0$ einen Pol, und zwar n-ter Ordnung, mit vorgegebenem Hauptteil

$$\frac{c_{-n}}{z^n} + \frac{c_{-(n-1)}}{z^{n-1}} + \cdots + \frac{c_{-4}}{z^4} + \frac{c_{-3}}{z^3} + \frac{c_{-2}}{z^2}$$

besitzt (ein Glied mit $\frac{1}{z}$ darf nicht vorkommen, weil die Residuensumme gleich Null sein muß), so ist diese gegeben durch

$$C^{(n-2)}\,\wp^{(n-2)}(z) + C^{(n-3)}\,\wp^{(n-3)}(z) + \cdots + C''\,\wp''(z) + C'\,\wp'(z) + \\ + C\wp(z) + \textit{Konstante}$$

mit passend gewählten C-Werten.

Die Differenz zweier unsere Forderungen erfüllenden Funktionen ist eine elliptische Funktion ohne Pole, also eine Konstante; deshalb ist die obige

Funktion wirklich die allgemeinste. Die additive Konstante läßt sich durch Einsetzen eines speziellen Wertes im besonderen Falle feststellen.

Liegt jetzt nicht ein Pol bei $z = 0$, sondern bei $z = a$ von n-ter Ordnung mit gegebenem Hauptteil vor[1]), so heißt die zugehörige allgemeinste elliptische Funktion

$$C^{(n-2)}\wp^{(n-2)}(z-a) + C^{(n-3)}\wp^{(n-3)}(z-a) + \cdots + C''\wp''(z-a) + \\ + C'\wp'(z-a) + C\wp(z-a) + \textit{Konstante}.$$

Es mögen nun endlich viele Pole a_i im Fundamentalparallelogramm und dazu Hauptteile

$$\frac{c^{(i)}_{-k_i}}{(z-a_i)^{k_i}} + \frac{c^{(i)}_{-(k_i-1)}}{(z-a_i)^{k_i-1}} + \cdots + \frac{c^{(i)}_{-2}}{(z-a_i)^2} + \frac{c^{(i)}_{-1}}{z-a_i}$$

gegeben sein, wobei die einzige Beschränkung darin besteht, daß die Bedingung $\sum c^{(i)}_{-1} = 0$ erfüllt sein muß. Die vorgeschriebenen Hauptteile — allerdings ohne die Glieder erster Ordnung — können wir wie oben durch Linearkombinationen aus der „verschobenen" $\wp$-Funktion und ihren Ableitungen herstellen:

$$\sum_i \Big\{ C^{(n-2)}_{(i)}\,\wp^{(n-2)}(z-a_i) + C^{(n-3)}_{(i)}\,\wp^{(n-3)}(z-a_i) + \cdots + C''_{(i)}\wp''(z-a_i) + \\ + C'_{(i)}\,\wp'(z-a_i) + C_{(i)}\,\wp(z-a_i) + \textit{Konstante}. \tag{21}$$

Nun müssen wir noch den Hauptteilgliedern erster Ordnung gerecht werden. Wir haben also die selbständige Frage nach der allgemeinsten elliptischen Funktion mit gegebenen Hauptteilen

$$\frac{c^{(1)}_{-1}}{z-a_1}, \frac{c^{(2)}_{-1}}{z-a_2}, \ldots, \frac{c^{(i)}_{-1}}{z-a_i}, \ldots, \frac{c^{(\lambda)}_{-1}}{z-a_\lambda}, \text{ wobei } \sum c^{(i)}_{-1} = 0,$$

zu studieren.

b. Hauptteile mit nur Gliedern erster Ordnung, ζ-Funktion. Für Hauptteilbestandteile erster Ordnung müssen wir nach einer Extrafunktion suchen. Durch Integration der $\wp$-Funktion erhalten wir einen Pol erster Ordnung. Wir bilden

$$\boxed{\begin{aligned} -\int \wp(z)\,dz &= -\int\left\{\frac{1}{z^2} + \sum{}'\left[\frac{1}{(z-2\tilde{\omega})^2} - \frac{1}{(2\tilde{\omega})^2}\right]\right\}dz = \\ &= \frac{1}{z} + \sum{}'\left[\frac{1}{z-2\tilde{\omega}} + \frac{z}{(2\tilde{\omega})^2} + \frac{1}{2\tilde{\omega}}\right] = \zeta(z) \end{aligned}}, \tag{22}$$

wobei wir über die Integrationskonstante so verfügt haben, daß jedes Glied der obigen Summe Σ' für $z = 0$ verschwindet. Insbesondere ergibt sich für die erhaltene analytische Funktion $\zeta(z)$ unter Benutzung der Potenzreihenentwicklung der $\wp$-Funktion (6):

[1]) Ein Glied mit $\frac{1}{z-a}$ darf wieder nicht vorkommen, weil die Residuensumme gleich Null sein muß.

$$\zeta(z) = -\int\left(\frac{1}{z^2} + \frac{g_2}{20}z^2 + \frac{g_3}{28}z^4 + \cdots\right)dz = \frac{1}{z} - \frac{g_2}{60}z^3 - \frac{g_3}{140}z^5 - \cdots. \tag{23}$$

Wir bemerken die Ungeradheit der ζ-Funktion:

$$\zeta(-z) = -\zeta(z). \tag{24}$$

Natürlich kann $\zeta(z)$ keine elliptische Funktion sein, weil nur ein Pol erster Ordnung im Periodenparallelogramm vorliegt. Vermehrung um 2ω ergibt

$$\zeta(z+2\omega) - \zeta(z) = -\int \wp(z+2\omega)\,dz + \int \wp(z)\,dz = -\int\big(\wp(z+2\omega) - \wp(z)\big)\,dz;$$

wegen $\wp(z + 2\omega) = \wp(z)$ erhalten wir

$$\left.\begin{aligned} \zeta(z+2\omega) - \zeta(z) &= 2\eta \\ \zeta(z+2\omega') - \zeta(z) &= 2\eta' \\ \zeta(z+2\omega'') - \zeta(z) &= 2\eta'' \end{aligned}\right\}\text{wo } \eta, \eta', \eta'' \text{ Konstante bedeuten.} \quad \begin{aligned}(25\text{a})\\(25\text{b})\\(25\text{c})\end{aligned}$$

Zur Bestimmung der Konstanten η, η', η'' setzen wir zunächst in (25a) $z = -\omega$ ein:

$$\zeta(-\omega + 2\omega) - \zeta(-\omega) = 2\eta$$

und erhalten nach (24)

$$2\zeta(\omega) = 2\eta,$$

demnach

$$\boxed{\zeta(z + 2\omega) = \zeta(z) + 2\eta \text{ mit } \eta = \zeta(\omega)}. \tag{26a}$$

Durch Einsetzen von $z = -\omega'$ in (25b) erhalten wir

$$\boxed{\zeta(z + 2\omega') = \zeta(z) + 2\eta' \text{ mit } \eta' = \zeta(\omega')}, \tag{26b}$$

und durch Einsetzen von $z = -\omega''$ in (25c) erhalten wir

$$\boxed{\zeta(z + 2\omega'') = \zeta(z) + 2\eta'' \text{ mit } \eta'' = \zeta(\omega'')}. \tag{26c}$$

Wir können $\zeta(z + 2\omega'')$ nach (26a) und (26b) auch so schreiben:

$$\zeta(z+2\omega'') = \zeta(z+2\omega+2\omega') = \zeta(z+2\omega) + 2\eta' = \zeta(z) + 2\eta + 2\eta'.$$

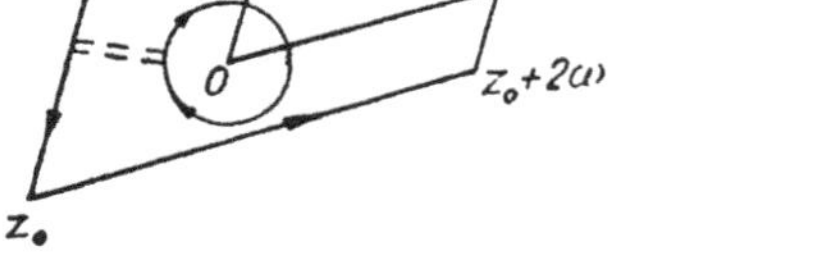

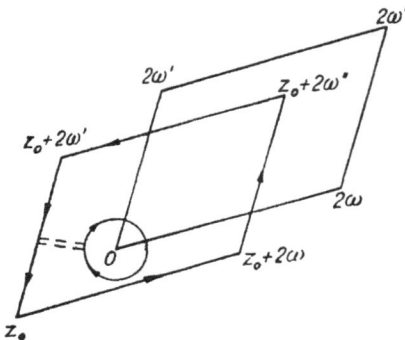

Bild 4.

Vergleich mit (26 c) lehrt

$$\eta'' = \zeta(\omega'') = \eta + \eta' = \zeta(\omega) + \zeta(\omega'). \tag{26d}$$

η und η' können nicht beide gleich Null sein, weil sonst $\zeta(z)$ eine elliptische Funktion wäre.

c. Legendresche Relation. Es gilt die Legendresche Relation

$$\eta\,\omega' - \omega\,\eta' = \frac{\pi i}{2}. \tag{27}$$

Zum Beweis verschieben wir das Fundamentalparallelogramm so, daß der Pol $z = 0$ im Innern liegt (Bild 4); außerdem umgeben wir den Nullpunkt mit einem ganz im neuen Parallelogramm liegenden Kreis und verbinden einen Punkt seiner Peripherie durch einen ganz im Innern des neuen Parallelogramms verlaufenden Schnitt (zwei Schnittufer) mit einem Randpunkt dieses Parallelogramms. Hierdurch entsteht ein einfach zusammenhängender Bereich, der die Stelle $z = 0$ [Pol von $\zeta(z)$] nicht mehr im Innern enthält. $\zeta(z)$ ist in diesem Bereich also regulär, und das über den Rand dieses Bereichs erstreckte Integral der Funktion $\zeta(z)$ verschwindet deshalb nach dem Cauchyschen Integralsatz.

Wir bekommen demnach

$$\oint\limits_{\text{Parallelogramm}} \zeta(z)\,dz \quad + \int\limits_{\substack{\text{Schnittufer}\\ \rightleftarrows}} \zeta(z)\,dz \quad + \oint\limits_{\text{Kreis}} \zeta(z)\,dz = 0.$$

Die Schnittufer werden entgegengesetzt durchlaufen; die sich dabei ergebenden Integrale sind also nur durch das Vorzeichen unterschieden, deshalb bleibt

$$\oint\limits_{\text{Parallelogramm}} \zeta(z)\,dz \quad = \oint\limits_{\text{Kreis}} \zeta(z)\,dz\,.$$

Ausführlich geschrieben heißt das:

$$\int\limits_{z_0}^{z_0+2\omega} \zeta(z)\,dz + \int\limits_{z_0+2\omega}^{z_0+2\omega+2\omega'} \zeta(z)\,dz + \int\limits_{z_0+2\omega+2\omega'}^{z_0+2\omega'} \zeta(z)\,dz + \int\limits_{z_0+2\omega'}^{z_0} \zeta(z)\,dz = \oint\limits_{\text{Kreis}} \left(\frac{1}{z} - \frac{g_2}{60} z^3 - \frac{g_3}{140} z^5 - \cdots\right) dz$$

und nach Zusammenfassung:

$$\int\limits_{z_0}^{z_0+2\omega} [\zeta(z) - \zeta(z+2\omega')]\,dz + \int\limits_{z_0}^{z_0+2w'} [\zeta(z+2\omega) - \zeta(z)]\,dz = \oint\limits_{\text{Kreis}} \frac{1}{z}\,dz = 2\pi i^{1)}\,.$$

Wir können nach (26 b) und (26 a) schreiben

$$\int\limits_{z_0}^{z_0+2\omega} (-2\eta')\,dz + \int\limits_{z_0}^{z_0+2\omega} 2\eta\,dz = 2\pi i,$$

also

$$-2\eta'\,2\omega + 2\eta\,2\omega' = 2\pi i\,,$$

hiermit ist die Legendresche Relation bewiesen.

d. Hauptteile sind gegeben. Es fehlte uns noch der additive Aufbau mit den Hauptteilbestandteilen

$$\frac{c_{-1}^{(i)}}{z - a_i}\,, \text{ wobei } \sum c_{-1}^{(i)} = 0\,.$$

---

1) Die im Kreis-Integral auftretende reguläre Potenzreihe liefert nach dem Cauchyschen Integralsatz den Wert Null.

Um diese Art der Hauptteile zu berücksichtigen, versuchen wir den Ansatz

$$f(z) = \sum_{a_i} c_{-1}^{(i)} \zeta(z - a_i)\,; \tag{28}$$

das ist jedenfalls eine meromorphe Funktion mit den vorgeschriebenen Hauptteilen. Ist diese Funktion aber auch doppelt periodisch, wie gewünscht? Es ist unter Berücksichtigung von (26 a)

$$f(z + 2\,w) = \sum_{a_i} c_{-1}^{(i)} \zeta(z + 2\,\omega - a_i) = \sum_{a_i} c_{-1}^{(i)} \{\zeta(z - a_i) + 2\,\eta\} =$$

$$= \sum_{a_i} c_{-1}^{(i)} \zeta(z - a_i) + 2\,\eta \sum_{a_i} c_{-1}^{(i)} = f(z)\,.$$

Ebenso können wir zeigen: $f(z + 2\,\omega') = f(z)$. Demnach stellt $f(z)$ die zu den Hauptteilgliedern erster Ordnung gehörende elliptische Funktion dar. Wir können jetzt die Frage nach der allgemeinsten elliptischen Funktion mit gegebenen Hauptteilen (s. S. 27) im Fundamentalparallelogramm — unter der Bedingung $\sum c_{-1}^{(i)} = 0$ — beantworten [unter Berücksichtigung von (21)]. Die verlangte Funktion heißt:

$$\boxed{\begin{aligned}\mathcal{F}(z) = \sum_i \Big\{ & C_{(i)}^{(n-2)} \wp^{(n-2)}(z - a_i) + \cdots + C''_{(i)} \wp''(z - a_i) + C'_{(i)} \wp'(z - a_i) + \\ & + C_{(i)} \wp(z - a_i)\Big\} + \sum_i c_{-1}^{(i)} \zeta(z - a_i) + \textit{Konstante}.\end{aligned}} \tag{29}$$

Sie ist tatsächlich die allgemeinste elliptische Funktion der geforderten Art; denn die Differenz zweier solcher Funktionen ist eine elliptische Funktion ohne Pole, also eine Konstante.

D. Multiplikativer Aufbau der elliptischen Funktionen.

4. Allgemeine Bedingungen.

Wir wollen jetzt Nullstellen und Unendlichkeitsstellen (Pole)[1]) mit Angabe der Vielfachheit im Fundamental-Periodenparallelogramm vorschreiben und die allgemeinste elliptische Funktion hierzu konstruieren.

Gegeben: die Nullstellen a_ν; k_ν die Ordnung der Nullstelle a_ν; die Unendlichkeitsstellen (Pole) b_μ; λ_μ die Ordnung des Poles b_μ.

Eine jedenfalls zu erfüllende Bedingung lernten wir bereits kennen (Seite 17):

Anzahl der Nullstellen = Anzahl der Pole, bei richtiger Zählung der Vielfachheiten (Ordnungen).

Wir müssen aber noch eine Bedingung bei Vorgabe der a_ν mit k_ν und der b_μ mit λ_μ erfüllen, nämlich folgende Lagerelation (Liouville):

$$\sum a_\nu k_\nu \equiv \sum b_\mu \lambda_\mu \ (\text{mod. } 2\,\omega,\ 2\,\omega')\,, \text{ d. h.}$$

$$\sum a_\nu k_\nu = \sum b_\mu \lambda_\mu + 2\,\tilde{\omega} \text{ mit } 2\,\tilde{\omega} = m\,2\,\omega + m'\,2\,\omega' \ (\text{Periode}). \tag{30}$$

[1]) Hauptteile werden jetzt nicht vorgegeben, sondern nur die betreffenden Stellen und die Vielfachheiten; z. B. bei a* ein Pol fünfter Ordnung usw.

Wir können diese Bedingung aber auch so schreiben:

$$\sum_{\nu=1}^{N} a_\nu = \sum_{\mu=1}^{N} b_\mu + 2\,\tilde{\omega}\,, \tag{30 a}$$

wenn die Nullstellen und Pole in ihrer Vielfachheit gezählt werden und die Anzahl der Nullstellen, d. h. auch die Anzahl der Unendlichkeitsstellen, mit N bezeichnet wird.

Wir können die Lagerelation jedoch auch in der ersten Form unter Verwendung des Gleichheitszeichens schreiben

$$\sum a_\nu k_\nu = \sum b_\mu \lambda_\mu\,, \tag{30b}$$

wenn eine Nullstelle oder einige Nullstellen bzw. Unendlichkeitsstellen durch geeignete äquivalente[1]) ersetzt werden.

Zum Beweis betrachten wir zunächst

$$\int\limits_{\text{Parallelogramm}} z\frac{f'(z)}{f(z)}\,dz = \int_0^{2\omega} z\frac{f'(z)}{f(z)}\,dz + \int_{2\omega}^{0} (z+2\,\omega')\frac{f'(z)}{f(z)}\,dz + \int_{2\omega'}^{0} z\frac{f'(z)}{(z)}\,dz +$$

$$+ \int_0^{2\omega'} (z+2\,\omega)\frac{f'(z)}{f(z)}\,dz$$

$$= \int_0^{2\omega} z\frac{f'(z)}{f(z)}\,dz - \int_0^{2\omega} z\frac{f'(z)}{f(z)}\,dz - 2\,\omega' \int_0^{2\omega} \frac{f'(z)}{f(z)}\,dz + \int_0^{2\omega'} z\frac{f'(z)}{f(z)}\,dz -$$

$$- \int_0^{2\omega'} z\frac{f'(z)}{f(z)}\,dz + 2\,\omega \int_0^{2\omega'} \frac{f'(z)}{f(z)}\,dz =$$

$$= -2\,\omega'\,[\log f(z)]_0^{2\omega} + 2\,\omega\,[\log f(z)]_0^{2\omega'} =$$

$$= 2\,\omega'\,[\log f(z)]_{2\omega}^{0} + 2\,\omega\,[\log f(z)]_0^{2\omega'} =$$

$$= 2\,\omega'\,m'\,2\,\pi i + 2\,\omega\,m\,2\,\pi i\,^{2)}\,.$$

Wir umgeben jede Nullstelle und jede Unendlichkeitsstelle im Fundamentalparallelogramm mit einem kleinen Kreis; alle diese Kreise sollen einander nicht treffen und jedenfalls ganz im Parallelogramm liegen. (Bild 2.) Sollte die Stelle $z = 0$ Nullstelle oder Unendlichkeitsstelle sein, so verschieben wir das Fundamentalparallelogramm so, daß der Punkt $z = 0$ im Innern und keine Null- oder Unendlichkeitsstelle auf dem Rande liegt. Wir verbinden

---

[1]) Vermöge Periodenverschiebungen $2\,\tilde{\omega} = m\,2\,\omega + m'\,2\,\omega'$ kongruente Stellen, s. auch Fußnote 2 auf S. 36.

[2]) $f(z)$ kehrt zum Ausgangswert zurück, $\log f(z)$ erfährt eine Wertzunahme um $m'\,2\,\pi i$ bzw. $m\,2\,\pi i$, $\left.\begin{matrix} m \\ m' \end{matrix}\right\} = 0, \pm 1, \pm 2, \cdots$.

einen Peripheriepunkt eines jeden solchen Kreises durch einen ganz im Innern des Parallelogramms verlaufenden Schnitt mit einem Randpunkt des Parallelogramms; diese Schnitte sollen einander und die Kreise nicht treffen.

An der Nullstelle a_ν k_ν-ter Ordnung gelten die Entwicklungen

$$f(z) = c_{k_\nu}(z-a_\nu)^{k_\nu} + c_{k_\nu+1}(z-a_\nu)^{k_\nu+1} + \cdots,$$

$$f'(z) = c_{k_\nu} k_\nu (z-a_\nu)^{k_\nu-1} + \cdots,$$

$$\frac{f'(z)}{f(z)} = \frac{k_\nu}{z-a_\nu} + k_\nu C_{1_\nu} + k_\nu C_{2_\nu}(z-a_\nu) + \cdots, \quad \text{(s. S. 16)}$$

$$z\frac{f'(z)}{f(z)} = (a_\nu + z - a_\nu)\frac{k_\nu}{z-a_\nu} + (a_\nu + z - a_\nu)\mathfrak{P}(z-a_\nu)\,^{1)}, \text{ d. h.}$$

$$z\frac{f'(z)}{f(z)} = \frac{a_\nu k_\nu}{z-a_\nu} + \mathfrak{P}_1(z-a_\nu)\,. \tag{31a}$$

An der Unendlichkeitsstelle (Pol) b_μ λ_μ-ter Ordnung gelten die Entwicklungen

$$f(z) = \frac{c_{-\lambda_\mu}}{(z-b_\mu)^{\lambda_\mu}} + \frac{c_{-(\lambda_\mu-1)}}{(z-b_\mu)^{\lambda_\mu-1}} + \cdots,$$

$$f'(z) = -c_{-\lambda_\mu}\lambda_\mu \frac{1}{(z-b_\mu)^{\lambda_\mu+1}} + \cdots,$$

$$\frac{f'(z)}{f(z)} = \frac{-\lambda_\mu}{z-b_\mu} - \lambda_\mu \Gamma_{1_\mu} - \lambda_\mu \Gamma_{2_\mu}(z-b_\mu) + \cdots,$$

$$z\frac{f'(z)}{f(z)} = (b_\mu + z - b_\mu)\frac{-\lambda_\mu}{z-b_\mu} + (b_\mu + z - b_\mu)\mathfrak{P}(z-b_\mu)\,,$$

$$z\frac{f'(z)}{f(z)} = \frac{-b_\mu \lambda_\mu}{z-b_\mu} + \mathfrak{P}_2(z-b_\mu)\,. \tag{31b}$$

Es ist

$$\oint\limits_{\text{Parallelogr.}} z\frac{f'(z)}{f(z)}\,dz + \sum_{\text{über ein Schnittuferpaar}} \int z\frac{f'(z)}{f(z)}\,dz + \sum_{\text{kleiner Kreis}} \oint z\frac{f'(z)}{f(z)}\,dz = 0$$

als Integral einer in einem einfach zusammenhängenden Bereich regulären Funktion (nach dem Cauchyschen Integralsatz). Jedes der über ein Schnittuferpaar erstreckten Integrale verschwindet, da die Schnittufer in entgegengesetztem Sinne durchlaufen werden. Es bleibt

$$\oint\limits_{\text{Parallelogr.}} z\frac{f'(z)}{f(z)}\,dz = \sum_{\text{Kleiner Kreis}} \oint z\frac{f'(z)}{f(z)}\,dz = \sum \int\limits_{\underset{a_\nu}{\circ}} z\frac{f'(z)}{f(z)}\,dz + \sum \int\limits_{\underset{b_\mu}{\circ}} z\frac{f'(z)}{f(z)}\,dz\,.$$

---

1) $\mathfrak{P}$ heißt wieder: reguläre Potenzreihe.

Der Wert des links stehenden Integrals ist $2\,\omega' m'\, 2\pi i + 2\,\omega m\, 2\pi i$; von den rechts stehenden Integralen hat das längs eines kleinen Kreises um eine Nullstelle a_ν erstreckte Integral auf Grund der dafür maßgebenden Entwicklung (31 a) den Wert $a_\nu k_\nu 2\pi i$ und das längs eines kleinen Kreises um eine Unendlichkeitsstelle b_μ erstreckte Integral auf Grund der Entwicklung (31 b) den Wert $-b_\mu \lambda_\mu 2\pi i$. Demnach ergibt sich

$$2\,\omega' m'\, 2\pi i + 2\,\omega m\, 2\pi i = \Sigma a_\nu k_\nu\, 2\pi i - \Sigma b_\mu \lambda_\mu\, 2\pi i\,, \text{ also}$$

$$\Sigma a_\nu k_\nu = \Sigma b_\mu \lambda_\mu + m\, 2\,\omega + m'\, 2\,\omega'\,, \text{ d. h.}$$

die Summe der Nullstellen ist kongruent der Summe der Unendlichkeitsstellen mod. $2\,\omega$, $2\,\omega'$ [1]).

Diese Bedingung ist notwendig zur Aufstellung einer elliptischen Funktion mit vorgegebenen Null- und Unendlichkeitsstellen; wie wir sehen werden, ist diese Bedingung auch hinreichend.

> ***Unitätssatz:** Bis auf eine multiplikative Konstante ist eine elliptische Funktion durch Nullstellen und Pole unter Angabe ihrer Vielfachheiten festgelegt, denn der Quotient zweier solcher Funktionen ist eine elliptische Funktion ohne Nullstellen und ohne Pole, also eine Konstante.*

5. Die σ-Funktion.

a. Herstellung der σ-Funktion. Wir wollen zunächst eine Hilfsfunktion $\sigma(z)$ mit folgenden Eigenschaften herstellen: $\sigma(z)$ sei eine ganze Funktion, die bei $z = 0$ und an allen übrigen Gitterpunkten je eine Nullstelle I. Ordnung hat. Für diese ganze transzendente Funktion $\sigma(z)$ (keine elliptische Funktion) gilt demnach bei $z = 0$ die Entwicklung

$$\begin{aligned}\sigma(z) &= c_1 z + c_2 z^2 + \cdots + c_n z^n + \cdots \qquad (32)\\ &= z\,(c_1 + c_2 z + \cdots + c_n z^{n-1} + \cdots)\,, \text{ demnach}\end{aligned}$$

$$\log \sigma(z) = \log z + \mathfrak{P}(z) \text{ und}$$

$$\frac{d \log \sigma(z)}{d z} = \frac{1}{z} + \mathfrak{P}'(z)\,.$$

Die Entwicklung am Gitterpunkt $2\,\tilde{\omega}$ muß heißen:

$$\begin{aligned}\sigma(z) &= \gamma_1 (z - 2\,\tilde{\omega}) + \gamma_2 (z - 2\,\tilde{\omega})^2 + \cdots\\ &= (z - 2\,\tilde{\omega})\,[\gamma_1 + \gamma_2 (z - 2\,\tilde{\omega}) + \cdots]\,, \text{ demnach}\end{aligned}$$

$$\log \sigma(z) = \log (z - 2\,\tilde{\omega}) + \mathfrak{P}(z - 2\,\tilde{\omega}) \text{ und}$$

$$\frac{d \log \sigma(z)}{d z} = \frac{1}{z - 2\,\tilde{\omega}} + \mathfrak{P}'(z - 2\,\tilde{\omega})\,.$$

Die logarithmische Ableitung der problematischen σ-Funktionen hat demnach an sämtlichen Gitterpunkten Pole I. Ordnung mit dem Residuum 1.

---

[1]) Bei richtiger Zählung der Vielfachheiten.

Das ist aber eine Funktion von gleichem Verhalten wie $\zeta(z)$. Wir schreiben demnach

$$\frac{d \log \sigma(z)}{d z} = \zeta(z) = \frac{1}{z} + \sum{}' \left[\frac{1}{z - 2\tilde{\omega}} + \frac{z}{(2\tilde{\omega})^2} + \frac{1}{2\tilde{\omega}} \right]. \tag{33}$$

Integration liefert

$$\log \sigma(z) = \int \zeta(z) d z = \log z + \sum{}' \left[\log(z - 2\tilde{\omega}) + \frac{1}{2} \frac{z^2}{(2\tilde{\omega})^2} + \frac{z}{2\tilde{\omega}} \right] + \mathit{Konst.}$$

Wir wählen die Integrationskonstante so, daß jedes Glied von Σ' bei $z = 0$ verschwindet:

$$\log \sigma(z) = \log z + \sum{}' \left[\log(z - 2\tilde{\omega}) - \log(-2\tilde{\omega}) + \frac{1}{2} \frac{z^2}{(2\tilde{\omega})^2} + \frac{z}{2\tilde{\omega}} \right]$$

$$= \log z + \sum{}' \left[\log\left(1 - \frac{z}{2\tilde{\omega}}\right) + \frac{1}{2} \frac{z^2}{(2\tilde{\omega})^2} + \frac{z}{2\tilde{\omega}} \right], \text{ also:}$$

$$\boxed{\sigma(z) = e^{\int \zeta(z) d z} = z\, \Pi' \left(1 - \frac{z}{2\tilde{\omega}}\right) e^{\frac{z}{2\tilde{\omega}} + \frac{1}{2} \frac{z^2}{(2\tilde{\omega})^2}}.} \text{ [1]} \tag{34}$$

Wir wollen insbesondere die Potenzreihenentwicklung dieser von Weierstraß eingeführten σ-Funktion kennenlernen:

$$\sigma(z) = e^{\int \zeta(z) dz} = e^{\int \left[\frac{1}{z} - \frac{g_2}{60} z^3 - \frac{g_3}{140} z^5 - \cdots \right] dz}$$

$$= e^{\log z - \frac{g_2}{240} z^4 - \frac{g_3}{840} z^6 - \cdots} = z\, e^{-\frac{g_2}{240} z^4 - \frac{g_3}{840} z^6 - \cdots}$$

$$= z\left(1 - \frac{g_2}{240} z^4 - \frac{g_3}{840} z^6 - \cdots\right)$$

$$\sigma(z) = z - \frac{g_2}{240} z^5 - \frac{g_3}{840} z^7 - \cdots . \tag{35}$$

$\sigma(z)$ ist demnach eine ungerade Funktion: $\sigma(-\omega) = -\sigma(\omega)$.

$\sigma(z)$ ist in der ganzen Ebene regulär (Konvergenzkreis reicht bis zum nächsten singulären Punkt, das ist $z = \infty$).

b. Verhalten der σ-Funktion bei Periodenaddition. Es ist $\zeta(z + 2\omega) = \zeta(z) + 2\eta$ mit $\eta = \zeta(\omega)$, demnach

$$\log \sigma(z + 2\omega) = \int \zeta(z + 2\omega) d z = \int [\zeta(z) + 2\eta] d z$$

$$= \int \zeta(z) d z + 2\eta z + \mathit{Konst.} = \log \sigma(z) + 2\eta z + \mathit{Konst.}, \text{ also}$$

$$\sigma(z + 2\omega) = \sigma(z)\, e^{2\eta z}\, e^{\mathit{Konst.}}.$$

---

[1] Π' bedeutet: Produkt über alle $2\tilde{\omega} \neq 0$.

Zur Ermittlung des Wertes der Konstanten setzen wir $z = -\omega$:

$$\sigma(\omega) = \sigma(-\omega)\, e^{-2\eta\omega}\, e^{Konst.}$$
$$= -\sigma(\omega)\, e^{-2\eta\omega}\, e^{Konst.}, \text{ d. h.}$$
$$e^{Konst.} = -e^{2\eta\omega}.$$

Wir erhalten demnach:

$$\sigma(z + 2\omega) = -\sigma(z)\, e^{2\eta z + 2\eta\omega},$$
$$\sigma(z + 2\omega) = -\sigma(z)\, e^{2\eta(z+\omega)}. \qquad (36\text{ a})$$

Ebenso finden wir:

$$\sigma(z + 2\omega') = -\sigma(z)\, e^{2\eta'(z+\omega')}, \qquad (36\text{ b})$$
$$\sigma(z + 2\omega'') = -\sigma(z)\, e^{2\eta''(z+\omega'')}. \qquad (36\text{ c})$$

Im Besitz der σ-Funktion als Hilfsfunktion können wir die Aufgabe des folgenden Abschnitts behandeln.

6. Konstruktion elliptischer Funktionen mit vorgeschriebenen Null- und Unendlichkeitsstellen bei vorgegebenen Ordnungszahlen (Vielfachheiten).

Gegeben: Nullstellen $a_1, a_2, a_3, \cdots, a_\nu, \cdots, a_n$ mit den Ordnungszahlen $k_1, k_2, k_3, \cdots, k_\nu, \cdots, k_n$ und

Pole $b_1, b_2, b_3, \cdots, b_\mu, \cdots, b_m$ mit den Ordnungszahlen $\lambda_1, \lambda_2, \lambda_3, \cdots, \lambda_\mu, \cdots, \lambda_m$,

wobei die Bedingungen:

$$\sum_{\nu=1}^{n} k_\nu = \sum_{\mu=1}^{m} \lambda_\mu = N \qquad \text{(s. Seite 17) und}$$

$$\sum_{\nu=1}^{n} a_\nu k_\nu \equiv \sum_{\mu=1}^{m} b_\mu \lambda_\mu \pmod{2\omega,\ 2\omega'}, \quad \text{(s. Seite 33), d. h.}$$

$$\sum_{\nu=1}^{n} a_\nu k_\nu = \sum_{\mu=1}^{m} b_\mu \lambda_\mu + 2\tilde{\omega} \text{ mit } 2\tilde{\omega} = m\,2\omega + m'\,2\omega'$$

erfüllt sein mögen.

Wir versuchen zunächst den Ansatz:

$$\Phi(z) = \frac{\prod_{\nu=1}^{N} \sigma(z - a_\nu)}{\prod_{\mu=1}^{N} \sigma(z - b_\mu)}, \qquad (37)$$

wobei jetzt jede Nullstelle a_ν so oft zu einem σ-Faktor Anlaß gibt, wie sie ihrer Vielfachheit nach vorkommt, und entsprechend jede Unendlichkeitsstelle ihrer Vielfachheit nach durch σ-Faktoren vertreten ist. Wenn wir die einzeln aufgeführten Nullstellen wieder mit a_ν und die Unendlichkeitsstellen entsprechend mit b_μ bezeichnen, dann ist sowohl im Zähler als auch im Nenner die Produktbildung über N Faktoren zu erstrecken[1]) $(\sum_{\nu=1}^{n} k_\nu = \sum_{\mu=1}^{m} \lambda_\mu = N$ in der zuerst angegebenen Bezeichnungsweise ν bzw. $\mu)$.

Wie verhält sich unser Ansatz bei Periodenaddition? Es wird

$$\Phi(z+2\omega) = \frac{\prod_{\nu=1}^{N} \sigma(z-a_\nu+2\omega)}{\prod_{\mu=1}^{N} \sigma(z-b_\mu+2\omega)} = \frac{\prod_{\nu=1}^{N} \sigma(z-a_\nu)\, e^{2\eta(z-a_\nu+\omega)}}{\prod_{\mu=1}^{N} \sigma(z-b_\mu)\, e^{2\eta(z-b_\mu+\omega)}}$$

$$= \frac{\prod_{\nu=1}^{N} \sigma(z-a_\nu)}{\prod_{\mu=1}^{N} \sigma(z-b_\mu)} \cdot \frac{e^{N 2\eta z - 2\eta \sum_{\nu=1}^{N} a_\nu + 2\eta\omega N}}{e^{N 2\eta z - 2\eta \sum_{\mu=1}^{N} b_\mu + 2\eta\omega N}},$$

$$\Phi(z+2\omega) = \Phi(z)\, e^{-2\eta\left(\sum_{\nu=1}^{N} a_\nu - \sum_{\mu=1}^{N} b_\mu\right)}; \tag{38 a}$$

ebenso ergibt sich:

$$\Phi(z+2\omega') = \Phi(z)\, e^{-2\eta'\left(\sum_{\nu=1}^{N} a_\nu - \sum_{\mu=1}^{N} b_\mu\right)} \tag{38 b}$$

Wenn $\sum_{\nu=1}^{N} a_\nu - \sum_{\mu=1}^{N} b_\mu$ gleich Null wäre, dann hätten wir doppelte Periodizität; im allgemeinen ist aber diese Größe gleich einem von Null verschiedenen Gitterwert $m\, 2\omega + m'\, 2\omega'$. $\Phi(z)$ wird also im allgemeinen nicht doppelt periodisch, es sei denn, wir ersetzen a_ν-Stellen bzw. b_μ-Stellen derart durch kongruente, daß $\sum_{\nu=1}^{N} a_\nu - \sum_{\mu=1}^{N} b_\mu = 0$. Wenn wir so regulieren, daß $\sum_{\nu=1}^{N} a_\nu - \sum_{\mu=1}^{N} b_\mu$ verschwindet[2]), so gehen dabei möglicherweise Symmetrieverhältnisse verloren, wie wir an Beispielen erkennen werden; wir erhalten aber auf diese Weise eine elliptische Funktion.

Wie muß unser Ansatz verändert werden, damit sich eine elliptische Funktion ergibt, wenn die a_ν, b_μ nur der Kongruenz- $(\sum a_\nu = \sum b_\mu + 2\tilde{\omega},\ 2\tilde{\omega} = m\, 2\omega + m'\, 2\omega')$ und nicht der Gleichheitsbedingung genügen?

Wir versuchen die Modifikation mittels einer Hilfsfunktion (Regulierung mittels Hilfsfunktion) ohne Nullstellen und Unendlichkeitsstellen (im Endlichen), also mittels einer ganzen Funktion ohne Nullstellen und wählen dazu die einfachste derartige Funktion, nämlich e^{cz}. Unser Ansatz lautet jetzt:

---

[1]) z. B. eine dreifache Nullstelle wird zerlegt in drei einfache Nullstellen, ein siebenfacher Pol in sieben einfache Pole.

[2]) Wenn $\sum_{\nu=1}^{N} a_\nu - \sum_{\mu=1}^{N} b_\mu = m\, 2\omega + m'\, 2\omega'$, nehmen wir z. B. statt b_N den Wert $b_N + m\, 2\omega + m'\, 2\omega'$ und erhalten:

$$\sum_{\nu=1}^{N} a_\nu - \sum_{\mu=1}^{\mu=N-1} b_\mu - b_N - (m\, 2\omega + m'\, 2\omega') = 0.$$

$$f(z) = e^{cz}\,\Phi(z) = e^{cz}\,\frac{\prod\limits_{\nu=1}^{N}\sigma(z-a_\nu)}{\prod\limits_{\mu=1}^{N}\sigma(z-b_\mu)}$$, wobei wir die Konstante c passend bestimmen müssen.

Wir betrachten das Verhalten bei Periodenvermehrung:

$$f(z+2\omega) = e^{c(z+2\omega)}\,\Phi(z+2\omega) = e^{cz}\,e^{c2\omega}\,\Phi(z)\,e^{-2\eta(\sum\limits_{\nu=1}^{N}a_\nu-\sum\limits_{\mu=1}^{N}b_\mu)}$$

$$= f(z)\,e^{c2\omega-2\eta(\sum\limits_{\nu=1}^{N}a_\nu-\sum\limits_{\mu=1}^{N}b_\mu)}$$

$$= f(z)\,e^{c2\omega-2\eta(m2\omega+m'2\omega')}.$$

Der Faktor c muß so bestimmt werden, daß der Exponentialausdruck gleich 1 wird:

$e^{c2\omega-2\eta(m2\omega+m'2\omega')} = 1$, d. h. wenn wir ω' durch ω mittels der Legendreschen Relation $\eta\omega' - \omega\eta' = \frac{\pi i}{2}$ (s. Seite 28) ausdrücken:

$$e^{c2\omega-2\eta\left(m2\omega+m'2\frac{2\omega\eta'+\pi i}{2\eta}\right)} = 1\,,$$

$$e^{c2\omega-(m2\eta+m'2\eta')2\omega-m'2\pi i} = 1\,,$$

$$e^{c2\omega-(m2\eta+m'2\eta')2\omega} = 1\,,\ \text{also}$$

$$c = 2\tilde{\eta}\,,\ \text{wobei}\ 2\tilde{\eta} = m2\eta + m'2\eta'\,.$$

Ebenso ergibt sich bei Vermehrung um $2\omega'$: Der Faktor c muß so bestimmt werden, daß die Gleichung gilt:

$$e^{c2\omega'-2\eta'(m2\omega+m'2\omega')} = 1\,,\ \text{d. h.:}$$

$$e^{c2\omega'-2\eta'\left(m2\frac{2\eta\omega'-\pi i}{2\eta'}+m'2\omega'\right)} = 1\,,$$

$$e^{c2\omega'-(m2\eta+m'2\eta')2\omega'+m2\pi i} = 1\,,$$

$$e^{c2\omega'-(m2\eta+m'2\eta')2\omega'} = 1\,,\ \text{also}$$

$$c = 2\tilde{\eta}\,,\ \text{wobei}\ 2\tilde{\eta} = m2\eta + m'2\eta'\,,\ \text{wie oben.}$$

Unser Ansatz heißt demnach, wenn wir bedenken, daß wir noch eine multiplikative Konstante hinzufügen können (s. Seite 33, Unitätssatz):

$$\boxed{f(z) = Ce^{2\tilde{\eta}z}\,\frac{\prod\limits_{\nu=1}^{N}\sigma(z-a_\nu)}{\prod\limits_{\mu=1}^{N}\sigma(z-b_\mu)}\quad\text{mit}\ 2\tilde{\eta} = m2\eta + m'2\eta'}\,; \qquad (39)$$

wir müssen dabei die Größen m und m' dem Ausdruck $\sum\limits_{\nu=1}^{N}a_\nu - \sum\limits_{\mu=1}^{N}b_\mu = m2\omega + m'2\omega' = 2\tilde{\omega}$ entnehmen [es ist $\eta = \zeta(\omega)$, $\eta' = \zeta(\omega')$].

7. Anwendungen.

a. Multiplikative Darstellung von $\wp(z) - \wp(v)$. z sei variabel, v im Augenblick fest und zwar $v \neq 0$ [sonst $\wp(v) = \infty$]; $\wp(z) - \wp(v)$ verschwindet bei $z = v$ und wegen der Geradheit der $\wp$-Funktion, $\wp(-v) = \wp(v)$, auch bei $z = -v$. Wenn v nicht gerade in einem Halbgitterpunkt (ω, ω'' oder ω') liegt, ist

$$\wp'(v) \neq 0 \quad \text{und} \quad \wp(z) - \wp(v) = \wp'(v)(z - v) + \frac{\wp''(v)}{2!}(z - v)^2 + \cdots$$

(einfache Wertannahme). Falls $v = \omega$ (oder ω'' oder ω'), gilt $\wp'(\omega) = 0$ [oder $\wp'(\omega'') = 0$ oder $\wp'(\omega') = 0$] und $\wp(z) - \wp(\omega) = \frac{\wp''(\omega)}{2!}(z - \omega)^2 + \cdots$ (s. auch S. 22). Bei ω haben wir doppelte Wertannahme und natürlich auch bei $-\omega$, es liegt aber nur eine dieser Stellen im Betrachtungsparallelogramm.

Es sei zunächst $v \neq \omega$. Wir erkennen: Σ (Nullstellen) $= v + (-v) = 0$, Σ (*Pole*) $= 0 + 0 = 0$, also Σ (*Nullstellen*) $- \Sigma$ (*Pole*) $= 0$. Der Produktansatz

$$\Phi(z) = \frac{\prod\limits_{\nu=1}^{N} \sigma(z - a_\nu)}{\prod\limits_{\mu=1}^{N} \sigma(z - b_\mu)},$$

der bei Periodenvermehrung um 2ω den zusätzlichen Exponentialfaktor $e^{-2\eta(\Sigma a_\nu - \Sigma b_\mu)}$ lieferte und dadurch im allgemeinen zur Hinzufügung eines regulierenden Faktors $e^{2\bar{\eta} z}$ führte, funktioniert also hier ohne regulierenden Faktor. Wir können demnach bis auf einen konstanten Faktor C schreiben:

$$\wp(z) - \wp(v) = C \frac{\sigma(z - v)\,\sigma(z + v)}{\sigma(z)\,\sigma(z)}.$$

C wird bestimmt durch Vergleich der Entwicklung beider Seiten bei $z = 0$:

$$\frac{1}{z^2} + \text{reg.}(z) - \wp(v) = C \frac{\sigma(-v)\,[1 + \text{reg.}(z)]\,\sigma(v)\,[1 + \text{reg.}(z)]^{1)}}{z\,[1 + \text{reg.}(z)]\,z\,[1 + \text{reg.}(z)]}$$

$$\frac{1}{z^2}[1 - \wp(v)\,z^2 + \text{reg.}(z)] = C \frac{-\sigma^2(v)\,[1 + \text{reg.}(z)]}{z^2\,[1 + \text{reg.}(z)]}$$

$$\frac{1}{z^2}[1 + \text{reg.}(z)] = -C\,\sigma^2(v)\,\frac{1}{z^2}[1 + \text{reg.}(z)],$$

also ist $C = -\frac{1}{\sigma^2(v)}$, demnach

$$\boxed{\wp(z) - \wp(v) = -\frac{\sigma(z - v)\,\sigma(z + v)}{\sigma^2(z)\,\sigma^2(v)}}. \tag{40}$$

Das ist die Ausgangsformel für die später zu betrachtenden Additionstheoreme. Aus dieser Relation erhalten wir insbesondere

---

[1]) reg. (z) bedeutet: reguläre Funktion; Potenzreihenentwicklung bei $z = 0$.

für $v \to \omega$:

$$\left.\begin{aligned}\wp(z)-\wp(\omega)&=\wp(z)-e_1=-\frac{\sigma(z-\omega)\,\sigma(z+\omega)}{\sigma^2(z)\,\sigma^2(\omega)}\ \text{(Darstellung mittels } \omega \text{ und } -\omega),\\ \wp(z)-\wp(\omega)&=-\frac{\sigma(z-\omega)\,\sigma(z-\omega+2\,\omega)}{\sigma^2(z)\,\sigma^2(\omega)}=\frac{\sigma^2(z-\omega)\,e^{2\eta z}}{\sigma^2(z)\,\sigma^2(\omega)}\ \text{(Darstellung mittels doppelter Nullstelle bei } \omega);\end{aligned}\right\}\quad (40\,\text{a})$$

für $v \to \omega'$:

$$\wp(z)-\wp(\omega')=\wp(z)-e_3=-\frac{\sigma(z-\omega')\,\sigma(z+\omega')}{\sigma^2(z)\,\sigma^2(\omega')} \qquad (40\,\text{b})$$

$$=-\frac{\sigma(z-\omega')\,\sigma(z-\omega'+2\,\omega')}{\sigma^2(z)\,\sigma^2(\omega')}=\frac{\sigma^2(z-\omega')\,e^{2\eta' z}}{\sigma^2(z)\,\sigma^2(\omega')};$$

für $v \to \omega''$:

$$\wp(z)-\wp(\omega'')=\wp(z)-e_2=-\frac{\sigma(z-\omega'')\,\sigma(z+\omega'')}{\sigma^2(z)\,\sigma^2(\omega'')} \qquad (40\,\text{c})$$

$$=-\frac{\sigma(z-\omega'')\,\sigma(z-\omega''+2\,\omega'')}{\sigma^2(z)\,\sigma^2(\omega'')}=\frac{\sigma^2(z-\omega'')\,e^{2\eta'' z}}{\sigma^2(z)\,\sigma^2(\omega'')}.$$

b. Direkte Darstellung von $\wp(z)-e_1$. Wir wollen jetzt die multiplikative Darstellung für $\wp(z)-\wp(\omega)=\wp(z)-e_1$ direkt ableiten, ohne Benutzung der Formel für $\wp(z)-\wp(v)$. ω ist doppelte Nullstelle; wir bekommen: Σ *(Nullstellen)* $=\omega+\omega$, Σ *(Pole)* $=0+0$, also Σ *(Nullstellen)* $-\ \Sigma$ *(Pole)* $=$ $=2\,\omega-0=2\,\omega$, demnach nicht Null, so daß wir nicht ohne regulierende Exponentialfunktion durchkommen:

$$\wp(z)-\wp(\omega)=\wp(z)-e_1=C\,e^{2\tilde{\eta} z}\,\frac{\sigma(z-\omega)\,\sigma(z-\omega)}{\sigma(z)\,\sigma(z)}.$$

Da Σ *(Nullstellen)* $-\ \Sigma$ *(Pole)* $=m\,2\,\omega+m'\,2\,\omega'$ in unserem Fall den Wert $2\,\omega$ hat, folgt $m=1$ und $m'=0$, also $2\,\tilde{\eta}=m\;2\,\eta+m'\,2\,\eta'=2\,\eta$.

Es ist also:

$$\wp(z)-e_1=C\,e^{2\eta z}\,\frac{\sigma(z-\omega)\,\sigma(z-\omega)}{\sigma(z)\,\sigma(z)}.$$

Die Konstante C bestimmen wir durch Entwicklung bei $z=0$ und Koeffizientenvergleich:

$$\frac{1}{z^2}+\text{reg.}(z)-e_1=C\,\frac{\sigma^2(\omega)\,[1+\text{reg.}(z)]}{z\,[1+\text{reg.}(z)]\,z\,[1+\text{reg.}(z)]}=C\,\frac{\sigma^2(\omega)}{z^2}\,[1+\text{reg.}(z)],$$

also

$$C=\frac{1}{\sigma^2(\omega)}.$$

Demnach erhalten wir:

$$\wp(z)-\wp(\omega)=\wp(z)-e_1=e^{2\eta z}\,\frac{\sigma^2(z-\omega)}{\sigma^2(z)\,\sigma^2(\omega)},\ \text{oder}$$

$$\wp(z)-\wp(\omega)=\wp(z)-e_1=-\frac{\sigma(z-\omega)\,\sigma(z+\omega)}{\sigma^2(z)\,\sigma^2(\omega)}\ \text{wie in (40 a)}.$$

Es ist $\wp(z) - \wp(\omega) = \wp(z) - e_1 = \frac{\wp''(w)}{2!}(z-\omega)^2 + \cdots =$

$$= \frac{\wp''(\omega)}{2!}(z-\omega)^2\,[1 + \text{reg.}(z-\omega)] \quad \text{(s. S. 22)},$$

demnach $\sqrt{\wp(z) - \wp(\omega)} = \sqrt{\wp(z) - e_1} = \sqrt{\frac{\wp''(\omega)}{2!}}(z-\omega)\sqrt{1 + \text{reg.}(z-\omega)}$

$$= \sqrt{\frac{\wp''(\omega)}{2!}}(z-\omega)\,[1 + \text{reg.}(z-\omega)].$$

Diese Wurzelgröße ist also eine in der Umgebung von $z = 0$ reguläre Funktion (unverzweigt), sie stellt, besser gesagt, zwei eindeutige Funktionen dar, je nach Wahl des Vorzeichens. Zunächst wollen wir die Vorzeichenfrage beim Ziehen der Wurzel aus den beiden Seiten der Gleichung behandeln.

Eindeutige Festlegung des Vorzeichens erfolgt durch Entwicklung von

$\wp(z) - e_1 = e^{2\eta z}\frac{\sigma^2(z-\omega)}{\sigma^2(z)\,\sigma^2(\omega)}$ bei $z = 0$:

links: $\sqrt{\frac{1}{z^2} + \text{reg.}(z)} = \sqrt{\frac{1}{z^2}[1 + \text{reg.}(z)]} = \frac{1}{z}\,[1 + \text{reg.}(z)]$, wobei wir uns auf das Pluszeichen festlegen;

rechts: $e^{\eta z}\frac{\sigma(z-\omega)}{\sigma(z)\,\sigma(\omega)} = \frac{-\sigma(\omega)\,[1 + \text{reg.}(z)]}{\sigma(\omega)\,z\,[1 + \text{reg}(z)]} = -\frac{1}{z}[1 + \text{reg.}(z)]$.

Damit Übereinstimmung der Vorzeichen stattfindet, muß die Wurzel aus der auf der rechten Seite stehenden Größe mit dem Minuszeichen gezogen werden, also gilt:

$$\sqrt{\wp(z) - \wp(\omega)} = \sqrt{\wp(z) - e_1} = -\frac{e^{\eta z}\,\sigma(z-\omega)}{\sigma(z)\,\sigma(\omega)}. \tag{41 a}$$

Diese Funktion ist eine ungerade Funktion, denn es ist

$$\sqrt{\wp(z) - \wp(\omega)} = \sqrt{\frac{1}{z^2} + \frac{g_2}{20}z^2 + \frac{g_3}{28}z^4 + \cdots - e_1} =$$

$$= \sqrt{\frac{1}{z^2}\left(1 - e_1 z^2 + \frac{g_2}{20}z^4 + \frac{g_3}{28}z^6 + \cdots\right)} = \frac{1}{z}\text{ mal gerade Funktion}$$

$$= \text{ungerade Funktion.}$$

Ebenso erhalten wir:

$$\sqrt{\wp(z) - e_2} = -\frac{e^{\eta'' z}\,\sigma(z-\omega'')}{\sigma(z)\,\sigma(\omega'')}\ \text{[aus (40 c)]} \tag{41 b}$$

$$\sqrt{\wp(z) - e_3} = -\frac{e^{\eta' z}\,\sigma(z-\omega')}{\sigma(z)\,\sigma(\omega')}\ \text{[aus (40 b)]}. \tag{41 c}$$

8. Nebensigmafunktionen.

$\sigma_1(z) = -\dfrac{e^{\eta z}\,\sigma(z-\omega)}{\sigma(\omega)}$, gerade Funktion, weil sie, durch $\sigma(z)$ dividiert, zur ungeraden Funktion $\sqrt{\wp(z) - e_1}$ wird;

$$\sigma_1(z) = \frac{e^{\eta z}\,\sigma(\omega - z)}{\sigma(\omega)} = \frac{e^{-\eta z}\,\sigma(\omega + z)}{\sigma(\omega)};$$

$$\sigma_2(z) = -\frac{e^{\eta'' z}\,\sigma(z-\omega'')}{\sigma(\omega'')} = \frac{e^{\eta'' z}\,\sigma(\omega''-z)}{\sigma(\omega'')} = \frac{e^{-\eta'' z}\,\sigma(\omega''+z)}{\sigma(\omega'')};$$

$$\sigma_3(z) = -\frac{e^{\eta' z}\,\sigma(z-\omega')}{\sigma(\omega')} = \frac{e^{\eta' z}\,\sigma(\omega'-z)}{\sigma(\omega')} = \frac{e^{-\eta' z}\,\sigma(\omega'+z)}{\sigma(\omega')}. \tag{42}$$

a. Verhalten der Nebensigmafunktionen bei Periodenaddition.

$$\sigma_1(z + 2\,\omega) = -\frac{e^{\eta(z+2\omega)}\,\sigma(z + 2\,\omega - \omega)}{\sigma(\omega)} = \frac{e^{\eta z}\,e^{\eta 2\omega}\,\sigma(z+\omega)}{\sigma(\omega)}$$

$$= -\sigma_1(z)\,e^{2\eta z + \eta 2\omega} = -\sigma_1(z)\,e^{2\eta(z+\omega)}. \tag{43 a}$$

Ebenso folgt:

$$\sigma_2(z + 2\,\omega'') = -\sigma_2(z)\,e^{2\eta''(z+\omega'')}, \tag{43 b}$$

$$\sigma_3(z + 2\,\omega') = -\sigma_3(z)\,e^{2\eta'(z+\omega')}. \tag{43 c}$$

Das waren Vermehrungen um Perioden vom gleichen Index wie die betrachtete Nebensigmafunktion. Jetzt wollen wir auch andere Periodenvermehrungen betrachten, z. B.

$\sigma_1(z + 2\,\omega'') = -e^{\eta(z+2\omega'')}\dfrac{\sigma(z + 2\,\omega'' - \omega)}{\sigma(\omega)}$ oder nach der zweiten Darstellung (42):

$\sigma_1(z + 2\,\omega'') = e^{-\eta(z+2\omega'')}\dfrac{\sigma(z + 2\,\omega'' + \omega)}{\sigma(\omega)}$; hieraus folgt:

$$\sigma_1(z + 2\,\omega'') = -\frac{e^{-\eta z}\,e^{-\eta 2\omega''}}{\sigma(\omega)}\,\sigma(z+\omega)\,e^{2\eta''(z+\omega+\omega'')}$$

$$= e^{2\eta''(z+\omega'')}\frac{-e^{-\eta z}\,e^{-\eta 2\omega''}\,e^{2\eta''\omega}\,\sigma(z+\omega)\,^{1)}}{\sigma(\omega)}$$

$$= e^{2\eta''(z+\omega'')}\,\sigma_1(z). \tag{44}$$

---

[1]) $-e^{-\eta 2\omega'' + 2\eta''\omega} = -e^{-2\eta(\omega+\omega') + 2(\eta+\eta')\omega} = -e^{-2\eta\omega' + 2\eta'\omega} = -e^{-\pi i} = 1$ [s. Legendresche Relation (28)].

b. Verhalten der Nebensigmafunktionen bei Addition von halben Perioden. Bei Vermehrung um halbe Perioden vertauschen sich die vier σ-Funktionen (ohne und mit Index) unter sich bis auf hinzutretende Exponentialfunktion-Faktoren:

$$\sigma_1(z+\omega) = -\frac{e^{\eta(z+\omega)}}{\sigma(\omega)}\,\sigma(z);$$

$$\sigma_1(z+\omega'') = \frac{e^{-\eta(z+\omega'')}\,\sigma(z+\omega''+\omega)}{\sigma(\omega)} = \frac{e^{-\eta(z+\omega'')}\,\sigma(z+\omega'+2\,\omega)}{\sigma(\omega)}$$

$$= \frac{e^{-\eta(z+\omega'')}\,(-1)\,\sigma(z+\omega')\,e^{2\,\eta(z+\omega'+\omega)}}{\sigma(\omega)} =$$

$$= -\frac{\sigma(z+\omega')}{\sigma(\omega)}\,e^{-\eta z-\eta\omega''+2\eta z+2\eta\omega''}$$

$$= -\frac{e^{\eta z+\eta\omega''}}{\sigma(\omega)}\,\frac{\sigma_3(z)\,\sigma(\omega')}{e^{-\eta' z}}$$

$$= -\frac{\sigma(\omega')}{\sigma(\omega)}\,\sigma_3(z)\,e^{z\eta''}\,e^{\eta\omega''}.$$

c. Normierungen. Aus (42) ist ersichtlich:

$\sigma_1(0) = 1$, $\sigma_1(-z) = \sigma_1(z)$, $\sigma_1(z) = 0$ für $z = \omega$ (und an allen um $m\,2\,\omega + m'\,2\,\omega'$ verschobenen Punkten);

$\sigma_2(0) = 1$, $\sigma_2(-z) = \sigma_2(z)$, $\sigma_2(z) = 0$ für $z = \omega''$;

$\sigma_3(0) = 1$, $\sigma_3(-z) = \sigma_3(z)$, $\sigma_3(z) = 0$ für $z = \omega'$.

Es ist [nach (41) und (42)]

$$\left.\begin{aligned}
\sqrt{\wp(z)-e_1} &= \frac{\sigma_1(z)}{\sigma(z)} = \frac{\sigma_1}{\sigma}(z),\\
\sqrt{\wp(z)-e_2} &= \frac{\sigma_2(z)}{\sigma(z)} = \frac{\sigma_2}{\sigma}(z),\\
\sqrt{\wp(z)-e_3} &= \frac{\sigma_3(z)}{\sigma(z)} = \frac{\sigma_3}{\sigma}(z).
\end{aligned}\right\} \qquad (45)$$

Das sind ungerade, nicht doppeltperiodische Funktionen, da nur eine einzige Unendlichkeitsstelle im Fundamentalparallelogramm vorliegt.

Im besonderen folgt:

$\sqrt{\wp(z)-e_2}$ für $z = \omega$:

$$\sqrt{e_1-e_2} = \frac{\sigma_2}{\sigma}(\omega) = -\frac{e^{\eta''\omega}\,\sigma(\omega-\omega'')}{\sigma(\omega)\,\sigma(\omega'')} = -\frac{e^{\eta''\omega}\,(-\sigma(\omega'))}{\sigma(\omega)\,\sigma(\omega'')} = \frac{e^{\eta''\omega}\,\sigma(\omega')}{\sigma(\omega)\,\sigma(\omega'')}.$$

d. Verhalten von $\frac{\sigma_1}{\sigma}(z)$ usw. bei Periodenaddition.

$$\frac{\sigma_1}{\sigma}(z+2\omega) = \frac{\sigma_1}{\sigma}(z), \quad \frac{\sigma_2}{\sigma}(z+2\omega) = -\frac{\sigma_2}{\sigma}(z), \quad \frac{\sigma_3}{\sigma}(z+2\omega) = -\frac{\sigma_3}{\sigma}(z);$$

$$\frac{\sigma_1}{\sigma}(z+2\omega'') = -\frac{\sigma_1}{\sigma}(z), \quad \frac{\sigma_2}{\sigma}(z+2\omega'') = \frac{\sigma_2}{\sigma}(z), \quad \frac{\sigma_3}{\sigma}(z+2\omega'') = -\frac{\sigma_3}{\sigma}(z);$$

$$\frac{\sigma_1}{\sigma}(z+2\omega') = -\frac{\sigma_1}{\sigma}(z), \quad \frac{\sigma_2}{\sigma}(z+2\omega') = -\frac{\sigma_2}{\sigma}(z), \quad \frac{\sigma_3}{\sigma}(z+2\omega') = \frac{\sigma_3}{\sigma}(z).$$

Bei Vermehrung um die zum Index gehörende Periode bleibt das Vorzeichen erhalten, bei Vermehrungen um die anderen Perioden tritt Vorzeichenänderung ein.

Beweis [z. B. nach (36 a) und (43 a)]:

$$\frac{\sigma_1}{\sigma}(z+2\omega) = \frac{\sigma_1(z+2\omega)}{\sigma(z+2\omega)} = \frac{-\sigma_1(z)\,e^{2\eta(z+\omega)}}{-\sigma(z)\,e^{2\eta(z+\omega)}} = \frac{\sigma_1}{\sigma}(z),$$

$$\frac{\sigma_1}{\sigma}(z+2\omega'') = \frac{\sigma_1(z+2\omega'')}{\sigma(z+2\omega'')} = \frac{e^{2\eta''(z+\omega'')}\sigma_1(z)}{-\sigma(z)e^{2\eta''(z+\omega'')}} = -\frac{\sigma_1}{\sigma}(z) \quad \text{[s. (36 c) und (44)].}$$

e. Verhalten von $\frac{\sigma_2}{\sigma_3}(z)$ usw. bei Periodenaddition. Nach **d** ergibt sich:

$$\frac{\sigma_2}{\sigma_3}(z+2\omega) = \frac{\sigma_2(z+2\omega)}{\sigma_3(z+2\omega)} = \frac{\frac{\sigma_2}{\sigma}(z+2\omega)}{\frac{\sigma_3}{\sigma}(z+2\omega)} = \frac{-\frac{\sigma_2}{\sigma}(z)}{-\frac{\sigma_3}{\sigma}(z)} = \frac{\sigma_2}{\sigma_3}(z);$$

bei nicht vorkommendem Index der Periodenvermehrung bleibt das Vorzeichen erhalten, aber

$$\frac{\sigma_2}{\sigma_3}(z+2\omega'') = \frac{\frac{\sigma_2}{\sigma}(z+2\omega'')}{\frac{\sigma_3}{\sigma}(z+2\omega'')} = \frac{\frac{\sigma_2}{\sigma}(z)}{-\frac{\sigma_3}{\sigma}(z)} = -\frac{\sigma_2}{\sigma_3}(z).$$

9. Multiplikative Darstellung für $\wp'(z)$, neue Herleitung der Differentialgleichung der $\wp$-Funktion.

$\wp'(z)$ ist eine ungerade elliptische Funktion, sie hat bei $z = 0$ einen Pol III. Ordnung und bei $\omega, \omega'', \omega'$ je eine Nullstelle I. Ordnung. Es ist

$$\begin{aligned}\Sigma\,(\textit{Nullstellen}) - \Sigma\,(\textit{Pole}) &= \omega + \omega'' + \omega' - (0+0+0) \\ &= 2\omega + 2\omega' = m\,2\omega + m'\,2\omega'\end{aligned}$$

mit $m = 1$ und $m' = 1$ und demnach $2\tilde{\eta} = m\,2\eta + m'\,2\eta' = 2\eta + 2\eta'$, also [nach (39)]

$$\wp'(z) = C e^{(2\eta + 2\eta')z} \frac{\sigma(z-\omega)\,\sigma(z-\omega'')\,\sigma(z-\omega')}{\sigma(z)\,\sigma(z)\,\sigma(z)};$$

C wird durch Koeffizientenvergleichung der Entwicklung bei $z = 0$ gefunden:

$$-\frac{2}{z^3} + 2c_1 z + 4c_2 z^3 + \cdots =$$

$$= C[1+\text{reg.}(z)] \frac{\sigma(-\omega)[1+\text{reg.}(z)]\sigma(-\omega'')[1+\text{reg.}(z)][\sigma(-\omega')(1+\text{reg.}(z)]}{z[1+\text{reg.}(z)]z[1+\text{reg.}(z)]z[1+\text{reg.}(z)]}$$

$$= -C\frac{\sigma(\omega)\,\sigma(\omega'')\,\sigma(\omega')}{z^3}[1+\text{reg.}(z)],$$

$$-\frac{2}{z^3}[1+\text{reg.}(z)] = -C\frac{\sigma(w)\,\sigma(\omega'')\,\sigma(\omega')}{z^3}[1+\text{reg.}(z)], \text{ also}$$

$$C = \frac{2}{\sigma(\omega)\,\sigma(\omega'')\,\sigma(\omega')} \quad \text{und}$$

$$\wp'(z) = 2e^{(2\eta+2\eta')z}\frac{\sigma(z-\omega)\,\sigma(z-\omega'')\,\sigma(z-\omega')}{\sigma^3(z)\,\sigma(\omega)\,\sigma(\omega'')\,\sigma(\omega')}. \tag{46}$$

Wir hatten mit (41 a), (41 b), (41 c) gefunden:

$$\sqrt{\wp(z)-e_1} = -e^{\eta z}\frac{\sigma(z-\omega)}{\sigma(z)\,\sigma(\omega)}, \qquad \sqrt{\wp(z)-e_2} = -e^{\eta'' z}\frac{\sigma(z-\omega'')}{\sigma(z)\,\sigma(\omega'')},$$

$$\sqrt{\wp(z)-e_3} = -e^{\eta' z}\frac{\sigma(z-\omega')}{\sigma(z)\,\sigma(\omega')}.$$

Daher können wir schreiben [nach (26 d)]:

$$\wp'(z) = 2\frac{\sigma(z-\omega)}{\sigma(z)\,\sigma(\omega)}e^{\eta z}\frac{\sigma(z-\omega'')}{\sigma(z)\,\sigma(\omega'')}e^{\eta'' z}\frac{\sigma(z-\omega')}{\sigma(z)\,\sigma(\omega')}e^{\eta' z},$$

$$\wp'(z) = -2\sqrt{\wp(z)-e_1}\sqrt{\wp(z)-e_2}\sqrt{\wp(z)-e_3} =$$

$$= -2\sqrt{[\wp(z)-e_1][\wp(z)-e_2][\wp(z)-e_3]}, \text{ also} \tag{47}$$

$$\wp'^2(z) = 4[\wp(z)-e_1][\wp(z)-e_2][\wp(z)-e_3] \text{ wie in (12 a)}.$$

Wir können den Exponentialfaktor $e^{2\bar{\eta}z}$ vermeiden, indem wir z. B. eine Nullstelle durch eine geeignete äquivalente ersetzen, so daß Σ (*Nullstellen*) $= 0$ und damit Σ (*Nullst.*) $- \Sigma$ (*Pole*) $= 0$ (Regulierung auf Gleichheit); z. B.: mit ω'' ist auch $(-\omega'')$ eine Nullstelle, Σ (*Nullstellen*) heißt jetzt $\omega + \omega' + (-\omega'') = 0$; das ist der gleiche Wert wie Σ (*Pole*). Der Ansatz lautet jetzt (wir kommen ohne Exponentialfaktor aus):

$$\wp'(z) = C\frac{\sigma(z-\omega)\,\sigma(z-\omega')\,\sigma(z+\omega'')}{\sigma^3(z)}.$$

Zur Ermittlung von C vergleichen wir wieder die Entwicklungen bei $z = 0$:

$$-\frac{2}{z^3}+2c_1z+\cdots=-\frac{2}{z^3}[1+\text{reg.}(z)]=C\frac{\sigma(\omega)\sigma(\omega')\sigma(\omega'')[1+\text{reg.}(z)]}{z^3[1+\text{reg.}(z)]}=$$

$$=C\frac{\sigma(\omega)\sigma(\omega')\,\sigma(\omega'')}{z^3}[1+\text{reg.}(z)]\,,$$

also $C=\dfrac{-2}{\sigma(\omega)\,\sigma(\omega')\,\sigma(\omega'')}$ und

$$\wp'(z)=-2\frac{\sigma(z-\omega)\sigma(z-\omega')\sigma(z+\omega'')}{\sigma^3(z)\sigma(\omega)\sigma(\omega')\sigma(\omega'')}=+2\frac{\sigma(z-\omega)\sigma(z-\omega')\sigma(z-\omega'')e^{2\eta''z}}{\sigma^3(z)\sigma(\omega)\sigma(\omega')\sigma(\omega'')}{}^{1)}$$

$$=-2\sqrt{\wp(z)-e_1}\cdot e^{-\eta z}\sqrt{\wp(z)-e_3}\cdot e^{-\eta' z}\sqrt{\wp(z)-e_2}\cdot e^{\eta'' z}\ [\text{n. S.}\,40]$$

$$\wp'(z)=-2\sqrt{[\wp(z)-e_1]\,[\wp(z)-e_2]\,[\wp(z)-e_3]}\,.$$

In der Schreibweise $\wp(z)=s$, $\wp'(z)=\dfrac{ds}{dz}=-2\sqrt{(s-e_1)(s-e_2)(s-e_3)}$ erscheint die Differentialgleichung der $\wp$-Funktion in der Form

$$\left(\frac{ds}{dz}\right)^2=4\,(s-e_1)\,(s-e_2)\,(s-e_3)\ ; \tag{48}$$

eine Lösung dieser Differentialgleichung ist $s=\wp(z;2\,\omega\,,2\,\omega')$. Eine Frage, die wir noch behandeln müssen, ist die folgende: e_1, e_2, e_3 seien frei vorgegeben bis auf die Bedingung $e_1+e_2+e_3=0$; wie gewinnen wir daraus $2\,\omega$, $2\,\omega'$? (s. S. 112 und S. 120 Umkehrproblem).

In der älteren Theorie wurde den σ-Quotienten eine führende Stellung eingeräumt, insbesondere standen gewisse von Jacobi eingeführte Funktionen im Vordergrund. Wir wollen den Zusammenhang unserer modernen Theorie mit dem Aufbausystem Jacobis darlegen.

10. Jacobische Funktionen.

Wir behaupten, daß folgende algebraische Differentialgleichung gilt:

$$\left(\frac{d\frac{\sigma}{\sigma_3}(z)}{dz}\right)^2=\left[1-(e_1-e_3)\left(\frac{\sigma}{\sigma_3}(z)\right)^2\right]\left[1-(e_2-e_3)\left(\frac{\sigma}{\sigma_3}(z)\right)^2\right]\ ; \tag{49}$$

rechts steht eine ganze rationale Funktion vierten Grades in $\dfrac{\sigma}{\sigma_3}(z)$ in Analogie der Differentialgleichung für $\wp(z)$, in der eine ganze rationale Funktion dritten Grades in $\wp(z)$ steht.

Beweis: Es ist nach (45) $\dfrac{\sigma}{\sigma_3}(z)=\dfrac{1}{\sqrt{\wp(z)-e_3}}$, also

---

1) $\sigma(z+\omega'')=\sigma(z-\omega''+2\,\omega'')=-\sigma(z-\omega'')\,e^{2\eta''z}$ [nach (36 c)].

$$\frac{\mathrm{d}\frac{\sigma}{\sigma_3}(z)}{\mathrm{d}z} = -\frac{1}{2}\,\frac{\wp'(z)}{\sqrt{\wp(z)-\mathrm{e}_3}^{\,3}} \quad \text{und}$$

$$\left(\frac{\mathrm{d}\frac{\sigma}{\sigma_3}(z)}{\mathrm{d}z}\right)^2 = \frac{1}{4}\,\frac{\wp'^2(z)}{(\wp(z)-\mathrm{e}_3)^3} = \frac{(\wp(z)-\mathrm{e}_1)(\wp(z)-\mathrm{e}_2)}{(\wp(z)-\mathrm{e}_3)^2}.$$

Andererseits bekommen wir für die rechte Seite der Differentialgleichung (49):

$$\left[1-(\mathrm{e}_1-\mathrm{e}_3)\left(\frac{\sigma}{\sigma_3}(z)\right)^2\right]\left[1-(\mathrm{e}_2-\mathrm{e}_3)\left(\frac{\sigma}{\sigma_3}(z)\right)^2\right] = \left[1-\frac{\mathrm{e}_1-\mathrm{e}_3}{\wp(z)-\mathrm{e}_3}\right]\left[1-\frac{\mathrm{e}_2-\mathrm{e}_3}{\wp(z)-\mathrm{e}_3}\right]$$
$$= \frac{(\wp(z)-\mathrm{e}_1)(\wp(z)-\mathrm{e}_2)}{(\wp(z)-\mathrm{e}_3)^2}.$$

Hiermit ist die Richtigkeit der genannten Differentialgleichung bewiesen. Wir bedenken, daß aus $\frac{\sigma}{\sigma_3}(z) = \frac{1}{\sqrt{\wp(z)-\mathrm{e}_3}}$ (mit der Normierung $\frac{\sigma}{\sigma_3}(0) = 0$ [Abschnitt 8c, S. 42]) folgt: $\frac{\sigma}{\sigma_3}(\omega) = \frac{1}{\sqrt{\mathrm{e}_1-\mathrm{e}_3}}$. Wir setzen: $\sqrt{\mathrm{e}_1-\mathrm{e}_3}\,z = z'$ und $\sqrt{\mathrm{e}_1-\mathrm{e}_3}\,\frac{\sigma}{\sigma_3}(z) = Z$ und bezeichnen: Z = sinus amplitudinis z' = sin ampl. $(\sqrt{\mathrm{e}_1-\mathrm{e}_3}\,z)$ = sin ampl. $(z'; k)$, wobei $k^2 = \frac{\mathrm{e}_2-\mathrm{e}_3}{\mathrm{e}_1-\mathrm{e}_3}$ der Modul der elliptischen Funktionen $(2\,\omega, 2\,\omega')$ ist; insbesondere ist $k^2 \neq 0$ und $\neq 1$, weil die e_ν-Größen alle voneinander verschieden sind (s. S. 22).

Die Differentialgleichung können wir dann schreiben:

$$\boxed{\left(\frac{\mathrm{d}Z}{\mathrm{d}z'}\right)^2 = \left[1-Z^2\right]\left[1-\frac{\mathrm{e}_2-\mathrm{e}_3}{\mathrm{e}_1-\mathrm{e}_3}Z^2\right]}\;; \qquad (50)$$

wir bemerken: $Z = 0$, $z = 0$, $z' = 0$ entsprechen einander.

Wir bekommen:

$$\frac{\mathrm{d}z'}{\mathrm{d}Z} = \frac{1}{\sqrt{[1-Z^2]\,[1-k^2Z^2]}},$$

$$z' = \int_0^Z \frac{\mathrm{d}Z}{\sqrt{[1-Z^2]\,[1-k^2Z^2]}} = \int_0^Z (1 + c_1Z^2 + c_2Z^4 + \cdots)\,\mathrm{d}Z$$
$$= Z + \frac{c_1}{3}Z^3 + \frac{c_3}{5}Z^5 + \cdots; \qquad (51)$$

$Z = \mathfrak{P}(z') = \mathfrak{P}_*(z)$ = sin ampl. $(\sqrt{\mathrm{e}_1-\mathrm{e}_3}\,z; k)$ = sin ampl. $(z'; k)$. Setzen wir $Z = \sin\varphi$, d. h. $\varphi = \arcsin Z$, so ergibt sich

$$z' = \int_0^{\varphi} \frac{\cos\varphi\, d\varphi}{\cos\varphi \sqrt{1-k^2\sin^2\varphi}} = \int_0^{\varphi} \frac{d\varphi}{\sqrt{1-k^2\sin^2\varphi}}, \quad \varphi = \text{ampl.}\, z'. \quad (52)$$

Wir finden und bezeichnen insbesondere:

$$\frac{\frac{\sigma_1}{\sigma}(z)}{\frac{\sigma_3}{\sigma}(z)} = \frac{\sqrt{\wp(z)-e_1}}{\sqrt{\wp(z)-e_3}} = \frac{\sigma_1}{\sigma_3}(z) = \sqrt{1-(e_1-e_3)\frac{1}{\wp(z)-e_3}} = \sqrt{1-(e_1-e_3)\left(\frac{\sigma}{\sigma_3}(z)\right)^2}$$

$$= \sqrt{1-Z^2} = \sqrt{1-\sin^2\text{ampl.}(\sqrt{e_1-e_3}\,z;\,k)} = \cos\text{ampl.}(\sqrt{e_1-e_3}\,z;\,k),$$

$$\frac{\frac{\sigma_2}{\sigma}(z)}{\frac{\sigma_3}{\sigma}(z)} = \frac{\sqrt{\wp(z)-e_2}}{\sqrt{\wp(z)-e_3}} = \frac{\sigma_2}{\sigma_3}(z) = \sqrt{1-(e_2-e_3)\left(\frac{\sigma}{\sigma_3}(z)\right)^2} = \sqrt{1-\frac{e_2-e_3}{e_1-e_3}(e_1-e_3)\left(\frac{\sigma}{\sigma_3}(z)\right)^2}$$

$$= \sqrt{1-k^2Z^2} = \sqrt{1-k^2\sin^2\text{ampl.}(\sqrt{e_1-e_3}\,z;\,k)} = \Delta\text{ampl.}(\sqrt{e_1-e_3}\,z;\,k)\,^{1)}$$

E. Algebraischer Aufbau. Additionstheoreme.

11. Allgemeines.

Behauptung: *Jede elliptische Funktion mit den Perioden $2\,\omega$, $2\,\omega'$ läßt sich rational durch $\wp(z;\,2\,\omega,\,2\,\omega')$ und $\wp'(z;\,2\,\omega,\,2\,\omega')$ ausdrücken:*

$$f(z) = \mathfrak{R}(\wp(z),\,\wp'(z)) = \mathfrak{R}\left(\wp(z),\,\sqrt{4\,\wp^3(z)-g_2\,\wp(z)-g_3}\right)\,^{2)}. \quad (53)$$

Bevor wir diese Behauptung beweisen, wollen wir sie zunächst einmal als richtig annehmen und daraus einen Schluß ziehen: Falls $f(z) = \mathfrak{R}(\wp(z),\,\wp'(z))$, so können wir dafür schreiben, wenn wir unter $\mathfrak{G}$ bzw. $\mathfrak{g}$ ganze rationale Funktionen verstehen:

$$f(z) = \frac{\mathfrak{G}_1(\wp(z),\,\wp'(z))}{\mathfrak{G}_2(\wp(z),\,\wp'(z))} = \frac{\mathfrak{g}_1(\wp(z)) + \mathfrak{g}_2(\wp(z))\,\wp'(z)}{\mathfrak{g}_3(\wp(z)) + \mathfrak{g}_4(\wp(z))\,\wp'(z)}\,^{3)}$$

$$= \frac{\mathfrak{g}_1(\wp(z)) + \mathfrak{g}_2(\wp(z))\,\wp'(z)}{\mathfrak{g}_3(\wp(z)) + \mathfrak{g}_4(\wp(z))\,\wp'(z)} \cdot \frac{\mathfrak{g}_3(\wp(z)) - \mathfrak{g}_4(\wp(z))\,\wp'(z)}{\mathfrak{g}_3(\wp(z)) - \mathfrak{g}_4(\wp(z))\,\wp'(z)}$$

$$= \frac{\mathfrak{g}_5(\wp(z)) + \mathfrak{g}_6(\wp(z))\,\wp'(z)}{\mathfrak{g}_7(\wp(z))}, \text{ also} \quad (53\,\text{a})$$

$$f(z) = \mathfrak{R}_1(\wp(z)) + \mathfrak{R}_2(\wp(z))\,\wp'(z)$$

$$= \mathfrak{R}_1(\wp(z)) + \mathfrak{R}_2(\wp(z))\sqrt{4\,\wp^3(z)-g_2\,\wp(z)-g_3}\,.$$

1) Statt sin ampl. schreibt man auch sn, statt cos ampl. cn, statt Δampl. auch dn.

2) $\mathfrak{R}$ heißt: rationale Funktion.

3) Hier ist benutzt: $(\wp'(z))^2 = 4\,\wp^3(z) - g_2\,\wp(z) - g_3$; entsprechend können wir $(\wp'(z))^4$, $(\wp'(z))^6$ usw. als ganze rationale Funktionen von $\wp(z)$ darstellen; bei Potenzen $(\wp'(z))^3$, $(\wp'(z))^5$ usw. können wir $\wp'(z)$ abspalten.

Diese Normaldarstellung der elliptischen Funktionen besagt: Jede elliptische Funktion läßt sich algebraisch durch $\wp(z)$ allein ausdrücken.

Wir wollen nun die obige Behauptung beweisen und bedenken hierzu, daß eine elliptische Funktion nach Vorgabe der Polstellen b_μ und zugehörigen Hauptteile unter der Bedingung Σ (*Residuen*) $= 0$ in der Form darstellbar ist:

$$f(z) = \sum_{b\mu} \left\{ C_{(\mu)}^{(n-2)} \wp^{(n-2)}(z-b_\mu) + C_{(\mu)}^{(n-3)} \wp^{(n-3)}(z-b_\mu) + \cdots + C''_{(\mu)} \wp''(z-b_\mu) \right.$$
$$\left. + C'_{(\mu)} \wp'(z-b_\mu) + C_{(\mu)} \wp(z-b_\mu) \right\} + \sum_{b\mu} C_{-1}^{(\mu)} \zeta(z-b_\mu) + \textit{Konstante}, \quad [(29)].$$

Es genügt, für jedes Glied der ersten und zweiten Summe die Darstellbarkeit in der Form $\Re(\wp(z), \wp'(z))$ zu beweisen.

Die erste Summe betreffend können wir sagen: es genügt, diese Darstellbarkeit für $\wp(z - b_\mu))$ zu zeigen, also zu beweisen:

$$\wp(z - b_\mu) = \Re(\wp(z), \wp'(z)) .$$

Differentiation liefert dann bis auf konstante Faktoren die einzelnen Glieder der ersten Summe, und diese Ableitungen der $\wp$-Funktion gestatten dann offenbar denselben Darstellungstypus, denn es ergibt sich

$$\wp'(z-b_\mu) = \frac{d\,\Re(\wp(z), \wp'(z))}{dz} = \frac{\partial\,\Re(\wp(z), \wp'(z))}{\partial \wp} \wp'(z) + \frac{\partial\,\Re(\wp(z), \wp'(z))}{\partial \wp'} \wp''(z)$$
$$= \Re_{(1)}(\wp(z), \wp'(z))\, \wp'(z) + \Re_{(2)}(\wp(z), \wp'(z))\, \wp''(z) ,$$

und wenn wir die Relation $\wp''(z) = 6\wp^2(z) - \frac{g_2}{2}$ [(16)] benutzen:

$$\wp'(z - b_\mu) = \Re(\wp(z), \wp'(z)) .$$

Wir können diesen Sachverhalt auch so ausdrücken: bei Differentiation von $\Re(\wp(z), \wp'(z))$ kommen wir aus den rationalen Funktionen von $\wp(z)$ und $\wp'(z)$ deshalb nicht heraus, weil die höheren Ableitungen von $\wp(z)$, nämlich $\wp''(z) = 6\wp^2(z) - \frac{g_2}{2}$, $\wp'''(z) = 12\wp(z)\wp'(z)$ usw. sich ebenfalls wieder rational durch $\wp(z)$ bzw. rational durch $\wp(z)$ und $\wp'(z)$ ausdrücken lassen.

Wir kommen demnach auf die beiden Probleme, $\wp(z - b_\mu)$ und $\sum_{b_\mu} C_{-1}^{(\mu)} \zeta(z - b_\mu)$ rational durch $\wp(z)$ und $\wp'(z)$ auszudrücken, also die Darstellungsweise $(\Re\,\wp(z), \wp'(z))$ für beide Ausdrücke zu beweisen.

Wir wollen uns zunächst der ersten Aufgabe zuwenden und die Darstellungsmöglichkeit

$$\wp(z + v) = \Re(\wp(z), \wp'(z))\,[1]$$

zeigen. Falls diese Darstellungsweise richtig ist, so können wir sie, da $\wp(z + v)$ in z und v vollkommen symmetrisch ist, auch so schreiben:

---

[1]) Statt $-b_\mu$ ist v geschrieben worden.

$$\wp(z+v) = \Re\left(\wp(z), \wp(v); \wp'(z), \wp'(v)\right) \tag{54}$$
$$= \Re\left(\wp(z), \wp(v); \sqrt{4\wp^3(z) - g_2\wp(z) - g_3}, \sqrt{4\wp^3(v) - g_2\wp(v) - g_3}\right),$$

d. h.: $\wp(z+v)$ ist algebraisch durch $\wp(z)$ und $\wp(v)$ ausdrückbar; wir sagen dann: $\wp(z)$ besitzt ein algebraisches Additionstheorem. Wir sagen allgemein: $\varphi(z)$ besitzt ein algebraisches Additionstheorem, wenn eine algebraische Gleichung besteht

$$\mathfrak{G}\left(\varphi(z), \varphi(v), \varphi(z+v)\right) = 0, \text{ d. h. wenn}$$

$\varphi(z+v)$ eine algebraische Funktion von $\varphi(z)$ und $\varphi(v)$ ist [1]).

Weierstraß stellte die Frage nach eindeutigen Funktionen, die ein algebraisches Additionstheorem besitzen, in den Mittelpunkt seiner funktionentheoretischen Vorlesungen. Wir wollen jetzt die Existenz eines algebraischen Additionstheorems für die $\wp$-Funktion beweisen.

12. Additionstheoreme.

Wir gehen aus von der multiplikativen Darstellung (40)

$$\wp(z) - \wp(v) = -\frac{\sigma(z-v)\,\sigma(z+v)}{\sigma^2(z)\,\sigma^2(v)};$$

es folgt zunächst

$$\log[\wp(z) - \wp(v)] = i\pi + \log\sigma(z-v) + \log\sigma(z+v) - 2\log\sigma(z) - 2\log\sigma(v)$$

und nach Differentiation (z variabel, v im Augenblick konstant):

$$\frac{d\log[\wp(z) - \wp(v)]}{dz} = \frac{d\log\sigma(z-v)}{dz} + \frac{d\log\sigma(z+v)}{dz} - \frac{2\,d\log\sigma(z)}{dz}; \text{ d. h.}$$

$$\frac{\wp'(z)}{\wp(z) - \wp(v)} = \zeta(z-v) + \zeta(z+v) - 2\,\zeta(z)\ ^{2)}.$$

Betrachten wir jetzt v als variabel und z im Augenblick als konstant, so erhalten wir mittels Differentiation nach v:

$$\frac{-\wp'(v)}{\wp(z) - \wp(v)} = -\zeta(z-v) + \zeta(z+v) - 2\,\zeta(v).$$

Addition beider Differentiationsresultate liefert

$$\frac{\wp'(z) - \wp'(v)}{\wp(z) - \wp(v)} = 2\,\zeta(z+v) - 2\,\zeta(z) - 2\,\zeta(v),$$

demnach haben wir das Additionstheorem für die ζ-Funktion:

$$\boxed{\zeta(z+v) = \zeta(z) + \zeta(v) + \frac{1}{2}\,\frac{\wp'(z) - \wp'(v)}{\wp(z) - \wp(v)}}; \tag{55}$$

---

[1]) Beispiel: $\sin(z+v) = \sin z\cos v + \cos z\sin v$
$= \sin z\sqrt{1-\sin^2 v} + \sqrt{1-\sin^2 z}\,\sin v =$ algebraische Funktion von $\sin z$ und $\sin v$.

[2]) Wir benutzen: $\frac{d\log\sigma(z)}{dz} = \frac{\sigma'(z)}{\sigma(z)} = \zeta(z)$ [(33)].

das ist aber kein algebraisches Additionstheorem, da zwischen $\wp(z)$ und $\zeta(z)$ keine algebraische Beziehung besteht, sondern die Relation gilt:

$$\zeta(z) = -\int \wp(z)\,dz \quad [(22)].$$

Nochmalige Differentiation nach z ergibt:

$$-\wp(z+v) = -\wp(z) + \frac{1}{2}\frac{\partial}{\partial z}\frac{\wp'(z)-\wp'(v)}{\wp(z)-\wp(v)}, \text{ d. h.}$$

$$\wp(z+v) = \wp(z) - \frac{1}{2}\frac{\partial}{\partial z}\frac{\wp'(z)-\wp'(v)}{\wp(z)-\wp(v)} \tag{56}$$

$$= \wp(z) - \frac{1}{2}\frac{[\wp(z)-\wp(v)]\,\wp''(z) - [\wp'(z)-\wp'(v)]\,\wp'(z)}{[\wp(z)-\wp(v)]^2}$$

$$= \wp(z) - \frac{1}{2}\frac{\wp(z)\,\wp''(z) - \wp(v)\,\wp''(z) - \wp'^2(z) + \wp'(z)\wp'(v)}{[\wp(z)-\wp(v)]^2}.$$

Unter Berücksichtigung von $[\wp'(z)]^2 = 4\wp^3(z) - g_2\wp(z) - g_3$, $\wp''(z) = 6\wp^2(z) - \frac{g_2}{2}$ [(16)] erhalten wir

$$\wp(z+v) = \wp(z) - \frac{1}{2}\frac{\wp(z)\left[6\wp^2(z)-\frac{g_2}{2}\right] - \wp(v)\left[6\wp^2(z)-\frac{g_2}{2}\right] - 4\wp^3(z) + g_2\wp(z) + g_3 + \wp'(z)\wp'(v)}{[\wp(z)-\wp(v)]^2} \tag{57}$$

$$= \frac{2\wp(z)\,[\wp^2(z) - 2\wp(z)\wp(v) + \wp^2(v)] - \wp(z)\left[6\wp^2(z)-\frac{g_2}{2}\right] + \wp(v)\left[6\wp^2(z)-\frac{g_2}{2}\right] + 4\wp^3(z) - g_2\wp(z) - g_3 - \wp'(z)\wp'(v)}{2\,[\wp(z)-\wp(v)]^2},$$

demnach

$$\wp(z+v) = \frac{2\left[\wp(z)\,\wp(v) - \frac{1}{4}g_2\right][\wp(z)+\wp(v)] - g_3 - \wp'(z)\,\wp'(v)}{2\,[\wp(z)-\wp(v)]^2} \tag{58}$$

als Additionstheorem für die $\wp$-Funktion. Um eine symmetrischere Form des Additionstheorems zu bekommen, können wir so verfahren: nach Gleichung (57) bekommen wir

$$\wp(z+v) = \wp(z) + \frac{\left[6\wp^2(z)-\frac{g_2}{2}\right][\wp(v)-\wp(z)] + 4\wp^3(z) - g_2\wp(z) - g_3 - \wp'(z)\,\wp'(v)}{2\,[\wp(z)-\wp(v)]^2}.$$

Diese Formel ist entstanden durch Differentiation des Additionstheorems der ζ-Funktion (55) nach z. Analog bekommen wir mittels Differentiation nach v:

$$\wp(z+v) = \wp(v) + \frac{\left[6\wp^2(v) - \frac{g_2}{2}\right][\wp(z) - \wp(v)] + 4\wp^3(v) - g_2\wp(v) - g_3 - \wp'(v)\wp'(z)}{2[\wp(v) - \wp(z)]^2}$$

und nach Addition beider Differentiationsresultate:

$$2\wp(z+v) = \wp(z) + \wp(v) + \frac{1}{2}\,\frac{-6[\wp^2(z) - \wp^2(v)][\wp(z) - \wp(v)] + [\wp'(z)]^2 + [\wp'(v)]^2 - 2\wp'(z)\wp'(v)}{[\wp(z) - \wp(v)]^2}$$

$$= \wp(z) + \wp(v) - 3[\wp(z) + \wp(v)] + \frac{1}{2}\left(\frac{\wp'(z) - \wp'(v)}{\wp(z) - \wp(v)}\right)^2, \text{ d. h.}$$

$$\boxed{\begin{aligned}\wp(z+v) &= -\wp(z) - \wp(v) + \frac{1}{4}\left(\frac{\wp'(z) - \wp'(v)}{\wp(z) - \wp(v)}\right)^2\\ &= \Re\left(\wp(z), \wp(v); \wp'(z), \wp'(v)\right)\end{aligned}} \quad . \tag{59}$$

Dies ist das Additionstheorem der $\wp$-Funktion in symmetrischer Gestalt; es ist ein algebraisches Additionstheorem.

13. Ergänzende Bemerkungen zu den Additionstheoremen.

a. Zur Anregung sei darauf hingewiesen, daß wir durch Grenzübergang $z \to v$, $(v \to z)$ aus dem Additionstheorem für $\wp(z+v)$ den Funktionswert für $2z$ erhalten können:

$$\wp(2z) = \frac{\left[\wp^2(z) + \frac{1}{4}g_2\right]^2 + 2g_3\wp(z)}{4\wp^3(z) - g_2\wp(z) - g_3} \ .$$

Wir nehmen etwa v fest, z variabel (wir bekommen dann obiges Ergebnis für $\wp(2v)$) und bedenken, daß für $z \to v$ der Nenner von zweiter Ordnung verschwindet; es ist nämlich

$$\wp(z) - \wp(v) = \wp'(v)(z-v) + \frac{\wp''(v)}{2!}(z-v)^2 + \cdots = \wp'(v)(z-v)[1 + \text{reg.}(z-v)],$$

demnach $[\wp(z) - \wp(v)]^2 = \wp'^2(v)(z-v)^2[1 + \text{reg.}(z-v)]$.

Wir müssen auch den Zähler in eine Potenzreihe entwickeln und dann Zähler und Nenner durch $(z-v)^2$ dividieren. Dieses Problem kann auch so erledigt werden, daß wir Zähler und Nenner getrennt zweimal nach z differenzieren und dann $z = v$ setzen (oben und unten wird der Koeffizient des quadratischen Gliedes gesucht)[1]).

---

[1]) **Weiterhin können wir Ausdrücke für $\wp(2z+z) = \wp(3z), \cdots, \wp((n-1)z+z) = \wp(nz)$ herleiten; solche Überlegungen führen zur Theorie der Teilungsgleichungen.**

b. Herleitung des Additionstheorems für $\wp'(z+v)$: Wir können von

$$\wp(z+v) = \wp(z) - \frac{1}{2}\frac{\partial}{\partial z}\frac{\wp'(z)-\wp'(v)}{\wp(z)-\wp(v)} \quad [(56)]$$

ausgehen und erhalten mittels Differentiation nach v:

$$\wp'(z+v) = -\frac{1}{2}\frac{\partial^2}{\partial z\,\partial v}\frac{\wp'(z)-\wp'(v)}{\wp(z)-\wp(v)} =$$

$$= -\frac{1}{2}\frac{\partial}{\partial z}\frac{-[\wp(z)-\wp(v)]\,\wp''(v) + [\wp'(z)-\wp'(v)]\,\wp'(v)}{[\wp(z)-\wp(v)]^2}$$

$$= -\frac{1}{2}\frac{\partial}{\partial z}\frac{-\wp(z)\,\wp''(v)+\wp(v)\,\wp''(v)+\wp'(z)\,\wp'(v)-\wp'^2(v)}{[\wp(z)-\wp(v)]^2}$$

$$= -\frac{1}{2}\,\frac{[\wp(z)-\wp(v)]^2\,[-\wp'(z)\,\wp''(v)+\wp''(z)\,\wp'(v)] - 2\,[\wp(z)-}{}$$

$$\frac{-\wp(v)]\,\wp'(z)\,[-\wp(z)\,\wp''(v)+\wp(v)\,\wp''(v)+\wp'(z)\,\wp'(v)-\wp'^2(v)]}{[\wp(z)-\wp(v)]^4}$$

$$= -\frac{1}{2}\frac{-\wp''(v)}{[\wp(z)-\wp(v)]^2}\,\wp'(z) - \frac{1}{2}\frac{\wp''(z)}{[\wp(z)-\wp(v)]^2}\,\wp'(v)$$

$$+\frac{\wp''(v)\,[\wp(v)-\wp(z)]}{[\wp(z)-\wp(v)]^3}\,\wp'(z) + \frac{-\wp'^2(v)}{[\wp(z)-\wp(v)]^3}\,\wp'(z) +$$

$$+\frac{\wp'^2(z)}{[\wp(z)-\wp(v)]^3}\,\wp'(v)$$

$$= \left\{\frac{\wp'^2(v)}{[\wp(v)-\wp(z)]^3} - \frac{\wp''(v)}{2\,[\wp(v)-\wp(z)]^2}\right\}\wp'(z) +$$

$$+\left\{\frac{\wp'^2(z)}{[\wp(z)-\wp(v)]^3} - \frac{\wp''(z)}{2\,[\wp(v)-\wp(z)]^2}\right\}\wp'(v),$$

also

$$\boxed{\wp'(z+v) = \left\{\frac{\wp'^2(v)}{[\wp(v)-\wp(z)]^3} - \frac{6\wp^2(v)-\frac{g_2}{2}}{2\,[\wp(v)-\wp(z)]^2}\right\}\wp'(z) + \left\{\frac{\wp'^2(z)}{[\wp(z)-\wp(v)]^3} - \frac{6\,\wp^2(z)-\frac{g_2}{2}}{2\,[\wp(z)-\wp(v)]^2}\right\}\wp'(v).} \quad (60)$$

Dies ist das algebraische Additionstheorem für die $\wp'$-Funktion.

14. Algebraischer Aufbau.

Zur völligen Lösung unseres Darstellungsproblems müssen wir noch das zweite auf Seite 48 genannte Problem behandeln, nämlich auch für $\sum_{b_\mu} C_{-1}^{(\mu)}\,\zeta(z-b_\mu)$ die Darstellungsmöglichkeit $\Re\,(\wp(z),\,\wp'(z))$ nachweisen.

Wir bedenken, daß $\zeta(z)$ keine elliptische Funktion ist, daß aber unter der Voraussetzung $\sum_{b_\mu} C_{-1}^{(\mu)} = 0$ sofort $\varphi(z) = \sum_{b_\mu} C_{-1}^{(\mu)} \zeta(z - b_\mu) = \sum_{b_\mu} C_{-1}^{(\mu)} [\zeta(z - b_\mu) - \zeta(z)]$ geschrieben werden kann, wobei $\zeta(z - b_\mu) - \zeta(z)$ eine doppeltperiodische Funktion ist, denn die Vermehrungsbestandteile [bei Periodenvermehrung (26 a)] 2η und -2η heben sich weg. Wir kommen auf die Frage der Darstellbarkeit

$$\zeta(z+v) - \zeta(z) = \Re(\wp(z), \wp'(z)).$$

Wir benutzen die Formel (55):

$$\zeta(z+v) - \zeta(z) = \zeta(v) + \frac{1}{2} \frac{\wp'(z) - \wp'(v)}{\wp(z) - \wp(v)};$$

hier ist bereits $\zeta(z+v) - \zeta(z)$ rational durch $\wp(z)$ und $\wp'(z)$ ausgedrückt, denn v spielt die Rolle einer Konstanten; also ist auch für $\varphi(z)$ die Darstellbarkeit in der Form $\Re(\wp(z), \wp'(z))$ bewiesen.

Wir haben jetzt den Beweis erbracht:
Jede elliptische Funktion $f(z; 2\omega, 2\omega')$ **läßt sich in der Form**

$$\Re(\wp(z; 2\omega, 2\omega'), \wp'(z; 2\omega, 2\omega')) = \Re_1[\wp(z)] + \Re_2[\wp(z)]\,\wp'(z)$$

darstellen [s. (53)].

Wir behaupten weiterhin: zwischen zwei elliptischen Funktionen $\Phi_1(z)$, $\Phi_2(z)$ mit denselben Perioden 2ω, $2\omega'$ besteht eine algebraische Gleichung $\mathfrak{G}(\Phi_1(z), \Phi_2(z)) = 0$ mit konstanten Koeffizienten.

Wir erbringen den Beweis nach der Methode der algebraischen Elimination. Es ist die Darstellung möglich:

$$1)\ \Phi_1(z) = \Re_1(\wp(z)) + \Re_2(\wp(z))\,\wp'(z),$$
$$2)\ \Phi_2(z) = \Re_3(\wp(z)) + \Re_4(\wp(z))\,\wp'(z);$$

aus 1) folgt

$$1')\ [\wp'(z)]^2 = \left(\frac{\Phi_1(z) - \Re_1(\wp(z))}{\Re_2(\wp(z))}\right)^2 = 4\wp^3(z) - g_2\wp(z) - g_3, \quad [(12)]$$

und aus 2) folgt

$$2')\ [\wp'(z)]^2 = \left(\frac{\Phi_2(z) - \Re_3(\wp(z))}{\Re_4(\wp(z))}\right)^2 = 4\wp^3(z) - g_2\wp(z) - g_3.$$

Wir können diese beiden Gleichungen so schreiben:

$$1'')\ \mathfrak{G}_1(\Phi_1(z), \wp(z)) = 0,$$
$$2'')\ \mathfrak{G}_2(\Phi_2(z), \wp(z)) = 0,$$

und aus 1'') und 2'') $\wp(z)$ darstellen:

$$\wp(z) = f_1(\Phi_1(z)) = \text{algebraische Funktion von } \Phi_1(z),$$
$$\wp(z) = f_2(\Phi_2(z)) = \text{algebraische Funktion von } \Phi_2(z);$$

nach Gleichsetzen erhalten wir

$f_1(\Phi_1(z)) = f_2(\Phi_2(z))$, d. h.
$\mathfrak{G}(\Phi_1(z), \Phi_2(z)) = 0$ (algebraische Gleichung mit konstanten Koeffizienten). (61)

Dieser Satz ist auch so ausdrückbar: jede elliptische Funktion mit den Perioden $(2\,\omega, 2\,\omega')$ ist eine algebraische Funktion jeder anderen elliptischen Funktion mit denselben Perioden. Insbesondere besteht also zwischen einer elliptischen Funktion und ihrer Ableitung eine algebraische Gleichung mit konstanten Koeffizienten; denn mit $\varphi(z; 2\,\omega, 2\,\omega')$ ist ja auch $\varphi'(z; 2\,\omega, 2\,\omega')$ eine elliptische Funktion, also $\mathfrak{G}\left(\varphi(z), \varphi'(z)\right) = 0$ (algebraische Gleichung).

Für $\wp(z; 2\,\omega, 2\,\omega')$ und $\wp'(z; 2\,\omega, 2\,\omega')$ haben wir die bestehende Gleichung bereits hergeleitet: $[\wp'(z)]^2 = 4\,\wp^3(z) - g_2\wp(z) - g_3$ [(12)]. Setzen wir $\varphi(z) = w$, dann heißt die algebraische Gleichung

$$\mathfrak{G}\left(w, \frac{dw}{dz}\right) = 0, \text{ d. h.}$$

$$\frac{dw}{dz} = \text{algebraische Funktion von } w,$$

$$\frac{dz}{dw} = \text{algebraische Funktion von } w,$$

$$z = \int (\text{algebraische Funktion von } w)\, dw\,.$$

Die Umkehrfunktion einer elliptischen Funktion ist also das Integral einer algebraischen Funktion — ein speziell geartetes Abelsches Integral. (Nicht aber: wenn ein Abelsches Integral vorliegt, dann ist die Umkehrfunktion eine elliptische Funktion; nur im Spezialfall ist das richtig.)

Beispiel: $[\wp'(z)]^2 = 4\,\wp^3(z) - g_2\,\wp(z) - g_3\,,$

$$\wp(z) = w\,,\quad \wp'(z) = \frac{dw}{dz}\,,$$

$$\frac{dw}{dz} = \sqrt{4\,w^3 - g_2\,w - g_3}\,,$$

$$z = \int_{\infty}^{w} \frac{dw}{\sqrt{4\,w^3 - g_2\,w - g_3}}\,^{1)}\,. \tag{62}$$

Dieses elliptische Integral ist ein speziell geartetes Abelsches Integral.

F. Die durch $\wp\,(z;\ 2\,\omega,\ 2\,\omega')$ geleistete konforme Abbildung im Rechteckfall.

Wir hatten erkannt: Die Funktion $\wp(z) = s$ ändert ihren Wert nicht

1) bei Periodenaddition $\begin{cases} \wp(z + 2\,\omega) = \wp(z) \\ \wp(z + 2\,\omega') = \wp(z) \end{cases}$,

2) bei 180^0 Drehung um die Stelle $z = 0 : \wp(-z) = \wp(z)$.

[1]) Über die Integrationskonstante wurde so verfügt, daß $z(\omega)$ im Unendlichen verschwindet.

Aus 2) folgerten wir in Verbindung mit 1), daß die Funktion $\wp(z)$ auch bei 180^0-Drehungen um die Halbgitterpunkte ω, ω'', ω' ihren Wert nicht ändert, also gerade ist [(9 a), (9 b), (9 c)].

Wir untersuchen zunächst den Sonderfall:

Periodenparallelogramm ein Rechteck.

Wir wollen $2\,\omega$ als positiv reell, $2\,\omega'$ demnach als positiv imaginär annehmen. Das Periodengitter ist in diesem Falle zur Achse des Reellen und zur Achse des Imaginären symmetrisch, es kann durch Spiegelung an diesen Achsen in sich übergeführt werden. Wir behaupten:

$\wp(z) = s$ nimmt auf den Gittergeraden nur reelle Werte an,

$\wp(z) = s$ nimmt auch auf den Halbgittergeraden nur reelle Werte an,

$\wp(z) = s$ nimmt an allen anderen Stellen niemals reelle Werte an.

Wir zeigen zunächst: $\wp(z) = s$ nimmt auf der Achse des Reellen nur reelle Werte an. Wir können schreiben

$$\wp(z) = \frac{1}{z^2} + \sum{}'\left[\frac{1}{(z - 2\,\tilde{\omega})^2} - \frac{1}{(2\,\tilde{\omega})^2}\right]$$

$$= \frac{1}{z^2} + \sum{}'_{\mathrm{I}}\left[\frac{1}{(z - 2\,\tilde{\omega})^2} - \frac{1}{(2\,\tilde{\omega})^2}\right] + \sum\nolimits_{\mathrm{II}}\left[\begin{array}{l}\dfrac{1}{(z - 2\,\tilde{\omega})^2} - \dfrac{1}{(2\,\tilde{\omega})^2}\\ + \dfrac{1}{(z - 2\,\bar{\tilde{\omega}})^2} - \dfrac{1}{(2\,\bar{\tilde{\omega}})^2}\end{array}\right],$$

wobei in Σ'_{I} nur die reellen Gitterstellen benutzt und in Σ_{II} alle oberhalb der reellen Achse und alle unterhalb der reellen Achse gelegenen Gitterstellen paarweise symmetrisch genommen werden. Für reelle z ist die erste Summe als Summe lauter reeller Größen reell, die zweite Summe ist reell als Summe lauter konjugiert komplexer Größen. Demnach nimmt $\wp(z)$ auf der Achse des Reellen nur reelle Werte an.

Wir hätten diese Tatsache auch folgendermaßen zeigen können. Wir beweisen:

$$\wp(\bar{z}) = \overline{\wp(z)} = \bar{s}\,, \tag{63}$$

d. h. Spiegelung des z-Wertes an der reellen Achse der z-Ebene führt zur Spiegelung des Bildwertes an der reellen Achse der s-Ebene. Wir können die Behauptung auch so schreiben: $\overline{\wp(\bar{z})} = \wp(z)$. Zum Beweis bilden wir

$$\overline{\wp(\bar{z})} = \overline{\frac{1}{\bar{z}^2} + \sum{}'\left[\frac{1}{(\bar{z} - 2\,\tilde{\omega})^2} - \frac{1}{(2\,\tilde{\omega})^2}\right]} = \frac{1}{z^2} + \sum{}'\left[\frac{1}{(z - 2\,\bar{\tilde{\omega}})^2} - \frac{1}{(2\,\bar{\tilde{\omega}})^2}\right]$$

$$= \frac{1}{z^2} + \sum{}'\left[\frac{1}{(z - 2\,\bar{\tilde{\omega}})^2} - \frac{1}{(2\,\bar{\tilde{\omega}})^2}\right] = \frac{1}{z^2} + \sum{}'\left[\frac{1}{(z - 2\,\tilde{\omega})^2} - \frac{1}{(2\,\tilde{\omega})^2}\right] = \wp(z)\,,$$

denn die konjugierten Werte sämtlicher Gitterstellen liefern ebenfalls sämtliche Gitterstellen im vorliegenden Rechtecksfall. Auf der reellen Achse ist $\wp(z) = s = \wp(\bar{z}) = \overline{\wp(z)} = \bar{s}$, demnach ist $\wp(z) = s$ reell. Somit ist nochmals bewiesen worden: $\wp(z)$ nimmt im Rechtecksfall auf der reellen Achse nur reelle Werte an, das gleiche gilt aus Periodizitätsgründen auf den Gittergeraden parallel zur reellen Achse.

Nun zeigen wir: $\wp(z)$ nimmt auf der imaginären Achse nur reelle Werte an.

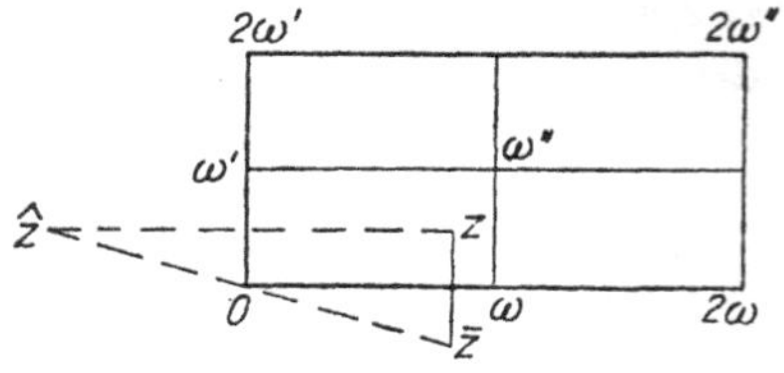

Bild 5.

Spiegelung an der imaginären Achse, d. h. Übergang von z zu $\hat{z}$ (s. Bild 5) läßt sich darstellen als Spiegelung an der reellen Achse mit nachfolgender 180°-Drehung um den Nullpunkt. Bei der Spiegelung $z \to \bar{z}$ geht $\wp(z) = s$ über in $\wp(\bar{z}) = \overline{\wp(z)} = \bar{s}$, bei 180°-Drehung um den Nullpunkt bleibt dieser Wert erhalten: $\wp(\hat{z}) = \wp(\bar{z}) = \overline{\wp(z)} = \bar{s}$. Einer Spiegelung an der Achse des Imaginären in der z-Ebene entspricht also eine Spiegelung an der Achse des Reellen in der s-Ebene. Auf der Achse des Imaginären wird demnach: $s = \wp(z) = \wp(\hat{z}) = \wp(\bar{z}) = \bar{s}$, also ist $\wp(z) = s$ reell. $\wp(z)$ nimmt demnach auf der imaginären Achse tatsächlich nur reelle Werte an; das gleiche gilt aus Periodizitätsgründen auf den Gittergeraden parallel zur imaginären Achse.

Wir zeigen jetzt: $\wp(z)$ ist auf allen Halbgittergeraden reell. Es ist (s. Bild 6) $\wp(\hat{z}) = \overline{\wp(z_1)} = \overline{\wp(z)} = \bar{s}$, weil $\wp(z_1) = \wp(z)$ (Geradheit an den Halbgitterpunkten). Demnach gilt auf der Halbgittergeraden $\wp(z) = s = \wp(\hat{z}) = \overline{\wp(z)} = \bar{s}$, d. h. $\wp(z)$ ist reell auf der Halbgittergeraden durch ω' bzw. durch ω und aus Periodizitätsgründen auf allen Halbgittergeraden parallel zu diesen Geraden.

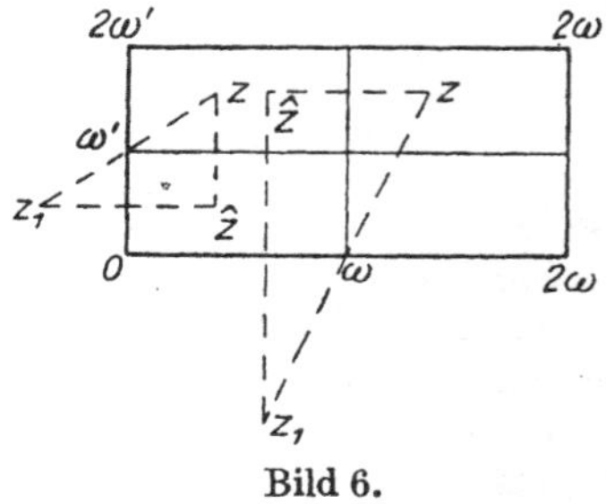

Bild 6.

Also sind, wie behauptet, alle Gitter- und Halbgittergeraden Realitätslinien.

Wir müssen jetzt noch zeigen: An allen anderen Stellen kann kein reeller Wert von $\wp(z) = s$ angenommen werden.

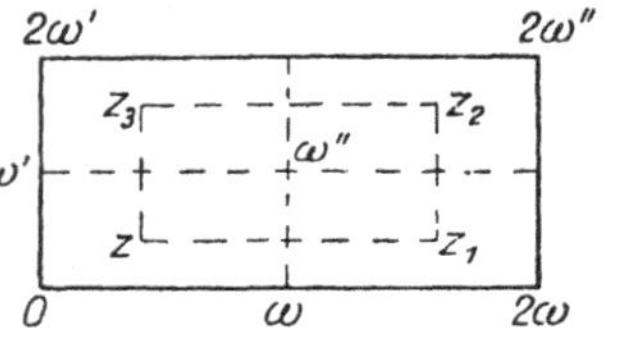

Bild 7.

Beweis: Wenn bei z (nicht auf einer Gitter- oder Halbgittergeraden) $\wp(z) = s$ reellwertig wäre, dann käme auch bei z_1, z_2, z_3 derselbe reelle Wert (s. Bild 7); denn Spiegelung an den Halbgittergeraden liefert Spiegelung an der reellen Achse, also bei reellem Wert stets wieder den gleichen reellen Wert; das würde vierfache Wertannahme bedeuten, während es bei $\wp(z)$ nur zweifache Wertannahme gibt. Insbesondere gilt: $\wp(z)$ ist auf dem Rand des Viertelrechtecks 0, ω, ω'', ω' reellwertig. Daraus schließen wir:

Das Viertelrechteck $0, \omega, \omega'', \omega'$ wird durch $\wp(z) = s$ auf die untere s-Halbebene konform abgebildet (Bild 8). Zum Beweis erinnern wir an die Potenzreihenentwicklung (6) am Nullpunkt:

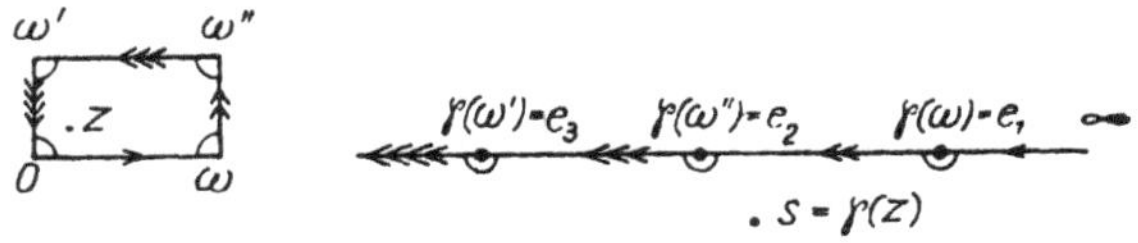

Bild 8.

$$s = \wp(z) = \frac{1}{z^2} + \frac{g_2}{20} z^2 + \frac{g_3}{28} z^4 + \cdots; \text{ daraus folgt:}$$

$$\mathrm{d}s = \left(\frac{-2}{z^3} + \frac{g_2}{10} z + \frac{g_3}{7} z^3 + \cdots\right) \mathrm{d}z\,[1]\,. \tag{64}$$

Einer Durchlaufung der Strecke $0\,\omega$ entspricht eine Bewegung des Bildpunktes von $s = \infty$ in Richtung der Achse des negativ Reellen bis zur Stelle $\wp(\omega) = e_1$; hier gilt [nach (10 a)] die Entwicklung

$$\wp(z) - e_1 = \wp(z) - \wp(\omega) = \frac{\wp''(\omega)}{2!}(z - \omega)^2 + \cdots,$$

also erfolgt Winkelverdoppelung bei $z = \omega$. Die Durchlaufung der Strecke $\omega\,\omega''$ führt demnach zu einer Bewegung des Bildpunktes von $\wp(\omega) = e_1$ bis zur Stelle $\wp(\omega'') = e_2$ auf der Achse des Reellen; an dem Halbgitterpunkt $z = \omega''$ erfolgt ebenfalls Winkelverdoppelung. Der Durchlaufung der Strecke $\omega''\,\omega'$ entspricht eine Bewegung des Bildpunktes von $\wp(\omega'') = e_2$ bis $\wp(\omega') = e_3$; an dem Halbgitterpunkt $z = \omega'$ erfolgt Winkelverdoppelung. Der Durchlaufung der Strecke $\omega'\,0$ entspricht eine Bewegung des Bildpunktes von $\wp(\omega') = e_3$ bis $s = \infty$ auf der Achse des Reellen. Im Nullpunkt findet nach der hier maßgebenden Entwicklung (6) ebenfalls Winkelverdopplung statt. Einer Durchlaufung des Rechteckrandes entspricht eine volle Durchlaufung der Achse des Reellen im negativen Sinne, und zwar muß eine glatte Durchlaufung der reellen Achse stattfinden; wenn es nämlich nicht zu einer glatten Durchlaufung, sondern zu einer Durchlaufung mit Hin- und Hergängen käme, so müßte dem 180^0-Winkel (an jeder Randstelle des Rechtecks, außer bei den Ecken, ist dieser Winkel vorhanden) mindestens an einer Stelle ein 360^0-Winkel entsprechen; es müßte Winkelverdoppelung eintreten und demnach an dieser Stelle die Ableitung $\wp'(z)$ verschwinden; $\wp'(z)$ verschwindet aber nur an den Halbgitterpunkten. Einem kleinen, auf den Rechteckrand aufgesetzten, nach innen weisenden Pfeil muß aus Gründen der Winkelerhaltung (mit Drehsinn) ein in die untere Halbebene weisender Bildpfeil entsprechen. Es muß aber auch wirklich jeder Wert in der unteren Halbebene bedeckt werden; würde ein Wert nicht angenommen werden, so würde auch in keinem der anderen das Periodenrechteck aufbauenden Viertelrechtecke dieser Wert angenommen werden, denn der Übergang zu diesen anderen Viertelrechtecken geschieht

[1]) Einem positiv reellen Element $\mathrm{d}z$ am Nullpunkt entspricht ein negativ gerichtetes Element $\mathrm{d}s$ am Punkt ∞.

durch Spiegelung an der Halbgittergeraden $\omega' \omega''$ bzw. an der Halbgittergeraden $\omega \omega''$ oder durch 180°-Drehung um den Punkt ω''; den Spiegelungen entsprechen Spiegelungen an der reellen Achse, also Übergänge zur oberen Halbebene, und der genannten 180°-Drehung entspricht wegen der Geradheit an den Halbgitterpunkten ein Übergang zu denselben Funktionswerten. Ein etwa in der unteren Halbebene unbedeckt bleibender Wert würde demnach im Periodenrechteck überhaupt nicht angenommen werden. Die $\wp$-Funktion nimmt aber jeden Wert zweimal an. Wir haben also vollständig bewiesen, daß $\wp(z) = s$ das Viertel-Periodenrechteck 0, ω, ω'', ω' konform auf die untere s-Halbebene abbildet.

Das ganze Fundamentalrechteck (Periodenrechteck) entsteht aus dem betrachteten Viertelrechteck durch Spiegelungen an den Halbgittergeraden in folgender Weise: Wir spiegeln das betrachtete Viertelrechteck I an der Seite 2 (s. Bild 9) und erhalten das Rechteck II; ihm entspricht eine obere

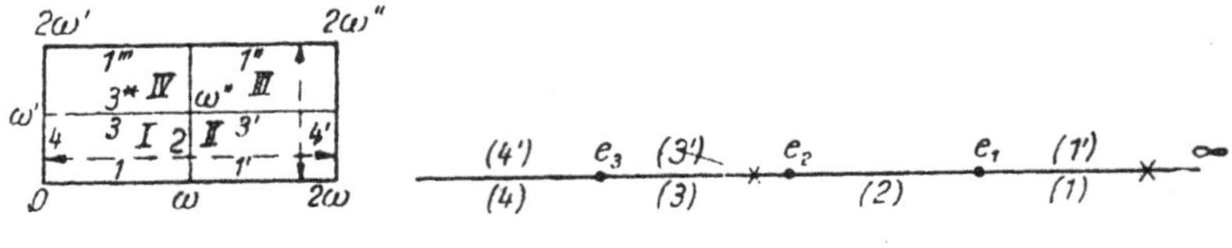

Bild 9.

Halbebene, die längs der Bildstrecke (2) mit der unteren Halbebene (Bild von I) zusammenhängt. Dabei entstehen die Randstücke (1'), (3'), (4'). Vermöge der Periodizität ist 4' mit 4 äquivalent, demnach ist im Bild (4') mit (4) zu vereinigen. Das Rechteck I + II wird unter Berücksichtigung der Äquivalenz der beiden Seiten 4 und 4' konform auf die längs $e_1 \frac{(1')}{(1)} \infty$ und $e_3 \frac{(3')}{(3)} e_2$ aufgeschlitzte Ebene abgebildet. Das Gesamtrechteck (Periodenrechteck) bekommen wir, indem wir das Rechteck I + II etwa an der Seite 3' spiegeln und das sich aus 3 ergebende Randstück 3* sogleich mit 3 vereinigen. Diesem Prozeß entspricht in der Bildfigur die Spiegelung der längs $e_1 \frac{(1')}{(1)} \infty$ und $e_3 \frac{(3')}{(3)} e_2$ aufgeschlitzten Ebene am Bildrandstück (3'). Es entsteht eine zweite Ebene (darüberliegend), die längs (3') mit der ursprünglichen Grundebene vereinigt ist; außerdem ist die Vereinigung von (3*) mit (3) sofort herzustellen. Es entsteht längs $e_3 e_2$ eine Überkreuzverheftung beider Ebenen (Bild 9). Die Randstücke (1) und (1') liefern bei dieser Spiegelung an (3') neue Randstücke (der darüberliegenden Ebene) (1''') und (1''). Wegen der Äquivalenz von 1' mit 1'' und 1 mit 1''' vermöge der Periodizität ist 1' mit 1'' und 1 mit 1''' zu verheften. Es entsteht also auch längs $e_1 \cdots \infty$ eine Überkreuzverheftung. Wir können das Ergebnis so aussprechen:

Das entsprechend der Periodizität der $\wp$-Funktion „ränderbezogene" Fundamentalrechteck 0, $2\,\omega$, $2\,\omega''$, $2\,\omega'$ wird auf die aus zwei übereinanderliegenden, von e_3 bis e_2 bzw. von e_1 bis ∞ überkreuz verhefteten Ebenen bestehende Fläche abgebildet. Wir sagen auch: $s = \wp(z)$ bildet das ränderbezogene Periodenrechteck konform ab auf die zweiblättrige Riemannsche Fläche mit e_1, e_2, e_3, ∞ als Windungspunkten.

Das ränderbezogene Fundamentalrechteck (Periodenrechteck) können wir uns als Fläche im Raum in folgender Weise vorstellen: Wir vereinigen etwa zunächst die Seiten 0, $2\,\omega$ und $2\,\omega'$, $2\,\omega''$ (durch Periodenverschiebungen um $2\,\omega'$ auseinander hervorgehende Randstellen werden aufeinandergelegt und vereinigt), indem wir das Rechteck zum Zylinder zusammenbiegen. Nunmehr bringen wir die Randpunkte, die durch Verschiebung um $2\,\omega$ auseinander hervorgehen, zur Deckung und Vereinigung, indem wir den Zylinder zu einem Torus (Ring) zusammenbiegen (Bild 10). Wir könnten dann sagen: der Torus erscheint abgebildet auf die zweiblättrige Riemannsche Fläche mit vier Windungspunkten.

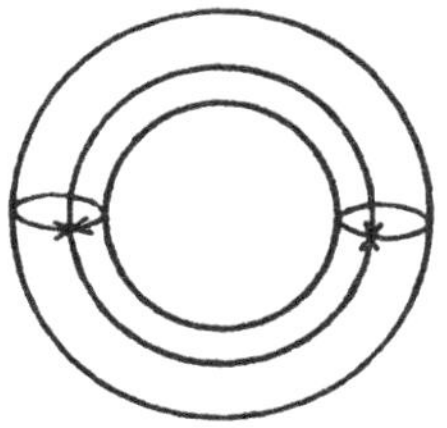

Bild 10.

Die Umkehrfunktion der Funktion $\wp(z) = s$, nämlich das elliptische Integral (I. Art)

$$z = \int_{\infty}^{s} \frac{ds}{\sqrt{4\,(s-e_1)\,(s-e_2)\,(s-e_3)}} = \int_{\infty}^{s} \frac{ds}{\sqrt{4\,s^3 - g_2\,s - g_3}}\,{}^{1)} \qquad (65)$$

leistet die umgekehrte Abbildung, insbesondere die konforme Abbildung der unteren Halbebene, die mit den Randstellen e_1, e_2, e_3, ∞ [aus der mit $\wp(z) = s$ gewonnenen Abbildung] signiert ist, auf das Viertel-Periodenrechteck. Wir wollen uns an späterer Stelle davon überzeugen, daß eine beliebige, mit willkürlich gewählten Randstellen e_1, e_2, e_3 signierte Halbebene vermöge des elliptischen Integrals (I. Art) $z = \int_{\infty}^{s} \frac{ds}{\sqrt{4\,(s-e_1)\,(s-e_2)\,(s-e_3)}}$ auch auf ein Rechteck konform abgebildet wird (s. S. 112 und S. 75; diese Abbildungsaufgabe wird daselbst ganz allgemein behandelt).

G. Anwendungen.

An dieser Stelle wollen wir zunächst ein allgemeines funktionentheoretisches Prinzip namhaft machen, das wir oft benutzen werden.

15. Hilfsbetrachtung: Spiegelungsprinzip.

Einfachster Fall: Eine analytische Funktion ist längs eines Stückes der reellen Achse regulär und nimmt auf diesem Stück reelle Werte an. Setzen wir die Funktion auf konjugiert imaginären Wegen fort, so erhalten wir in konjugierten Punkten (spiegelbildlich zur reellen Achse) konjugiert

[1] S. auch (14); über die Integrationskonstante wird so verfügt, daß $z(s)$ im Unendlichen verschwindet.

imaginäre Funktionswerte. Zum Beweis nehmen wir an, A sei ein Punkt auf dem betrachteten Stück der reellen Achse; eine Potenzreihe $z = \mathfrak{P}(s-A)$, die in der Umgebung von $s = A$ auf der reellen Achse reelle Werte annimmt, besitzt reelle Koeffizienten, denn die Koeffizienten sind bis auf die Faktoren $\frac{1}{n!}$ die Ableitungen der Funktion im Punkt A, und diese Ableitungen sind wie die Funktion selbst reell. Wir brauchen nämlich in $\frac{z(s+\Delta s)-z(s)}{\Delta s}$ s und Δs nur reelle Werte annehmen zu lassen und bekommen einen reellen Grenzwert $z'(s)$ für $\Delta s \to 0$. Für die höheren Ableitungen kann in gleicher Weise gezeigt werden, daß sie sämtlich reellwertig sind, also ist $\mathfrak{P}(s-A)$ tatsächlich eine Potenzreihe mit lauter reellen Koeffizienten (die durch Differentiation gewonnenen Reihen haben auch reelle Koeffizienten) und muß deshalb in konjugierten Punkten β und $\overline{\beta}$ ihres Konvergenzkreises konjugiert komplexe Werte annehmen. $\mathfrak{P}(s-\beta)$ und $\mathfrak{P}(s-\overline{\beta})$ seien die Potenzreihenentwicklungen der Funktion $z(s)$ an den Stellen β bzw. $\overline{\beta}$, also die durch Fortsetzung erhaltenen Elemente. Die Koeffizienten dieser Reihen sind wieder bis auf den Faktor $\frac{1}{n!}$ die Ableitungen der Funktion $z = \mathfrak{P}(s-A)$ in den beiden konjugiert komplexen Punkten β und $\overline{\beta}$, das sind also konjugiert komplexe Koeffizientenwerte. In den beiden spiegelbildlich zur reellen Achse gelegenen Konvergenzkreisen k_β und $k_{\overline{\beta}}$ wählen wir zwei konjugierte Stellen γ und $\overline{\gamma}$; die Reihe $\mathfrak{P}(s-\overline{\beta})$ stellt für $s = \overline{\gamma}$ den konjugiert komplexen Wert zu $\mathfrak{P}(s-\beta)$ für $s = \gamma$ dar. In den neugewonnenen, zu $\mathfrak{P}(s-\overline{\gamma})$ bzw. $\mathfrak{P}(s-\gamma)$ gehörenden Konvergenzkreisen wählen wir wieder zwei konjugierte Stellen und betreiben von da an die Fortsetzung weiter; wir erhalten stets in konjugierten Punkten konjugiert imaginäre Funktionswerte.

Zweiter Fall: Wissen wir von einer Funktion, daß sie auf einem Stück irgendeiner Geraden Werte annimmt[1]), die wieder auf einer Geraden liegen, so können wir im Original und im Bild durch einfache lineare Transformationen die Figuren in solche Lage bringen, daß wir den obigen Sachverhalt: „Ein Stück der reellen Achse liefert ein Stück der reellen Achse" bekommen und folglich unser schon erkanntes Spiegelungsprinzip anwenden können. Rücktransformation liefert dann die Erkenntnis: Einer Spiegelung an der Geraden im Original entspricht eine Spiegelung an der Bildgeraden.

Dritter Fall: Entsprechen sich zwei Kreisbögen[1]), so können wir durch geeignete lineare Transformation im Original und im Bild auf die reelle Achse kommen (einfachster Fall), zu der jetzt die gewöhnliche Spiegelbarkeit vorhanden sein muß. Rückübertragung liefert: Spiegelung am Kreis im Original liefert Spiegelung am Kreis im Bild.

Bemerkung über Spiegelung an einem analytischen Kurvenbogen: Wir denken uns den Boden mittels konformer Abbildung auf ein Stück der

[1]) in regulärer Weise.

Achse des Reellen gebracht und das Resultat der Spiegelung an der reellen Achse mittels der umgekehrten konformen Abbildung zurückübertragen.

16. Bestimmung der Greenschen Funktion für ein Rechteck.

Vorbemerkungen: Es sei B ein einfach zusammenhängender, von einer stückweise glatten Kurve begrenzter Bereich der z-Ebene $(x + iy = z)$ (Bild 11). Wir verstehen unter der Greenschen Funktion des Bereichs B eine Funktion $G(x, y)$ mit folgenden Eigenschaften:

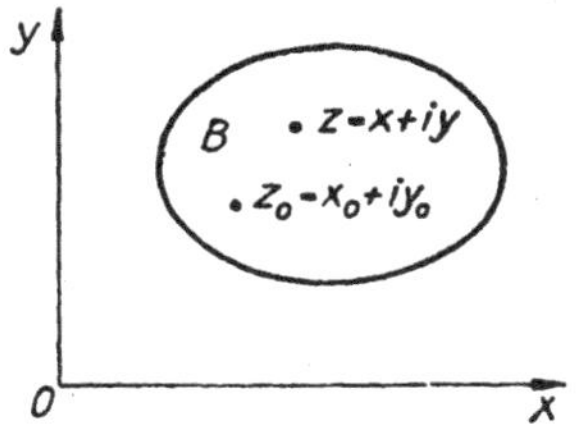

Bild 11.

1. $G(x, y)$ soll in B überall zweimal stetig differenzierbar sein bis auf eine vorgegebene innere Stelle $z_0 = x_0 + iy_0$, wo sich $G(x, y)$ verhalten soll wie

$-\log \sqrt{(x - x_0)^2 + (y - y_0)^2}$ + *reguläre Potentialfunktion* $\Gamma(x, y)$;

insbesondere soll $G(x,y)$ in B Potentialfunktion sein, d. h. der Gleichung

$$\frac{\partial^2 G(x, y)}{\partial x^2} + \frac{\partial^2 G(x, y)}{\partial y^2} = 0 \text{ genügen.}$$

2. Am Rande des Bereiches B soll $G(x, y)$ verschwinden. Statt $G(x, y)$ wird auch $G(x, y; x_0, y_0)$ geschrieben, um die Abhängigkeit vom „Aufpunkt" $z_0 = x_0 + iy_0$ zum Ausdruck zu bringen.

Zur Bestimmung der Greenschen Funktion eines gegebenen Bereichs bemerken wir folgendes: Es sei $f(z) = w = u(x, y) + iv(x, y)$ die analytische Funktion, die unseren Bereich konform auf die Einheitskreisscheibe der w-Ebene abbildet, so daß $f(z_0) = 0$. Es gilt dann an der Stelle z_0 die Entwicklung

$$w = f(z) = c_1 (z - z_0) + c_2 (z - z_0)^2 + \cdots \text{ mit } c_1 \neq 0,$$

$$= (z - z_0) [c_1 + c_2 (z - z_0) + \cdots],$$

$$\log f(z) = \log (z - z_0) + \log [c_1 + c_2 (z - z_0) + \cdots]$$

$= \log (z - z_0) + \varphi(z)$, wobei $\varphi(z)$ eine bei z_0 reguläre Funktion ist. Der negative Realteil der Größe $\log f(z)$

$$-\Re\{\log f(z)\} = -\log |z - z_0| - \Re\{\varphi(z)\} \tag{66}$$

ist dann eine in B bis auf die Stelle z *reguläre Potentialfunktion*[1]), die sich bei z_0 wie $-\log|z - z_0|$ + *reguläre Potentialfunktion*, also wie

[1]) Realteil und Imaginärteil einer analytischen Funktion $F(z) = U(x, y) + iV(x, y)$ sind Potentialfunktionen. Aus den Cauchy-Riemannschen Differentialgleichungen $\frac{\partial U}{\partial x} = \frac{\partial V}{\partial y}$, $\frac{\partial U}{\partial y} = -\frac{\partial V}{\partial x}$ folgt nach Differentiation und Addition

$$\frac{\partial^2 U}{\partial x^2} + \frac{\partial^2 U}{\partial y^2} = 0 \quad \text{und} \quad \frac{\partial^2 V}{\partial x^2} + \frac{\partial^2 V}{\partial y^2} = 0.$$

$-\log\sqrt{(x-x_0)^2+(y-y_0)^2}$ + *reguläre Potentialfunktion* verhält und am Rande verschwindet, weil $|f(z)|$ daselbst gleich 1 wird. — $\Re\}\log f(z)\{$ stellt daher die zum „Aufpunkt" $x_0, y_0 \sim x_0 + i\,y_0 = z_0$ gehörende Greensche Funktion $G(x, y)$ des Bereichs B dar. (Man kann zeigen, daß es im Sinne obiger Definition nur eine Greensche Funktion gibt.)

Wir wollen nun die Greensche Funktion eines Rechtecks aufstellen. Das in der z-Ebene ($z = x + iy$) gelegene Rechteck habe die Ecken 0, ω (positiv reell), $\omega + \omega' = \omega''$ (ω' positiv imaginär) und ω'. Die innere Stelle $z_0 = x_0 + iy_0$ sei der Aufpunkt der zu bestimmenden Greenschen Funktion $G(x, y; x_0, y_0)$. Wir müssen dieses Rechteck auf das Einheitskreisinnere konform abbilden: Mittels der Weierstraßschen $\wp$-Funktion $\wp(z; 2\,\omega, 2\,\omega') = s$ wird das Rechteck auf die untere s-Halbebene übertragen, und wir müssen diese Halbebene durch geeignete lineare Transformation der Größe $\wp(z) = s$ so auf das Einheitskreisinnere abbilden, daß die Stelle $\wp(z_0) = s_0$ in den Nullpunkt und daher die bezüglich der Achse des Reellen spiegelbildlich gelegene Stelle $\overline{\wp(z_0)} = \bar{s}_0 = \wp(\bar{z}_0)$ in den Punkt ∞ übergeht[1]; bis auf einen für unsere Zwecke belanglosen Drehfaktor[2]) wird diese Abbildung geleistet durch

$$w = \frac{s - s_0}{s - \bar{s}_0} = \frac{\wp(z) - \wp(z_0)}{\wp(z) - \wp(\bar{z}_0)} = f(z)\,.$$

Es wird dann $\log f(z) = \log[\wp(z) - \wp(z_0)] - \log\,[\wp(z) - \wp(\bar{z}_0)]$, und wir bekommen

$$-\Re\}\log f(z)\{ = \Re\}-\log f(z)\{ = \Re\left\{\log\frac{\wp(z) - \wp(\bar{z}_0)}{\wp(z) - \wp(z_0)}\right\} = G(x, y; x_0, y_0) \quad (67)$$

als gesuchte Greensche Funktion. Wir können $G(x, y; x_0, y_0)$ multiplikativ so darstellen

$$G(x, y; x_0, y_0) = \Re\left\{\log\frac{\sigma(z - \bar{z}_0)\,\sigma(z + \bar{z}_0)}{\sigma(z - z_0)\,\sigma(z + z_0)}\,\frac{\sigma^2(z_0)}{\sigma^2(\bar{z}_0)}\right\}. \quad (68)$$

Zur Begründung bemerken wir, daß die elliptische Funktion $\frac{1}{f(z)}$ ihre Nullstellen — Nullstellen I. Ordnung — bei $z = \bar{z}_0$ und $z = -\bar{z}_0$ und ihre Pole — Pole I. Ordnung — bei $z = z_0$ und $z = -z_0$ hat. Wir kommen wegen Σ *(Nullstellen)* — Σ *(Pole)* = 0 ohne regulierenden Faktor $e^{2\eta\zeta}$ aus [(39)]; die noch auftretende multiplikative Konstante C wird so bestimmt: Entwicklung bei $z = 0$

$$\frac{\frac{1}{z^2}\,[1 + \text{reg.}\,(z)]}{\frac{1}{z^2}\,[1 + \text{reg.}\,(z)]} = C\,\frac{\sigma(-\bar{z}_0)\;[1 + \text{reg.}\,(z)]\,\sigma(\bar{z}_0)\;[1 + \text{reg.}\,(z)]}{\sigma(-z_0)\;[1 + \text{reg.}\,(z)]\,\sigma(z_0)\;[1 + \text{reg.}\,(z)]}\,,$$

[1]) Lineare Transformationen führen Spiegelpunkte in Spiegelpunkte über (Spezialfall des Spiegelungsprinzips; s. S. 59).

[2]) log Drehfaktor = $\log e^{i\lambda} = i\,\lambda$ (λ reell) liefert keinen zusätzlichen Realteil, deshalb kann er außer Betracht bleiben.

$$1 + \text{reg.}\,(z) = C\,\frac{\sigma^2(\overline{z_0})}{\sigma^2(z_0)}\,[1 + \text{reg.}\,(z)] = C\,\frac{\sigma^2(\overline{z_0})}{\sigma^2(z_0)} + \text{reg.}\,(z)\,,\ \text{also}$$

$$C = \frac{\sigma^2(z_0)}{\sigma^2(\overline{z_0})} \quad [\text{s. auch (40)}].$$

Zusätzliche Bemerkung: Da es sich um ein Rechteckgitter handelt, kommen die Gitterpunkte stets in konjugierter Lage vor; $\sigma(z)$ ist dann für reelle z reellwertig, nimmt demnach an konjugiert komplexen Stellen konjugiert komplexe Werte an[1]); daraus folgt

$$\left|\frac{\sigma^2(z_0)}{\sigma^2(\overline{z_0})}\right| = 1 \text{ und } \Re\left\{\log\frac{\sigma^2(z_0)}{\sigma^2(\overline{z_0})}\right\} = \log\left|\frac{\sigma^2(z_0)}{\sigma^2(\overline{z_0})}\right| = 0\,.$$

Wir können die verlangte Greensche Funktion also darstellen:

$$G(x, y;\ x_0, y_0) = \Re\left\{\log\frac{\sigma(z - \overline{z_0})\,\sigma(z + \overline{z_0})}{\sigma(z - z_0)\,\sigma(z + z_0)}\right\}.$$

17. Potentialströmungen in einem Rechteck.

a. Vorbemerkungen über Potentialströmungen. Der Geschwindigkeitsvektor einer Potentialströmung ist so beschaffen: seine Komponenten entstehen als negative partielle Ableitungen einer Potentialfunktion $U(x, y)$:

$$\mathfrak{V}(x, y) = -\frac{\partial U}{\partial x} - i\,\frac{\partial U}{\partial y} = -\,\text{grad}\,U\,^{2)}\,.$$

Wir stellen uns zu $U(x, y)$ vermöge der Cauchy-Riemannschen Differentialgleichungen $\frac{\partial U}{\partial x} = \frac{\partial V}{\partial y}$, $\frac{\partial U}{\partial y} = -\frac{\partial V}{\partial x}$ die konjugierte Potentialfunktion $V(x, y)$ her[3]). Setzen wir $x + iy = z$ und die sich ergebende analytische Funktion $U(x, y) + i\,V(x, y) = S(z)$, so läßt sich $\mathfrak{V}(x, y)$ schreiben:

$$\mathfrak{V}(x, y) = \mathfrak{V}(z) = -\left(\frac{\partial U}{\partial x} - i\,\frac{\partial V}{\partial x}\right) = -\overline{\left(\frac{\partial U}{\partial x} + i\,\frac{\partial V}{\partial x}\right)} = -\overline{\left(\frac{\mathrm{d}\,S(z)}{\mathrm{d}\,z}\right)}^{4)}\,.$$

---

[1]) s. (22) und (34); $\wp(z)$ ist für reelle z-Werte reell (S. 55), demnach auch $\zeta(z)$ und auch $\sigma(z)$. Dieser Sachverhalt ist auch aus der Produktdarstellung von $\sigma(z)$ zu erkennen. Spiegelungsprinzip (S. 59).

[2]) grad U: Gradient von $U(x, y)$.

[3]) Aus $\frac{\partial V}{\partial x} = -\frac{\partial U}{\partial y}$ folgt $V = -\int\frac{\partial U}{\partial y}\,\mathrm{d}x + W(y)$, wobei $W(y)$ eine willkürliche Funktion von y ist; aus $\frac{\partial V}{\partial y} = \frac{\partial U}{\partial x}$ folgt dann $\frac{\partial\left(-\int\frac{\partial U}{\partial y}\,\mathrm{d}x + W(y)\right)}{\partial y} = \frac{\partial U}{\partial x}$, also $\frac{\mathrm{d}W(y)}{\mathrm{d}y} = \frac{\partial U}{\partial x} + \int\frac{\partial^2 U}{\partial y^2}\,\mathrm{d}x$ zur Bestimmung von $W(y)$. Die rechte Seite dieser Gleichung ist tatsächlich lediglich eine Funktion von y, denn die Differentiation nach x ergibt $\frac{\partial^2 U}{\partial x^2} + \frac{\partial^2 U}{\partial y^2} = 0$ (weil U Potentialfunktion) als Zeichen der Unabhängigkeit von x.

[4]) Der Ableitungswert von $S(z)$ ist, weil $S(z)$ eine analytische Funktion ist, unabhängig von der Differentiationsrichtung.

Bilden wir für eine Kurve $V(x, y) = \text{konst.}$ die Größe $\mathrm{d}V = \frac{\partial V}{\partial x}\mathrm{d}x + \frac{\partial V}{\partial y}\mathrm{d}y$,

dann ergibt sich $0 = \frac{\partial V}{\partial x}\mathrm{d}x + \frac{\partial V}{\partial y}\mathrm{d}y$, d. h.: $\frac{\mathrm{d}y}{\mathrm{d}x} = -\frac{\frac{\partial V}{\partial x}}{\frac{\partial V}{\partial y}} = \frac{\frac{\partial U}{\partial y}}{\frac{\partial U}{\partial x}}$ (nach den Cauchy-Riemannschen Differentialgleichungen). Der Geschwindigkeitsvektor ist demnach tangential zur Kurve $V(x, y) = \text{konst.}$, d. h. die Kurven $V(x, y) = \text{konst.}$ sind die Stromlinien. Da die durch die analytische Funktion $S(z) = U(x, y) + i\,V(x, y)$ geleistete konforme Abbildung als Bilder der Kurven $U(x, y) = \text{konst.}$ und $V(x, y) = \text{konst.}$ zwei zueinander orthogonale Geradenscharen in der U, V-Ebene, nämlich $U = \text{konst.}$ und $V = \text{konst.}$ ergibt, müssen die Stromlinien $V(x, y) = \text{konst.}$ die Äquipotentiallinien $U(x, y) = \text{konst.}$ orthogonal durchsetzen.

Quell-Senkenströmung einfachster Art:

$$S(z) = U(x, y) + iV(x, y) = \log z = \log (re^{i\varphi}) = \log r + i\varphi; \quad (69)$$

$U(x, y) = \text{konst.}$: Konzentrische Kreise um $z = 0$ als Mittelpunkt,
$V(x, y) = \text{konst.}$: Halbstrahlen durch den Punkt $z = 0$,

$$\mathfrak{V}(x, y) = \mathfrak{V}(z) = -\overline{\left(\frac{\mathrm{d}S(z)}{\mathrm{d}z}\right)} = -\overline{\left(\frac{1}{z}\right)} = -\frac{1}{r}e^{i\varphi}.$$

Die Strömung erfolgt also mit monoton wachsender Geschwindigkeit in den Halbstrahlen durch $z = 0$; hier trifft sie mit unendlich großer Geschwindigkeit ein; im Punkte ∞ befindet sich eine Quelle, im Nullpunkt eine Senke.

$S(z) = -\log z$ liefert die in den gleichen Stromlinien erfolgende Strömung; allerdings befindet sich jetzt im Nullpunkt eine Quelle und im Punkt ∞ eine Senke.

b. Potentialströmungen in einem Rechteck. Bei $z = \alpha_1$ sei eine $+$Elektrode, bei $z = -\alpha_2$ sei eine $-$Elektrode eines Elementes auf eine nach außen isoliert zu denkende leitende rechteckige Platte aufgesetzt (Bild 12). Es stellt sich ein stationäres, von der Zeit unabhängiges Strömungsbild, eine Potentialströmung, heraus.

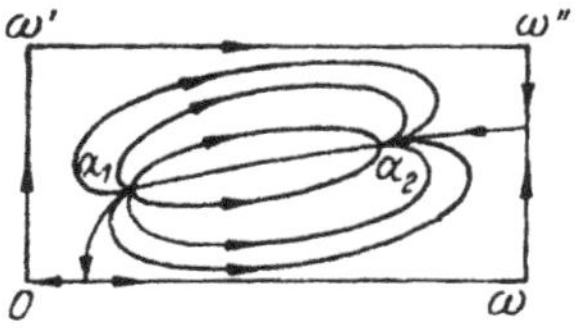

Bild 12.

Die problematische Strömungsfunktion $S(z) = U(x, y) + i\,V(x, y)$ kann folgendermaßen charakterisiert werden: Der Rand muß Stromlinie sein (es darf nichts über den Rand hinausströmen). Das senkrechte Auftreffen einer Stromlinie auf den Rand ist nur an Ausnahmestellen möglich, wo die Geschwindigkeit, also die Größe $\frac{\mathrm{d}S(z)}{\mathrm{d}z}$ verschwindet (Staupunkt). Die Strömungsfunktion $S(z)$ hat bei α_1 (Quelle) ein Verhalten: $-\log(z - \alpha_1)$ + *reguläre Funktion von* z und bei α_2 (Senke) ein Verhalten: $\log(z - \alpha_2)$ + *reguläre Funktion von* z.

Um die Verhältnisse leichter übersehen zu können, gehen wir mittels konformer Abbildung $\wp(z;\, 2\,\omega,\, 2\,\omega') = s$ zur unteren Halbebene über[1]). Die Punkte α_1 und α_2 liefern dabei Bildstellen $\wp(\alpha_1) = s_1$ und $\wp(\alpha_2) = s_2$. Wie überträgt sich das Verhalten bei α_1 bzw. bei α_2? Es ist

$$s - s_1 = \gamma_1 (z - \alpha_1) + \gamma_2 (z - \alpha_1)^2 + \cdots, \qquad \gamma_1 \neq 0 .$$

Daraus folgt

$$z - \alpha_1 = \frac{1}{\gamma_1} (s - s_1) + \gamma_2' (s - s_1)^2 + \cdots = (s - s_1) \left[\frac{1}{\gamma_1} + \gamma_2' (s - s_1) + \cdots \right],$$

also $\quad -\log (z - \alpha_1) = -\log (s - s_1) + \textit{reguläre Funktion von } s$.

Demnach überträgt sich das bei α_1 geforderte Verhalten so:

$$\begin{aligned} S(z) &= -\log (z - \alpha_1) + \textit{reguläre Funktion von } z \\ &= -\log (s - s_1) + \textit{reguläre Funktion von } s = \tilde{S}(s) . \end{aligned}$$

Entsprechend können wir schließen: Es ist

$$s - s_2 = c_1 (z - \alpha_2) + c_2 (z - \alpha_2)^2 + \cdots, \qquad c_1 \neq 0 .$$

Daraus folgt: $\quad z - \alpha_2 = (s - s_2) \left[\dfrac{1}{c_1} + c_2' (s - s_2) + \cdots \right]$.

Demnach überträgt sich das bei α_2 geforderte Verhalten so:

$$\begin{aligned} S(z) &= \log (z - \alpha_2) + \textit{reguläre Funktion von } z \\ &= \log (s - s_2) + \textit{reguläre Funktion von } s = \tilde{S}(s). \end{aligned}$$

Wir haben also in der s-Ebene eine Potentialströmung zu bestimmen (das Strömungsbild aus dem Rechteck wird durch $\wp(z) = s$ in ein Strömungsbild in der unteren Halbebene übertragen), für welche die Achse des Reellen Stromlinie ist, und die bei $s_1 = \wp(\alpha_1)$ eine Quelle — Verhalten: $\tilde{S}(s) = -\log (s - s_1) + \textit{reguläre Funktion von } s$ —, und bei $s_2 = \wp(\alpha_2)$ eine Senke — Verhalten: $\tilde{S}(s) = \log (s - s_2) + \textit{reguläre Funktion von } s$ — aufweist, sonst aber regulär sein muß.

Es ist naheliegend, den Ansatz zu betrachten:

$$\begin{aligned} S(z) = U(x, y) + i\, V(x, y) = \tilde{S}(s) &= -\log (s - s_1) + \log (s - s_2) = \\ &= \log \left| \frac{s - s_2}{s - s_1} \right| + i \arg \frac{s - s_2}{s - s_1} . \end{aligned}$$

Der Ausdruck $V = \arg (s - s_2) - \arg (s - s_1)$ müßte auf der Achse des Reellen konstant ausfallen (weil Stromlinie!). Wir erkennen (Bild 13), daß $\arg (s - s_2) - \arg (s - s_1)$ das Gewünschte nicht leistet, daß demnach unser Ansatz noch nicht der richtige ist. Wir bemerken, daß eine Hinzu-

---

[1]) Potentialfunktionen gehen bei konformer Abbildung in Potentialfunktionen über: hier ist $U(x, y) = \mathfrak{R}\{S(z)\} = \mathfrak{R}\{S(z(s))\} = \mathfrak{R}\{\textit{analytische Funktion von } s\} =$ *Potentialfunktion in der s-Ebene* (untere Halbebene).

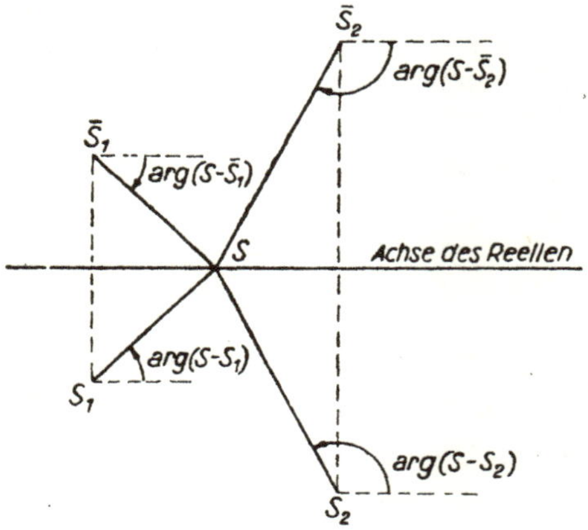

Bild 13.

nahme der Spiegelpunkte $\bar{s}_1$ und $\bar{s}_2$ am Verhalten der problematischen Strömungsfunktion $\tilde{S}(s)$ in der unteren Halbebene nichts ändern würde, aber entgegengesetzt gleiche Argumente für die Randstellen s sich wegheben würden im Falle des Ansatzes:

$$S(z) = \tilde{S}(s) = -\log(s - s_1) + \log(s - s_2) - \log(s - \bar{s}_1) + \log(s - s_2);$$

es ist jetzt auf dem Rand $V = -\arg(s - s_1) + \arg(s - s_2) - \arg(s - \bar{s}_1) + \arg(s - \bar{s}_2) = 0$, also konstant.

Unsere analytische Funktion ist also

$$S(z) = \tilde{S}(s) = \log \frac{(s - s_2)(s - \bar{s}_2)}{(s - s_1)(s - \bar{s}_1)} = \log \frac{[\wp(z) - \wp(\alpha_2)]\,[\wp(z) - \overline{\wp(\alpha_2)}]}{[\wp(z) - \wp(\alpha_1)]\,[\wp(z) - \overline{\wp(\alpha_1)}]}$$

$$= \log \frac{[\wp(z) - \wp(\alpha_2)]\,[\wp(z) - \wp(\bar{\alpha}_2)]}{[\wp(z) - \wp(\alpha_1)]\,[\wp(z) - \wp(\bar{\alpha}_1)]}, \quad \text{(s. S. 55).} \tag{70}$$

Unter Benutzung der Formel $\wp(z) - \wp(v) = -\dfrac{\sigma(z - v)\,\sigma(z + v)}{\sigma^2(z)\,\sigma^2(v)}$ [(40)] können wir das Resultat in σ-Funktionen ausdrücken:

$$S(z) = \log \frac{-\dfrac{\sigma(z - \alpha_2)\,\sigma(z + \alpha_2)}{\sigma^2(z)\,\sigma^2(\alpha_2)}\,(-1)\,\dfrac{\sigma(z - \bar{\alpha}_2)\,\sigma(z + \bar{\alpha}_2)}{\sigma^2(z)\,\sigma^2(\bar{\alpha}_2)}}{-\dfrac{\sigma(z - \alpha_1)\,\sigma(z + \alpha_1)}{\sigma^2(z)\,\sigma^2(\alpha_1)}\,(-1)\,\dfrac{\sigma(z - \bar{\alpha}_1)\,\sigma(z + \bar{\alpha}_1)}{\sigma^2(z)\,\sigma^2(\bar{\alpha}_1)}}, \text{ d.h.}$$

$$S(z) = \log \frac{\sigma(z - \alpha_2)\,\sigma(z + \alpha_2)\,\sigma(z - \bar{\alpha}_2)\,\sigma(z + \bar{\alpha}_2)}{\sigma(z - \alpha_1)\,\sigma(z + \alpha_1)\,\sigma(z - \bar{\alpha}_1)\,\sigma(z + \bar{\alpha}_1)}, \text{ wobei} \tag{71}$$

die für das Strömungsfeld (Geschwindigkeitsfeld) belanglose additive Konstante $\log \dfrac{\sigma^2(\alpha_1)\,\sigma^2(\bar{\alpha}_1)}{\sigma^2(\alpha_2)\,\sigma^2(\bar{\alpha}_2)}$ weggelassen ist.

Wir haben damit die allgemeinste Strömungsfunktion für unsere Rechteckströmung gewonnen, denn die Differenz zweier Rechteckströmungsfunktionen der verlangten Art liefert eine im Rechteck und — nach Übertragung durch $\wp(z) = s$ — eine in der unteren Halbebene reguläre Funktion, die auf der Achse des Reellen konstanten Imaginärteil hat. Wie wir wegen des Spiegelungsprinzips erkennen, müßte diese Differenzfunktion dann in der vollen s-Ebene regulär, also eine Konstante sein; eine zusätzliche additive Konstante ist aber belanglos für das Geschwindigkeitsfeld.

18. Potentialströmungen auf einem Torus.

a. Vorbemerkungen über die konforme Abbildung eines Torus auf die Ebene. Die Gleichung der Torusfläche lautet (Bild 14):

$$\left.\begin{aligned} x &= -(R + r\cos\vartheta)\sin\varphi \\ y &= \quad (R + r\cos\vartheta)\cos\varphi \\ z &= \quad r\sin\vartheta , \end{aligned}\right\} \qquad (72)$$

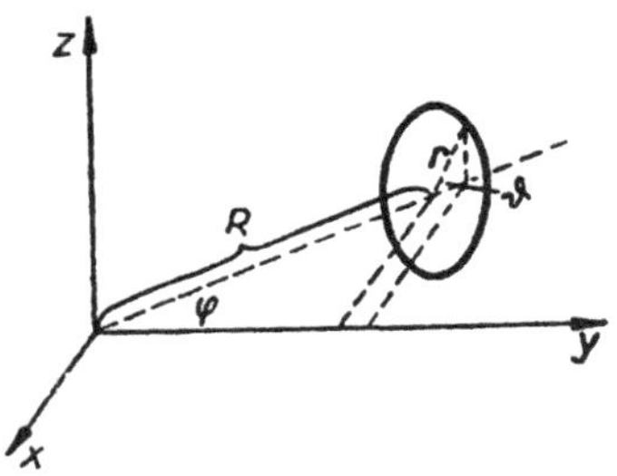

Bild 14.

wobei $0 \leqq \varphi \leqq 2\pi , \quad -\pi \leqq \vartheta \leqq \pi .$

Da
$$\begin{aligned} \mathrm{d}x &= -(R + r\cos\vartheta)\cos\varphi\,\mathrm{d}\varphi + r\sin\vartheta\sin\varphi\,\mathrm{d}\vartheta , \\ \mathrm{d}y &= -(R + r\cos\vartheta)\sin\varphi\,\mathrm{d}\varphi - r\sin\vartheta\cos\varphi\,\mathrm{d}\vartheta , \\ \mathrm{d}z &= r\cos\vartheta\,\mathrm{d}\vartheta , \end{aligned}$$

so ergibt sich für das Linienelement $\mathrm{d}s$:

$$\begin{aligned} \mathrm{d}s^2 &= \mathrm{d}x^2 + \mathrm{d}y^2 + \mathrm{d}z^2 = \\ &= (R + r\cos\vartheta)^2\cos^2\varphi\,\mathrm{d}\varphi^2 - 2(R + r\cos\vartheta)\cos\varphi\, r\sin\vartheta\sin\varphi\,\mathrm{d}\varphi\,\mathrm{d}\vartheta \\ &+ r^2\sin^2\vartheta\sin^2\varphi\,\mathrm{d}\vartheta^2 + (R + r\cos\vartheta)^2\sin^2\varphi\,\mathrm{d}\varphi^2 \\ &+ 2(R + r\cos\vartheta)\sin\varphi\, r\sin\vartheta\cos\varphi\,\mathrm{d}\varphi\,\mathrm{d}\vartheta + r^2\sin^2\vartheta\cos^2\varphi\,\mathrm{d}\vartheta^2 \\ &+ r^2\cos^2\vartheta\,\mathrm{d}\vartheta^2 \\ &= (R + r\cos\vartheta)^2\left(\mathrm{d}\varphi^2 + \frac{r^2}{(R + r\cos\vartheta)^2}\,\mathrm{d}\vartheta^2\right) . \end{aligned}$$

Da im rechtsstehenden Klammerausdruck nicht das Quadrat des Linienelementes in der φ, ϑ-Ebene auftritt, ist die Abbildung der Torusfläche auf die φ, ϑ-Ebene nicht konform. Wir führen eine neue Variable $\lambda = g(\vartheta)$ ein, indem wir $\frac{r}{R + r\cos\vartheta}\,\mathrm{d}\vartheta = \mathrm{d}\lambda$ setzen, und erhalten jetzt die für konforme Abbildung der Torusfläche auf eine φ, λ-Ebene erforderliche Übertragung des Linienelementes

$$\mathrm{d}s^2 = (R + r\cos\vartheta)^2\,(\mathrm{d}\varphi^2 + \mathrm{d}\lambda^2)\,^{1)} . \qquad (73)$$

λ bestimmt sich so:

$$\lambda = r\int_0^{\vartheta} \frac{\mathrm{d}\vartheta}{R + r\cos\vartheta} ,$$

nach Substitution $\operatorname{tg}\frac{\vartheta}{2} = t$, d. h. $\cos\vartheta = \frac{1 - t^2}{1 + t^2}$:

---

[1]) Das Linienelement $\sqrt{\mathrm{d}\varphi^2 + \mathrm{d}\lambda^2}$ wird mit einem Ortsfaktor multipliziert und ergibt dann das Linienelement auf der Torusfläche.

$$\lambda = r \int_0^t \frac{\frac{2}{1+t^2}\,\mathrm{d}t}{R + r\frac{1-t^2}{1+t^2}} = 2r \int_0^t \frac{\mathrm{d}t}{(R+r)\left(1 + \frac{R-r}{R+r}t^2\right)} =$$

$$= \frac{2r}{\sqrt{R^2-r^2}} \operatorname{arc\,tg}\left(\sqrt{\frac{R-r}{R+r}} \operatorname{tg}\frac{\vartheta}{2}\right). \quad (74)$$

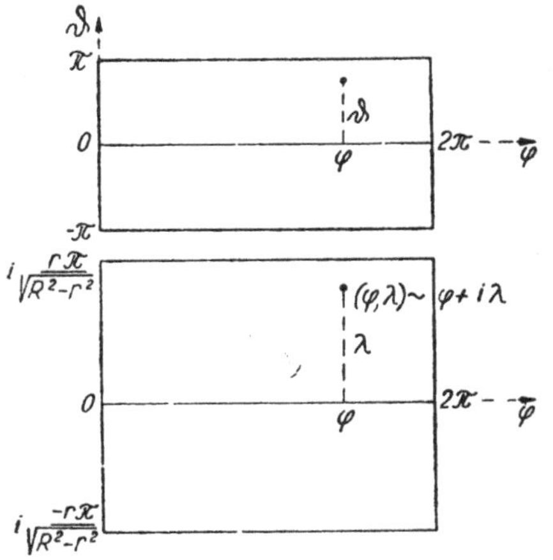

Bild 15.

Wir erhalten das sich aus Bild 15 ergebende Rechtecknetz vermöge der konformen Abbildung des Torus auf die Ebene. Die Abbildung „Torus → Ebene" ist unendlich vieldeutig.

b. Potentialströmungen auf dem Torus. Wir wollen definieren: Potentialströmungen auf dem Torus sind Strömungen, die nach konformer Übertragung in die Ebene als Potentialströmungen erscheinen.

Wir wollen alle auf dem Torus durchaus regulären Potentialströmungen bestimmen.

Der Geschwindigkeitsvektor soll also überall endlich sein, d. h. nach konformer Übertragung auf die Ebene (Rechteckgitter-Ebene) soll sich $\frac{\mathrm{d}S(z)}{\mathrm{d}z}$ als überall reguläre Funktion herausstellen, — zunächst einmal im Grundrechteck $0 \leqq \varphi \leqq 2\pi$, $\frac{-r\pi}{\sqrt{R^2-r^2}} \leqq \lambda \leqq \frac{r\pi}{\sqrt{R^2-r^2}}$ und damit in sämtlichen Rechtecken vermöge Periodenverschiebungen. Dann ist aber

$$\frac{\mathrm{d}S(z)}{\mathrm{d}z} = \text{konst.} = c_1 + ic_2\,^{1)}. \quad (75)$$

Demnach ist die in die Ebene übertragene Potentialströmung eine Parallelströmung und schneidet somit sämtliche Geraden $\varphi =$ konst. und ebenfalls sämtliche Geraden $\lambda =$ konst. unter festem Winkel. Auf dem Torus verläuft die entsprechende Strömung isogonal zu den Meridianen bzw. Breitenkreisen.

Wir wollen alle Potentialströmungen auf dem Torus bestimmen, die an einer Stelle eine Quelle und an einer anderen Stelle eine Senke haben [(+) und (—) Elektrode]. In der Ebene soll sich im Grundrechteck also eine Quelle bei α_1 und eine Senke bei α_2 ergeben. Die problematische Strömungsfunktion in der Ebene hat demnach das Verhalten bei $\alpha_1 : S(z) = -\log(z - \alpha_1)$

[1]) Elliptische Funktion ohne Pole.

$+\operatorname{reg}(z)$ und bei $\alpha_2: S(z) = \log(z-\alpha_2) + \operatorname{reg}(z)$. In den anderen Rechtecken wiederholt sich alles vermöge Periodenverschiebungen um positive oder negative ganzzahlige Vielfache von 2π und $i\frac{2r\pi}{\sqrt{R^2-r^2}}$. Die Funktion $\frac{dS(z)}{dz}$ ist doppelt periodisch und regulär bis auf die Stellen α_1 bzw. α_2, an denen sie Pole I. Ordnung hat; sie hat das Verhalten bei α_1: $\frac{dS(z)}{dz} = \frac{-1}{z-\alpha_1} +$ *reguläre Funktion von* z, bei α_2: $\frac{dS(z)}{dz} = \frac{1}{z-\alpha_2} +$ *reguläre Funktion von* z.

Nach unseren Betrachtungen über den additiven Aufbau elliptischer Funktionen mit vorgegebenen Hauptteilen — unter der Bedingung Σ (*Residuen*) $= 0$ (die hier erfüllt ist: $-1+1=0$) — sieht unsere Geschwindigkeitsfunktion so aus (S. 30):

$$\frac{dS(z)}{dz} = \zeta(z-\alpha_2) - \zeta(z-\alpha_1) + \text{konst.}, \text{ d. h.} \tag{76}$$

$$S(z) = \log\sigma(z-\alpha_2) - \log\sigma(z-\alpha_1) + cz$$

$$= \log\frac{\sigma(z-\alpha_2)}{\sigma(z-\alpha_1)} + cz\,.$$

19. Konforme Abbildung des Außengebietes zweier Kreise auf einen Tandem-Schlitzbereich.

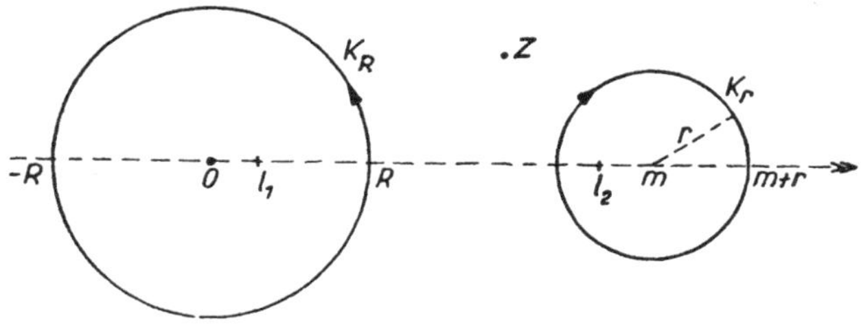

Bild 16.

Ohne Beeinträchtigung der Allgemeinheit des Problems können wir die beiden Kreise in der aus Bild 16 ersichtlichen Lage annehmen: Die Kreismittelpunkte liegen auf der Achse des Reellen und zwar bei 0 und m (die Achse des Reellen ist Symmetriegerade des Kreisbereichs).

Wir wollen nun das Außengebiet dieser beiden Kreise konform auf einen Schlitzbereich abbilden, und zwar mögen die beiden Schlitze in der Achse des Reellen liegen (Tandemschlitzbereich, Bild 19); $Z=\infty$ soll dabei in $z=\infty$ übergehen unter Festhaltung der Richtungselemente im Unendlichen. Wir bringen unseren Kreisbereich zunächst auf einen Kreisring (Bild 17), indem wir von

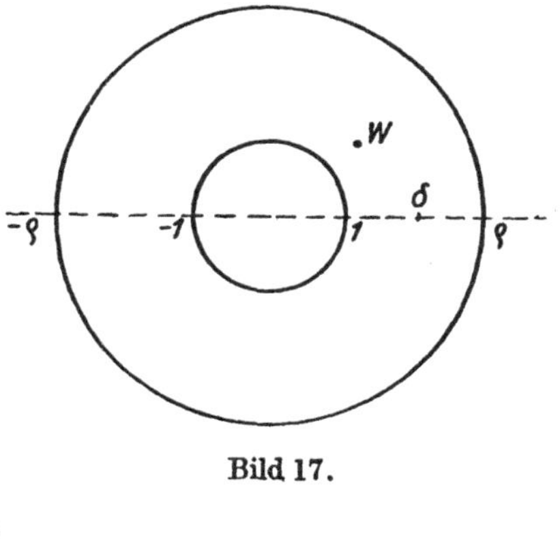

Bild 17.

der Existenz eines für beide Kreise gleichzeitig inversen Punktepaares l_1 und l_2 Gebrauch machen: $l_2 = \frac{R^2}{l_1}$, $\left(m - \frac{R^2}{l_1}\right)(m - l_1) = r^2$; mittels der linearen Transformation $\delta \frac{Z - l_1}{Z - l_2} = w$ wird der vorgelegte Kreisbereich konform auf einen konzentrischen Kreisring um den Nullpunkt übertragen. K_R liefert dabei den inneren Kreis, und zwar wollen wir die Abbildung so normieren, daß der Bildkreis von K_R den Radius 1 bekommt und $Z = \infty$ in einen Punkt der Achse des positiv Reellen übergeht. Um diese Forderung zu erfüllen, müssen wir die Stelle $Z = -R$ nach $w = 1$ bringen, d. h. $\delta = \frac{R + l_2}{R + l_1}$ wählen; unsere Kreisringabbildung lautet also:

$$\frac{R + l_2}{R + l_1} \frac{Z - l_1}{Z - l_2} = w; \text{ es ist } w(\infty) = \delta . \tag{77}$$

Als Radius des äußeren Bildkreises ergibt sich dabei $\varrho = \frac{R + l_2}{R + l_1} \frac{m + r - l_1}{m + r - l_2}$.

Wir denken uns im Augenblick einmal den Kreisring geradlinig von -1 bis $-\varrho$ aufgeschnitten; durch die Funktion

$$\log w = u \text{ (Hauptzweig)}^{1)} \tag{78}$$

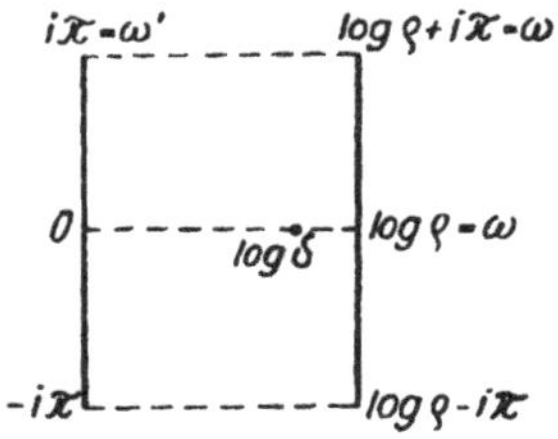

Bild 18.

bekommen wir eine konforme Abbildung des aufgeschnittenen Kreisringes auf ein Rechteck (Bild 18), d. h. des nicht aufgeschnittenen Kreisringes auf ein Rechteck, dessen horizontale Seiten durch Translation einander zugeordnet sind. Die Funktion

$$\wp(u\,;\ 2\log\varrho\,,\ 2\pi i) = s \tag{79}$$

bildet die über der Basis 0, $\log \varrho$ gelegene obere Rechteckhälfte konform auf die untere s-Halbebene ab. Die untere Rechteckhälfte wird dabei gemäß des Spiegelungsprinzipes für die $\wp$-Funktion [(63)] auf die obere s-Halbebene abgebildet; diese hängt mit der unteren Halbebene längs des von $\wp(\log \varrho)$ über $\wp(\log \delta)$ bis ∞ reichenden Geradenstückes zusammen. Entsprechend der Ränderbeziehung zwischen den beiden horizontalen Rechteckseiten haben wir die von $\wp(i\pi)$ bis $\wp(\log \varrho + i\pi)$ reichenden Begrenzungsgeradenstücke zu vereinigen und damit zu löschen; die von ∞ bis $\wp(i\pi)$ und von $\wp(\log \varrho + i\pi)$ bis $\wp(\log \varrho)$ reichenden, jeweils doppelt zu zählenden Geradenstücke bleiben als Schlitzufer bestehen. Wir haben nun noch dafür zu sorgen, daß die Stelle $\wp(\log \delta)$ als Bild von $Z = \infty$ in Unendlich übergeht unter Festhaltung der Richtungselemente. Wir müssen zu diesem Zweck den Schlitzbereich einer reellen linearen Transformation unterwerfen, die sich in der Form

1) $w = \lambda e^{i\tau}$, $0 \leq \tau < 2\pi$; $\log w = \log \lambda + i\tau$.

$$\frac{b}{s-\wp(\log\delta)}+a_1=z \tag{80}$$

schreiben läßt.

Die reelle Konstante a_1 (Verschiebungs-Konstante) ist dabei frei wählbar; sie bestimmt den aus $s=\infty$ hervorgehenden Schlitzendpunkt (Bild 19), während die reelle Konstante b so zu bestimmen ist, daß die Ableitung der Funktion $z\,(Z)$ im Unendlichen gleich 1 wird. Es ist

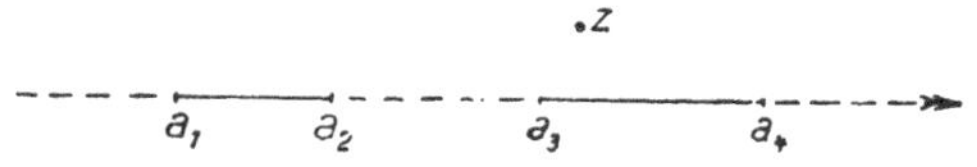

Bild 19.

$$\left(\frac{\mathrm{d}z}{\mathrm{d}Z}\right)_{Z=\infty}=\left(\frac{\mathrm{d}z}{\mathrm{d}s}\frac{\mathrm{d}s}{\mathrm{d}u}\frac{\mathrm{d}u}{\mathrm{d}w}\frac{\mathrm{d}w}{\mathrm{d}Z}\right)_{Z=\infty}=\left[\frac{-b}{(s-\wp(\log\delta))^2}\,\wp'(u)\,\frac{Z-l_2}{\delta(Z-l_1)}\,\delta\,\frac{l_1-l_2}{(Z-l_2)^2}\right]_{Z=\infty}$$

$$=\left[\frac{-b}{\wp'^2(\log\delta)\,(u-\log\delta)^2}\,\wp'(\log\delta)\,\frac{l_1-l_2}{(Z-l_2)\,(Z-l_1)}\right]_{Z=\infty}$$

$$=\left[\frac{-b\delta^2\,(l_1-l_2)}{\wp'(\log\delta)\,(w-\delta)^2(Z-l_2)\,(Z-l_1)}\right]_{Z=\infty}=\left[\frac{-b\delta^2(l_1-l_2)(Z-l_2)^2}{\wp'(\log\delta)(Z-l_2)(Z-l_1)\,\delta^2(l_2-l_1)^2}\right]_{Z=\infty}$$

$$=\frac{-b}{\wp'(\log\delta)\,(l_1-l_2)}\,.$$

Aus der Forderung, daß diese Größe gleich 1 sein soll, finden wir:

$$b=(l_2-l_1)\,\wp'(\log\delta)\,. \tag{81}$$

Die Abbildungsfunktion unseres Z-Kreisbereichs (Zweikreiseprofil) auf einen Tandemschlitzbereich unter Zuordnung der beiden Unendlichpunkte und Festhaltung der Richtungselemente daselbst lautet demnach

$$z=\frac{(l_2-l_1)\,\wp'\left(\log\dfrac{R+l_2}{R+l_1}\right)}{\wp\left(\log\left(\dfrac{R+l_2}{R+l_1}\,\dfrac{Z-l_1}{Z-l_2}\right)\right)-\wp\left(\log\dfrac{R+l_2}{R+l_1}\right)}+a_1\,, \tag{82}$$

wobei die Halbperioden der $\wp$-Funktion die Werte $\log\left(\frac{R+l_2}{R+l_1}\,\frac{m+r-l_1}{m+r-l_2}\right)$ und $i\pi$ haben.

Die Abbildungsfunktion ist bis auf die frei verfügbare reelle Konstante a_1 bestimmt, welche einen der Schlitzendpunkte angibt. Die Schlitze des Tandembereichs bestimmen sich ihrer Länge und ihrem gegenseitigen Abstand nach völlig automatisch. Interessieren könnte es noch, die Frage: „Wann fallen die Schlitze des Tandembereichs gleich lang aus?“ in einfachster geometrischer Form zu klären. Mittels des Spiegelungsprinzips (S. 59) kann diese Frage in einfacher Art behandelt werden, worauf aber an dieser Stelle nicht eingegangen werden soll. Es kommt die Antwort heraus: Dann und nur dann, wenn beide Kreise gleich groß sind, fallen die Schlitze gleich lang aus.

H. Direkte Behandlung der Abbildungsaufgabe Kreis→Rechteck.

Das Rechteck z_1, z_2, z_3, z_4 (Bild 20) soll konform auf eine Halbebene, z. B. die untere Halbebene, oder, was vermöge linearer Transformation dasselbe bedeutet, auf das Innere eines Kreises abgebildet werden.

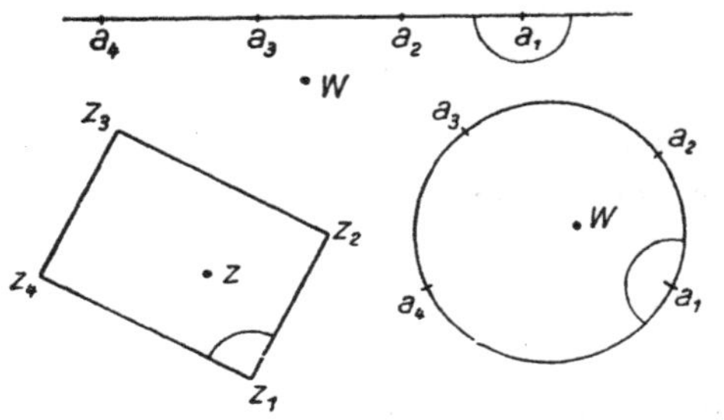

Bild 20.

Die Ecken des Rechtecks z_k $(k = 1, 2, 3, 4)$ seien so numeriert, wie sie bei Durchlaufung des Randes im positiven Sinne angetroffen werden. Wir fordern von unserer problematischen Abbildungsfunktion, daß sie auf den Kanten noch regulär sei und sich in den Ecken bestimmt verhalte; das sind Forderungen, die, wie man zeigen kann, von der Abbildungsfunktion automatisch erfüllt sein müssen, da es sich nämlich um eine von endlich vielen analytischen Kurven gebildete Berandung handelt. a_k $(k = 1, 2, 3, 4)$ seien die — zunächst in allgemeiner Lage — gezeichneten Bilder der Eckpunkte.

Eine wesentliche Eigenschaft der Abbildungsfunktion ist offenbar diese: die rechten Winkel bei z_k müssen in 180^0-Winkel bei a_k übergehen. Eine solche Aufweitung eines 90^0-Winkels bei z_k erreichen wir zunächst durch die Operation $\zeta = (z - z_k)^2$; durch diese wird die dem Rechteckinneren angehörende Umgebung einer Ecke z_k auf einem Bereich abgebildet, an dessen Grenze als Bild zweier in der Ecke zusammenstoßender Rechteckseitenstücke ein den Punkt $\zeta = 0$ enthaltendes Stück einer geraden Linie teilhat. Dem gestreckten Winkel im Punkte $\zeta = 0$ entspricht dann der 90^0-Winkel im Punkte z_k, d. h. wieder ein gestreckter Winkel im Punkte a_k. Einer Spiegelung des ζ-Gebietes an dem begrenzenden Geradenstück entspricht also eine Spiegelung des Gebietes (Halb-Umgebung) an dem begrenzenden Kreisbogenstück und umgekehrt, so daß w eine in der Umgebung der Stelle $\zeta = 0$ umkehrbar eindeutig reguläre Funktion von ζ sein muß, welche im Punkte $\zeta = 0$ eine einfache Annahme des Wertes a_k besitzen muß. Es muß also w so entwickelbar sein:

$$w - a_k = c_1 \zeta + c_2 \zeta^2 + \cdots, \qquad c_1 \neq 0 .$$

Diese Entwicklung vermittelt wirklich eine Übertragung einer vollen Umgebung von $\zeta = 0$ auf eine volle Umgebung von $w = a_k$. Für die Umkehrfunktion finden wir:

$$\zeta = \frac{1}{c_1} (w - a_k) + c_2' (w - a_k)^2 + \cdots, \text{ d. h.:}$$

$$z - z_k = \zeta^{\frac{1}{2}} = \left(\frac{1}{c_1} (w - a_k) + c_2' (w - a_k)^2 + \cdots\right)^{\frac{1}{2}} . \qquad (83)$$

$z(w)$ läßt sich durch Spiegelung an den Kreisbögen a_k, a_{k+1} fortsetzen (S. 60); wir gelangen zu Funktionswerten, die neue Rechtecke erfüllen, welche zu den entsprechenden Seiten z_k, z_{k+1} spiegelbildlich liegen. Zu Unendlichkeitsstellen kommt es also nicht. Eine gerade Anzahl von Spiegelungen führt in der w-Ebene zum Ausgangspunkt zurück, während wir dadurch in der z-Ebene zu einem verlagerten kongruenten Rechteck kommen, das durch eine Drehung oder Parallelverschiebung oder eine Zusammensetzung beider Transformationen, also jedenfalls durch eine ganze lineare Funktion $z' = az + b$ mit $|a| = 1$ aus dem ursprünglichen hervorgeht. $z(w)$ ist also sicher keine eindeutige Funktion, sondern nach zweimaliger Spiegelung kommt $w \to w$ (w kehrt zum Ausgangspunkt zurück) und $z \to z' = az + b$. Wir müssen demnach eine Operation suchen, die, auf $z(w)$ angewendet, eine eindeutige Funktion von w ist, also eine Invariante gegenüber ganzen linearen Transformationen. Offenbar haben wir in dem Ausdruck

$$\frac{\mathrm{d}\log\frac{\mathrm{d}z}{\mathrm{d}w}}{\mathrm{d}w} \tag{84}$$

eine Invariante gegenüber ganzen linearen Transformationen von $z(w)$, d. h. $z'(w) = az(w) + b$ statt $z(w)$ eingesetzt, liefert denselben Wert, denn:

$$\frac{\mathrm{d}z'}{\mathrm{d}w} = a\frac{\mathrm{d}z}{\mathrm{d}w}, \quad \log\frac{\mathrm{d}z'}{\mathrm{d}w} = \log a + \log\frac{\mathrm{d}z}{\mathrm{d}w}, \quad \frac{\mathrm{d}\log\frac{\mathrm{d}z'}{\mathrm{d}w}}{\mathrm{d}w} = \frac{\mathrm{d}\log\frac{\mathrm{d}z}{\mathrm{d}w}}{\mathrm{d}w}.$$

Wir wollen diese eindeutige Funktion von w näher bestimmen und werden zu diesem Zwecke das Verhalten dieser Funktion untersuchen.

An von z_k verschiedenen Stellen z, d. h. an von a_k verschiedenen Stellen w besteht eine reguläre Entwicklung für die Abbildungsfunktion $z(w)$:

$$z = z_0 + c_1(w - w_0) + c_2(w - w_0)^2 + \cdots, \quad c_1 \neq 0, \text{ also} \tag{85a}$$

$$\frac{\mathrm{d}z}{\mathrm{d}w} = c_1 + 2c_2(w - w_0) + \cdots$$

$$\log\frac{\mathrm{d}z}{\mathrm{d}w} = \log(c_1 + 2c_2(w - w_0) + \cdots) = \mathfrak{P}(w - w_0), \text{ reguläre Potenzreihe,}$$

$$\frac{\mathrm{d}\log\frac{\mathrm{d}z}{\mathrm{d}w}}{\mathrm{d}w} = \mathfrak{P}'(w - w_0), \text{ reguläre Potenzreihe.} \tag{85b}$$

An den Ecken z_k, d. h. an den Bildstellen a_k, fanden wir ([83]):

$$z = z_k + \left[\frac{1}{c_1}(w - a_k) + c_2'(w - a_k)^2 + \cdots\right]^{\frac{1}{2}}, \text{ also} \tag{86a}$$

$$\frac{\mathrm{d}z}{\mathrm{d}w} = \frac{1}{2}\left[\frac{1}{c_1}(w - a_k) + c_2'(w - a_k)^2 + \cdots\right]^{-\frac{1}{2}}\left[\frac{1}{c_1} + 2c_2'(w - a_k) + \cdots\right]$$

$$= \frac{1}{2}(w - a_k)^{-\frac{1}{2}}\left[\frac{1}{c_1} + c_2'(w - a_k) + \cdots\right]^{-\frac{1}{2}}\left[\frac{1}{c_1} + 2c_2'(w - a_k) + \cdots\right],$$

$$\log \frac{dz}{dw} = \log \frac{1}{2} - \frac{1}{2} \log (w - a_k) - \frac{1}{2} \log \left[\frac{1}{c_1} + c_2'(w - a_k) + \cdots \right] + $$
$$+ \log \left[\frac{1}{c_1} + 2\, c_2'\,(w - a_k) + \cdots \right]$$
$$= -\frac{1}{2} \log (w - a_k) + \mathfrak{P}\,(w - a_k)\,,$$

$$\frac{d \log \frac{dz}{dw}}{dw} = \frac{-\frac{1}{2}}{w - a_k} + \mathfrak{P}'\,(w - a_k)\,. \tag{86 b}$$

An den Bildstellen a_k der Eckpunkte z_k liegt also jedesmal ein Pol I. Ordnung mit dem Residuum $-\frac{1}{2}$ vor.

Im Unendlichen der w-Ebene (bei Spiegelung des Kreisinneren an einem Peripheriestück wird auch der Punkt ∞ bedeckt als Bild des Kreismittelpunktes) gilt:

$$z = \gamma_0 + \gamma_1 \frac{1}{w} + \gamma_2 \frac{1}{w^2} + \cdots, \tag{87 a}$$

denn die schlichte Umgebung von $w = \infty$ wird auf die schlichte Umgebung einer endlichen Stelle γ_0 abgebildet. Wir bekommen:

$$\frac{dz}{dw} = -\frac{\gamma_1}{w^2} - \frac{2\,\gamma_2}{w^3} + \cdots = \frac{1}{w^2}\left(-\gamma_1 - \frac{2\,\gamma_2}{w} + \cdots\right),$$

$$\log \frac{dz}{dw} = -2 \log w + \log \left(-\gamma_1 - 2\gamma_2 \frac{1}{w} + \cdots\right) = -2 \log w + \mathfrak{P}_1\left(\frac{1}{w}\right),$$

$$\frac{d \log \frac{dz}{dw}}{dw} = \frac{-2}{w} + \mathfrak{P}_2\left(\frac{1}{w}\right), \tag{87 b}$$

wobei $\mathfrak{P}_2\left(\frac{1}{w}\right) = 0$ für $w = \infty$; demnach verschwindet unsere Funktion im Unendlichen. Wir erkennen: die untersuchte Invariante (gegenüber ganzen linearen Transformationen von z) ist eine bis auf Pole I. Ordnung (bei a_k) reguläre Funktion, also eine rationale Funktion, und ist demnach durch die Summe der Hauptteile

$$\frac{-\frac{1}{2}}{w - a_1} + \frac{-\frac{1}{2}}{w - a_2} + \frac{-\frac{1}{2}}{w - a_3} + \frac{-\frac{1}{2}}{w - a_4}$$

bis auf eine additive Konstante bestimmt. Diese additive Konstante, die den Wert im Unendlichen angibt, ist also gleich Null zu setzen, weil die darzustellende Funktion im Unendlichen verschwinden muß. Es ist also

$$\frac{\mathrm{d}\log\frac{\mathrm{d}z}{\mathrm{d}w}}{\mathrm{d}w}=\frac{-\frac{1}{2}}{w-a_1}+\frac{-\frac{1}{2}}{w-a_2}+\frac{-\frac{1}{2}}{w-a_3}+\frac{-\frac{1}{2}}{w-a_4}. \tag{88}$$

Integration liefert:

$$\log\frac{\mathrm{d}z}{\mathrm{d}w}=-\frac{1}{2}\log(w-a_1)-\frac{1}{2}\log(w-a_2)-\frac{1}{2}\log(w-a_3)-\frac{1}{2}\log(w-a_4)+C,$$

$$\frac{\mathrm{d}z}{\mathrm{d}w}=(w-a_1)^{-\frac{1}{2}}(w-a_2)^{-\frac{1}{2}}(w-a_3)^{-\frac{1}{2}}(w-a_4)^{-\frac{1}{2}}C',$$

$$z=C'\int\frac{\mathrm{d}w}{\sqrt{(w-a_1)(w-a_2)(w-a_3)(w-a_4)}}+C''. \tag{89}$$

Wir haben somit ein elliptisches Integral I. Gattung erhalten.

Wir wählen speziell als Bildstellen der Rechteck-Ecken die auf der Achse des Reellen gelegenen Punkte $-1, 1, \frac{1}{n}$ mit $n<1$ und $-\frac{1}{n}$ und betrachten die Funktion

$$z=\int^{w}\frac{\mathrm{d}w}{\sqrt{(w+1)(w-1)\left(w-\frac{1}{n}\right)\left(w+\frac{1}{n}\right)}}=\int_0^{w}\frac{\mathrm{d}w}{\sqrt{(1-w^2)\left(\frac{1}{n^2}-w^2\right)}}$$

$$z=n\int_0^{w}\frac{\mathrm{d}w}{\sqrt{(1-w^2)(1-n^2w^2)}}\quad\text{[s. auch (51)].} \tag{90}$$

Einer Durchlaufung des Stückes von -1 bis $+1$ der Achse des Reellen in der w-Ebene entspricht die Durchlaufung eines den Nullpunkt auf sich enthaltenden Stückes der Achse des Reellen in der z-Ebene. Einem Weiterlaufen von 1 bis $\frac{1}{n}$ auf der reellen Achse der w-Ebene entspricht ein zur Achse des Reellen in der z-Ebene orthogonales Fortschreiten bis zu einer bestimmten Stelle. Einem Weiterlaufen von $\frac{1}{n}$ bis $-\frac{1}{n}$ entspricht ein zur Achse des Reellen der z-Ebene paralleles Fortschreiten im Sinne abnehmender Realteilwerte (im Unendlichen befindet sich kein Verzweigungspunkt). Schließlich entspricht einem weiteren Fortschreiten von $w=-\frac{1}{n}$ bis $w=-1$ ein Zurücklaufen zur Ausgangsstelle in senkrechter Richtung auf die Achse des Reellen. Wegen der Konformität der Ränderzuordnung (einem senkrecht zur reellen Achse in die obere Halbebene hinein erfolgenden Fortschritt muß eine Fortschrittsrichtung senkrecht zum Rechteckrand in das Innere hinein entsprechen) und mittels einer von uns noch mehrfach anzuwendenden Überlegung über das Umlaufintegral

$$\left(\frac{1}{2\pi i}\right)\int\limits_{\text{Rechteckrand}}\frac{dz}{z-z_0} = 1 \quad (z_0 \text{ eine innere Stelle})$$

können wir schließen, daß unsere Funktion $z(w)$ die konforme Abbildung der mit der Randsignierung $-\frac{1}{n}, -1, 1, \frac{1}{n}$ ausgestatteten oberen Halbebene auf das Innere des auf der reellen Achse der z-Ebene „aufsitzenden" Rechtecks mit den Eckpunkten $z\left(-\frac{1}{n}\right), z(-1), z(1), z\left(\frac{1}{n}\right)$ leistet[1]). Die Achse des positiv Imaginären ist Symmetrielinie der oberen Halbebene in der Weise, daß die Stellen -1 und $+1$ bzw. $-\frac{1}{n}$ und $\frac{1}{n}$ bei Spiegelung an ihr ausgetauscht werden. Mittels des Spiegelungsprinzips können wir schließen, daß die Achse des positiv Imaginären in eine Symmetrielinie des Rechtecks übergeführt wird, derart, daß bei Spiegelung an ihr das Rechteck in sich übergeht unter Austausch der Stellen $z(-1)$ und $z(1)$ bzw. $z\left(-\frac{1}{n}\right)$ und $z\left(\frac{1}{n}\right)$; diese Symmetrielinie muß durch $z(0) = 0$ gehen, also ein Stück der Achse des positiv Imaginären sein; dann muß aber gelten: $z(-1) = -z(1)$. Die Rechteckseiten ergeben sich aus

$$z(1) = n\int_0^1 \frac{dw}{\sqrt{(1-w^2)(1-n^2w^2)}} \quad \text{und} \quad z\left(\frac{1}{n}\right) - z(1) = n\int_1^{\frac{1}{n}} \frac{dw}{\sqrt{(1-w^2)(1-n^2w^2)}}; \tag{91}$$

n ist durch das gewünschte Seitenverhältnis des Rechtecks bestimmt. Wir können jedes vorgegebene Rechteck als Bild der oberen Halbebene erzeugen, denn, wenn sich n von 1 bis 0 ändert, so ändert sich $\left|\frac{z\left(\frac{1}{n}\right) - z(1)}{z(1)}\right|$ von 0 bis ∞. Wir können dann noch einen geeigneten konstanten Faktor zur Anwendung bringen, um ein Rechteck von gegebener Grundlinie zu erhalten.

I. Anwendungen.

20. Konforme Abbildung einer radial aufgeschlitzten Kreisfläche auf einen Kreisring.

Wir wollen die vom Nullpunkt aus radial in m gleich langen, regelmäßig angeordneten Strecken aufgeschlitzte Einheitskreisfläche konform auf einen konzentrischen Kreisring abbilden (Bild 21 a).

Dieses Abbildungsproblem läuft aus Symmetriegründen (Spiegelungsprinzip) auf die Aufgabe hinaus: Der in Bild 21 b gezeichnete Sektor ist

[1]) Solche Schlußweisen mittels des Umlaufintegrals besonders auf den Seiten 114 und 118.

auf den Kreisringsektor von Bild 21 c konform zu übertragen, und zwar derart, daß die durch Auszeichnung der Linien angegebene Ränderzuordnung besteht. Durch

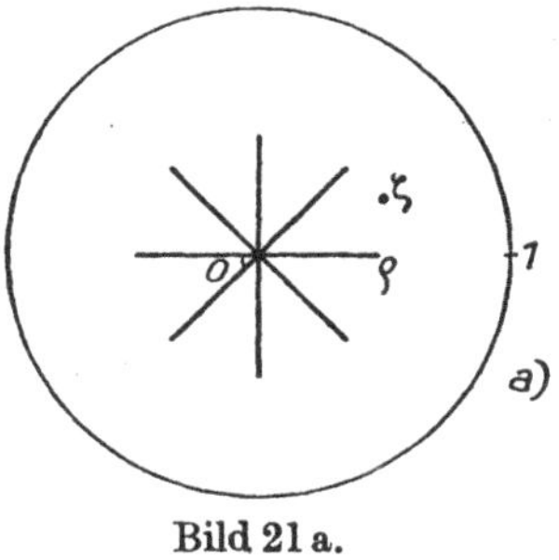

Bild 21 a.

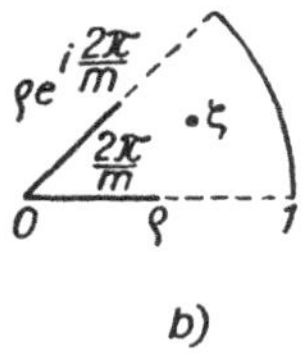

Bild 21 b.

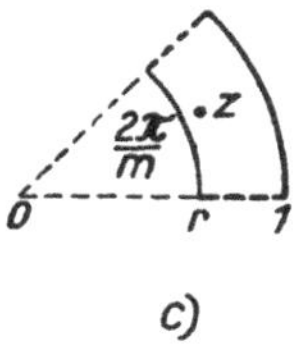

Bild 21 c.

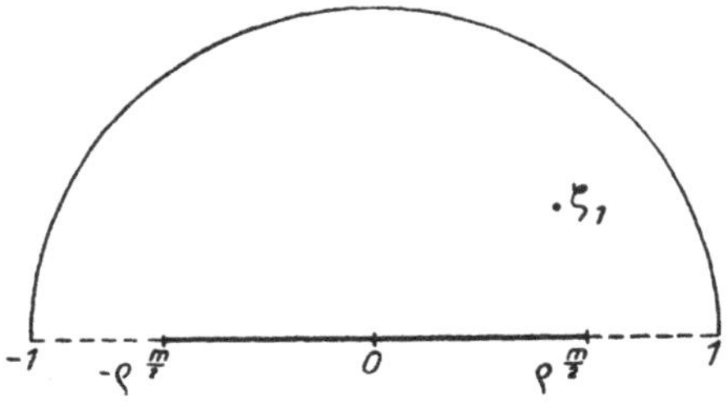

Bild 22.

Bildung von $\zeta^{\frac{m}{2}} = \zeta_1$ bekommen wir die obere Hälfte des Einheitskreises (Bild 22), und dieser Bereich wird durch $-(\zeta_1 + 1)/(\zeta_1 - 1) = \zeta_2$ auf die rechte obere Viertelebene (Bild 23) und weiterhin durch $\zeta_2^2 = w$ auf die obere Halbebene (Bild 24) abgebildet. Durch das elliptische Integral

$$\int_{\infty}^{w} \frac{dw}{\sqrt{w(w-e_1)(w-e_2)}} = w_1$$

mit $e_1 = \left(\frac{\varrho^{\frac{m}{2}} - 1}{\varrho^{\frac{m}{2}} + 1}\right)^2$,

$$e_2 = \left(\frac{\varrho^{\frac{m}{2}} + 1}{\varrho^{\frac{m}{2}} - 1}\right)^2$$

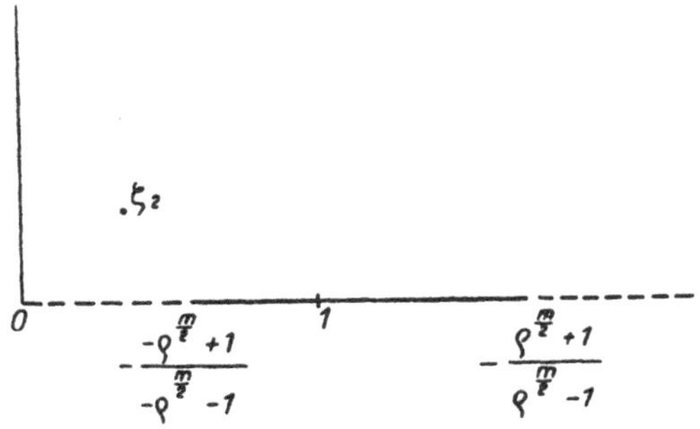

Bild 23.

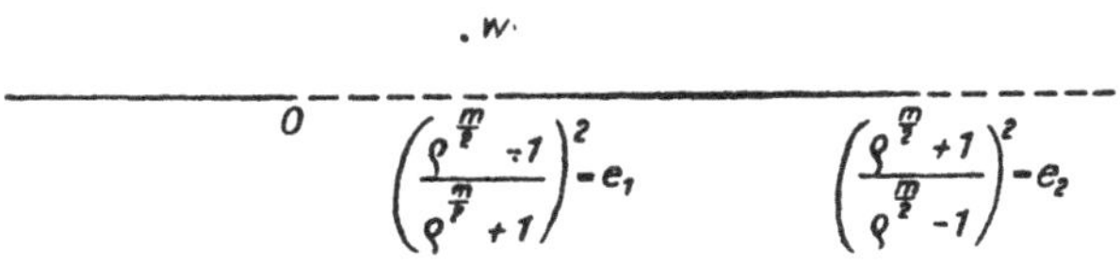

Bild 24.

wird dann die Übertragung auf ein Rechteck (Bild 25 a) geleistet. Durch die Streckung

$$w_1 \frac{2\pi}{h m} = w_2 \text{ mit } h = -i \int_{\infty}^{0} \frac{dw}{\sqrt{w(w-e_1)(w-e_2)}} \qquad \text{(Bild 25b)}$$

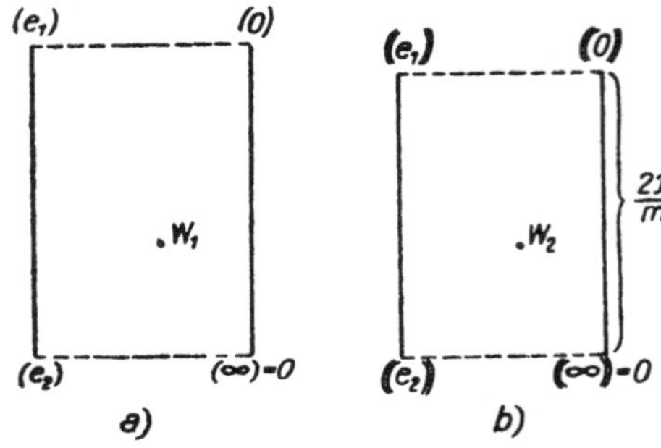

Bild 25a. Bild 25b.

und darauffolgende Anwendung von $e^{w_2} = z$ gelingt die konforme Übertragung auf den gewünschten Kreisringsektor (Bild 21 c). $z(\zeta)$ leistet die konforme Abbildung der in regelmäßiger Weise radial aufgeschlitzten Einheitskreisfläche auf einen Kreisring vom Außenradius 1 und dem sich von selber ergebenden Innenradius

$$r = e^{-\frac{r_1 2\pi}{h m}}, \text{ wobei } r_1 = -\int_{\infty}^{e_1} \frac{dw}{\sqrt{w(w-e_1)(w-e_2)}}.$$

21. Konforme Abbildung einer radial aufgeschlitzten Kreisringfläche auf einen Kreisring.

Wir wollen die konforme Abbildung einer durch m gleich lange, regelmäßig angeordnete, radial vom inneren Begrenzungskreis aus geführte Strecken aufgeschlitzten Kreisringfläche auf einen Kreisring leisten (Bild 26a).

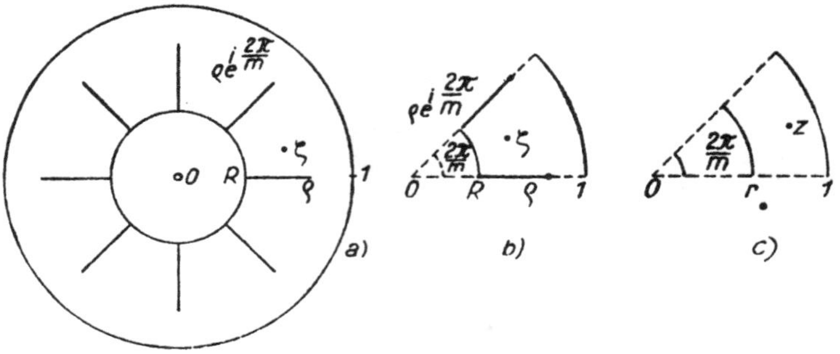

Bild 26a. Bild 26b. Bild 26c.

Die Aufgabe reduziert sich aus Symmetriegründen darauf, die konforme Abbildung des Kreisringsektors in Bild 26 b auf den Kreisringsektor von Bild 26 c zu bewerkstelligen unter Wahrung der durch Auszeichnung der Linien angegebenen Ränderzuordnung. Durch $\log \zeta = u$ (Hauptzweig) geht der Sektor der ζ-Ebene in ein Rechteck über (Bild 27), und dieses wird mittels $\wp\left(u\,;\,2\log R\,,\,2\,i\,\frac{2\pi}{m}\right) = w$ konform auf die obere Halbebene (Bild 28) übertragen. Anwendung des elliptischen Integrals

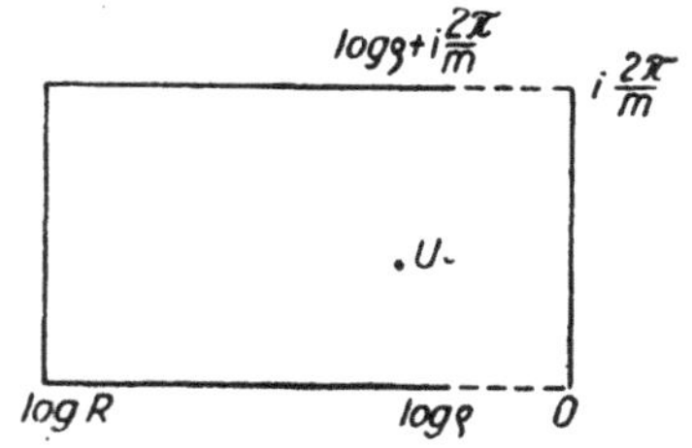

Bild 27.

$$\int\limits_{\infty}^{w} \frac{\mathrm{d}w}{\sqrt{(w-e_1)(w-e_2)(w-e_3)}} = w_1 \text{ mit}$$

$$e_1 = \wp(\log\varrho)\,,\; e_2 = \wp\left(\log\varrho + i\,\frac{2\pi}{m}\right),\; e_3 = \wp\left(i\,\frac{2\pi}{m}\right)$$

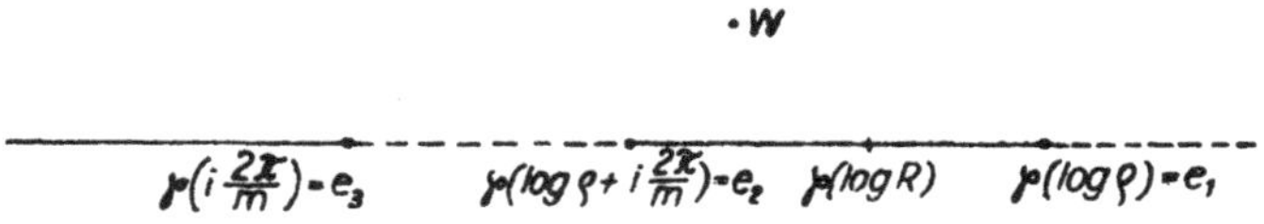

Bild 28.

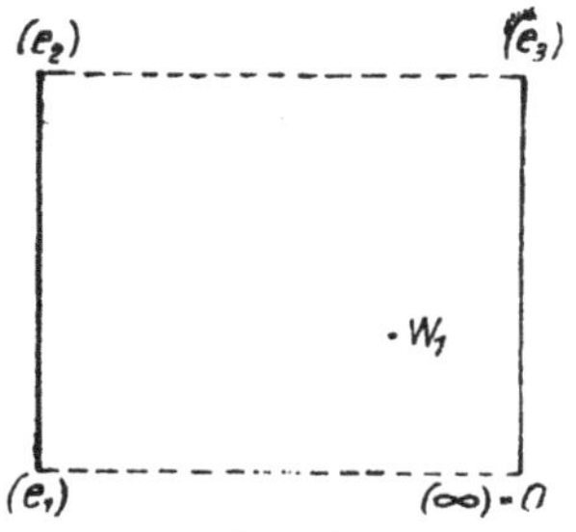

Bild 29.

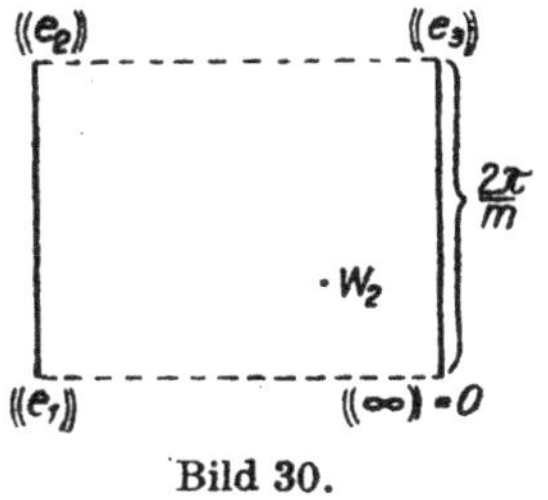

Bild 30.

führt wieder zu einem Rechteck (Bild 29). Streckung

$$w_1 \cdot \frac{2\pi}{hm} = w_2 \text{ mit } h = -\,i \int\limits_{\infty}^{e_3} \frac{\mathrm{d}w}{\sqrt{(w-e_1)(w-e_2)(w-e_3)}}$$

und darauffolgende Anwendung von $e^{w_2} = z$ liefert den Kreisringsektor in Bild 26 c. $z(\zeta)$ leistet die gewünschte konforme Abbildung des in regelmäßiger Weise aufgeschlitzten Kreisringgebietes von Bild 26 auf die Fläche eines konzentrischen Kreisringes mit den Radien 1 und $e^{-\frac{r_1 2\pi}{hm}}$, wobei

$$r_1 = -\int\limits_{\infty}^{e_1} \frac{\mathrm{d}w}{\sqrt{(w-e_1)(w-e_2)(w-e_3)}}\,.$$

22. Konforme Abbildung einer zweifach radial aufgeschlitzten Ebene auf einen Kreisring.

Es ist ein Bereich folgender Struktur gegeben: Die Begrenzung besteht aus einem vom Nullpunkt aus in regelmäßiger Anordnung radial geführten Schlitzstern von m Schlitzen der Länge 1 und in einem weiteren, von Unendlich aus in regelmäßiger Anordnung radial bis zum Abstand ϱ (vom Nullpunkt) geführten und zu dem ersten Schlitzstern symmetrisch gelagerten Kranz von m Schlitzen. Der so gebildete zweifach zusammenhängende Bereich ist konform auf einen Kreisring zu übertragen (Bild 31 a).

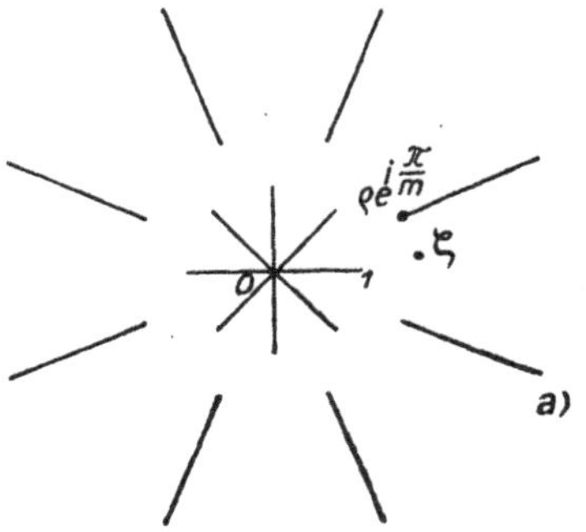

Bild 31 a.

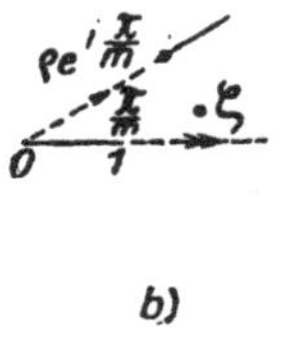

Bild 31 b.

Bild 31 c.

Dieses Problem reduziert sich aus Symmetriegründen darauf, den Sektor in Bild 31 b konform auf den Kreisringsektor in Bild 31 c zu übertragen unter Wahrung der durch Auszeichnung der Linien angegebenen Ränderzuordnung. Anwendung von $\zeta^m = w$ leistet die Abbildung auf die obere w-Halbebene (Bild 32); mittels des elliptischen Integrals

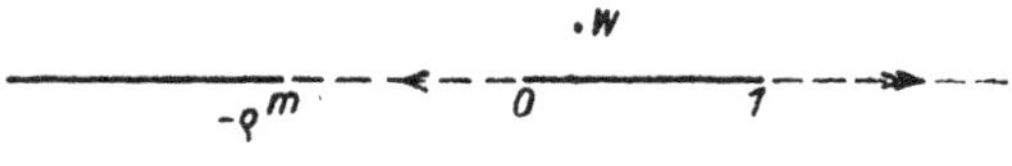

Bild 32.

$$\int_{\infty}^{w} \frac{d\,w}{\sqrt{w(w-1)\,(w+\varrho^m)}} = u$$

gelingt die Übertragung auf ein Rechteck (Bild 33 a). Streckung

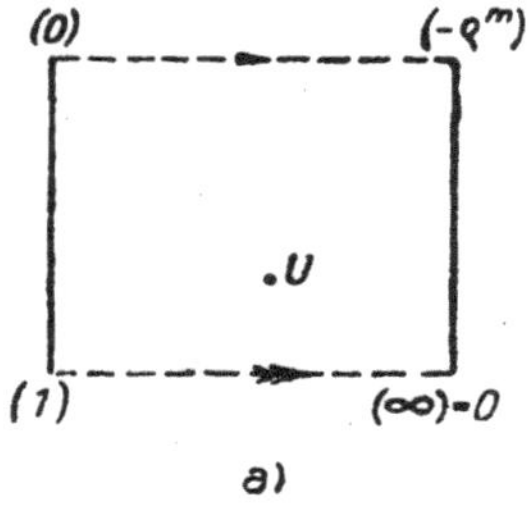

Bild 33 a.

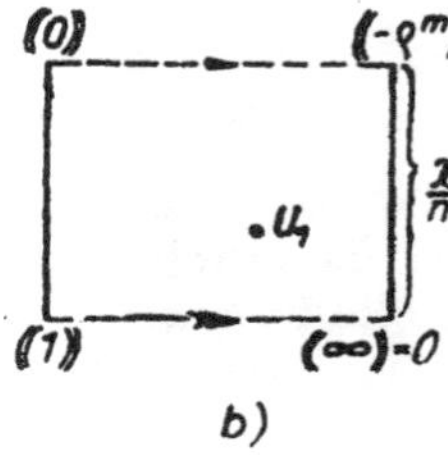

Bild 33 b.

$$u\,\frac{\pi}{h\,m} = u_1 \text{ mit } h = -\,i\int_{\infty}^{-\varrho^m} \frac{d\,w}{\sqrt{w\,(w-1)\,(w+\varrho^m)}} \text{ (Bild 33 b)}$$

und darauf folgende Anwendung von $e^{u_1} = z$ leistet die Abbildung auf den gewünschten Kreisringsektor mit den Radien 1 und $e^{-r_1 \frac{\pi}{h m}}$, wobei

$$r_1 = -\int\limits_{\infty}^{1} \frac{d\,w}{\sqrt{w\,(w-1)\,(w+\varrho^m)}}\,.$$

Hiermit ist unser Abbildungsproblem vollständig gelöst.

23. Bemerkungen über Potentialströmungen in zweifach zusammenhängenden Bereichen.

Strömungen in zweifach zusammenhängenden Bereichen lassen sich vermöge konformer Überpflanzung stets auf Strömungen in einem Kreisring zurückführen. Sämtliche Strömungsprobleme für den Kreisring (im Kreisring erfolgende Potentialströmungen) lassen sich in folgender Weise wirklich herstellen. Man „rollt" den Kreisring mittels der Logarithmusfunktion auf und spiegelt den so entstehenden, — bei geeigneter Aufschneidung des Kreisrings — unendlich viele Bildrechtecke enthaltenden Parallelstreifen an seinen Rändern, die so entstehenden Bilder wiederum an den Rändern usw. unter gleichzeitiger Einzeichnung der Rechteckseinteilung und der vorgegebenen Singularitäten der problematischen Strömungsfunktion. Die Ableitung der gesuchten Strömungsfunktion muß sich dann als doppeltperiodische Funktion mit Rechteck-Periodengitter herausstellen und sich nach den Regeln der Gewinnung elliptischer Funktionen aus vorgegebenen Polen und Hauptteilen herstellen lassen.

K. Die durch $\wp(z;\, 2\,\omega\,,\, 2\,\omega')$ geleistete konforme Abbildung im allgemeinen Fall.

Wir hatten bisher den Fall: „Das Fundamentalparallelogramm ist ein Rechteck" untersucht (F) und wollen nun den allgemeinen Fall eines beliebigen Periodenparallelogramms studieren. Wir zerlegen das Parallelogramm in zwei Dreiecke (Bild 34). Die Strecke 0 bis ω liefert eine von ∞ bis zur Stelle $\wp(\omega) = e_1$ verlaufende Kurve. Die Strecke ω bis $2\,\omega$ liefert wegen Geradheit an den Halbgitterpunkten (S. 21) genau die gleiche Kurve (Punkte, die durch 180°-Drehung um ω auseinander hervorgehen, liefern denselben Funktionswert, d. h. denselben Kurvenpunkt). Das Entsprechende kann man für die Strecken $0\,\omega'$ und ω', $2\,\omega'$ feststellen; diese Strecken liefern zwei aufeinanderfallende, doppelt zu den-

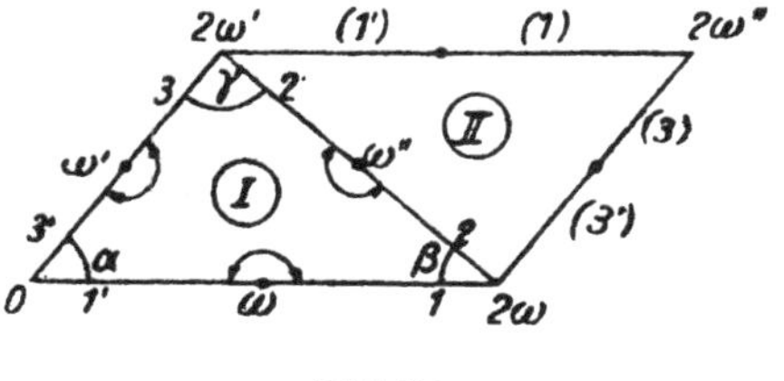

Bild 34.

kende Kurven von e_3 bis ∞. Ebenso: Die Strecken $2\,\omega$, ω'' und ω'', $2\,\omega'$ liefern zwei aufeinanderfallende, doppelt zu denkende Kurven von e_2 bis ∞. Man kann das Ergebnis so aussprechen: Das vermöge der drei 180^0-Drehungen um ω bzw. ω'' bzw. ω' ränderbezogene Fundamentaldreieck wird durch $\wp(z;\,2\,\omega,\,2\,\omega') = s$ auf die längs dreier Schnitte (nach ∞ führender Schnitte!) vernähte s-Ebene abgebildet (Bild 35). Die Abbildung ist, abgesehen von den Randstellen ω, ω'', ω' des Dreiecks [wo $\wp'(z) = 0$] und den Stellen 0, $2\,\omega$, $2\,\omega'$, überall konform. Bei e_1, e_2, e_3 entsteht der doppelte Winkel (360^0 statt 180^0 bei ω, ω'', ω'). Im Punkt $s = \infty$ (als Bild von $z = 0$) tritt ebenfalls Winkelverdoppelung ein ge-

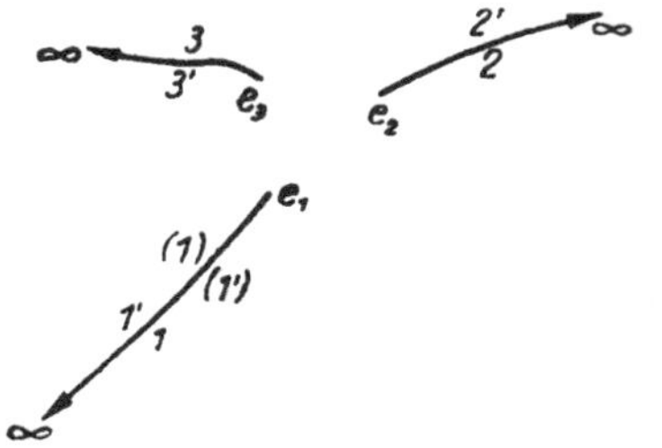

Bild 35.

mäß der Entwicklung $s = \wp(z) = \frac{1}{z^2} + \text{reg.}\,(z)$; dasselbe tritt ein bei $s = \infty$ als Bild von $z = 2\,\omega$ und nochmals bei $s = \infty$ als Bild von $z = 2\,\omega'$ [Entwicklungen $s = \wp(z) = \frac{1}{(z - 2\,\omega)^2} + \text{reg.}\,(z)$, $s = \wp(z) = \frac{1}{(z - 2\,\omega')^2} + \text{reg.}\,(z)$]. Die Winkel α, β, γ (Bild 34) werden also im Unendlichen verdoppelt erscheinen, zusammen demnach den Winkel 360^0 liefern.

Mit vernähten Schlitzen ergibt sich demnach die volle Ebene als konformes Abbild des ränderbezogenen Fundamentaldreiecks. Ohne Vernähung der Schlitzränder haben wir das konforme Abbild des nicht ränderbezogenen Fundamentaldreiecks.

Um die konforme Abbildung des ganzen Parallelogramms zu übersehen, bedenken wir, daß die andere Parallelogrammhälfte aus dem Fundamentaldreieck durch 180^0-Drehung um die Stelle ω'' hervorgeht. Die Funktionswerte wiederholen sich wegen der Geradheitseigenschaft der $\wp$-Funktion an der Halbgitterstelle ω''. Das Dreieck $2\,\omega$, $2\,\omega''$, $2\,\omega'$ liefert also noch einmal die längs dreier Schnitte von e_1 bzw. e_2 bzw. e_3 nach ∞ aufgeschnittene Ebene vermöge konformer Abbildung durch $\wp(z;\,2\,\omega,\,2\,\omega') = s$. Beide aufgeschlitzten Ebenen müssen wie die beiden Dreiecke zusammenhängen. Wir müssen zunächst eine Überkreuzverheftung der vier von e_2 nach ∞ verlaufenden Schlitzufer vornehmen. Ebenso müssen wir eine Überkreuzverheftung der vier Schlitzufer von e_1 bis ∞ bzw. von e_3 bis ∞ vornehmen entsprechend der Ränderzuordnung im Parallelogramm, die durch die doppelte Periodizität gegeben ist. Wir erhalten das Ergebnis: Das durch die beiden Translationen $z + 2\,\omega$ und $z + 2\,\omega'$ ränderbezogene Parallelogramm wird auf die zweiblättrige Riemannsche Fläche mit den Windungspunkten e_1, e_2, e_3, ∞ konform abgebildet mittels $\wp(z;\,2\,\omega,\,2\,\omega') = s$. Das Integral

$$z = \int_{\infty}^{s} \frac{d\,s}{\sqrt{4\,(s - e_1)\,(s - e_2)\,(s - e_3)}} \tag{92}$$

leistet als Umkehrfunktion der Funktion $\wp(z;\ 2\,\omega,\ 2\,\omega') = s$ genau die umgekehrte Abbildung: die durch die Abbildung $\wp(z; 2\,\omega, 2\,\omega')$ aus dem Periodenparallelogramm erhaltene Riemannsche Fläche wird auf das Periodenparallelogramm zurückübertragen. Wir können natürlich nicht erwarten, daß wir bei willkürlicher Aufschlitzung der Vollebene von drei Stellen e_1, e_2, e_3 nach ∞ mittels des Integrals $z = z(s)$ als Bild ein geradliniges Dreieck erhalten. Wir lassen aber die Frage im Augenblick noch außer Betracht und behandeln sie in **31 b (Umkehrproblem).**

L. Anwendung auf die konforme Abbildung der Oberfläche des regulären Tetraeders auf die Oberfläche einer Kugel.

24. Homomorphiegruppe der $\wp$-Funktion.

Zunächst soll eine einfache Behandlung der Frage nach der linearen Homomorphiegruppe der $\wp$-Funktion angegeben werden.

Wir wollen alle linearen Abänderungsmöglichkeiten $\frac{\alpha z + \beta}{\gamma z + \delta}$ der unabhängigen Variablen z aufsuchen, denen eine lineare Änderung des Funktionswertes $\wp(z)$ entspricht:

$$\wp\left(\frac{\alpha z + \beta}{\gamma z + \delta}\right) = \frac{a\,\wp(z) + b}{c\,\wp(z) + d}\,. \tag{93}$$

Wenn wirklich gebrochene lineare Abänderungen von z zulässig wären, d. h. falls $\gamma \neq 0$, so würde für $z \to -\frac{\delta}{\gamma}$ die links stehende Größe sich unbestimmt verhalten, da die $\wp$-Funktion in jeder beliebigen Nähe des unendlich fernen Punktes jeden beliebigen Wert annimmt, während die rechts stehende Größe jedenfalls bestimmtes Verhalten zeigen müßte; dieser Widerspruch läßt also erkennen, daß gebrochene lineare Transformationen von z unmöglich sind. Unser Problem reduziert sich demnach auf die Frage:

$$\wp(\alpha z + \beta) = \frac{a\,\wp(z) + b}{c\,\wp(z) + d}\,. \tag{94}$$

Die rechts stehende Größe besitzt die Perioden $2\,\omega$, $2\,\omega'$ der $\wp$-Funktion, während die Funktion $\wp(\alpha z + \beta)$ die Perioden $\frac{2\,\omega}{\alpha}$, $\frac{2\,\omega'}{\alpha}$ aufweist. Mit $2\,\omega$, $2\,\omega'$ muß also auch $\frac{2\,\omega}{\alpha}$, $\frac{2\,\omega'}{\alpha}$ ein Periodenpaar sein; dies ist im allgemeinen nicht der Fall, außer wenn $\alpha = \pm 1$. Das Periodengitter muß nämlich durch Multiplikation mit α, d. h. aber auch durch Multiplikation mit $\frac{1}{\alpha}$ in sich übergeführt werden. $|\,\alpha\,|$ muß gleich 1 sein, weil sonst bei fortgesetzter Anwendung der Multiplikation mit α oder mit $\frac{1}{\alpha}$ aus der kleinsten Periode sicher noch eine kleinere würde. Jedes Periodengitter wird durch Drehung um den Winkel π mit 0 als Fixpunkt in sich übergeführt, ein quadratisches Gitter auch durch eine Drehung um den Winkel $\frac{\pi}{2}$, ein rhombisches mit 60^0- bzw. 120^0-Winkel auch durch eine Drehung um den Winkel $\frac{\pi}{3}$. Damit sind alle Fälle erschöpft. Es sei nämlich $2\,\omega^*$ ein Gitterpunkt derart, daß im Innern des Kreises mit $|2\,\omega^*|$ als Radius um den Nullpunkt keine weiteren Gitterpunkte außer 0 liegen. Bei einer das Gitter in sich überführenden Drehung um 0 geht auch dieser Kreis in sich über, und wenn der Drehwinkel nicht gerade gleich π oder $2\,\pi$ ist, müssen außer $2\,\omega^*$ und $-2\,\omega^*$ noch weitere Gitterpunkte auf diesem Kreise liegen, und zwar in gerader Anzahl $2\,n$, da ja mit $2\,\tilde{\omega}$ auch $-2\,\tilde{\omega}$ ein Gitterpunkt ist. Diese $2\,n$ Punkte müssen, wenn sie durch eine Drehung um 0 mit einem von π und $2\,\pi$ verschiedenen Drehwinkel in sich übergeführt werden, ein regelmäßiges $2\,n$-Eck bilden. Die Fälle des Quadrates und regulären Sechsecks sind sofort klar. Für $n > 3$ ist aber die Vieleckseite kleiner als der Kreisradius, also kleiner als die Größe $|2\,\omega^*|$; das kann jedoch nicht sein, denn es darf keine kleinere Periode vorkommen. Die Möglichkeiten speziell gelagerter Perioden (Rhomben mit 60^0- bzw. 120^0-Winkel, äquianharmonischer Fall, und Quadrat, harmonischer Fall) sind gesondert zu untersuchen. Wir haben also im allgemeinen Fall $\alpha = \pm 1$ jetzt die Reduktion unseres Problems auf die Frage

$$\wp(\pm z + \beta) = \frac{a\,\wp(z) + b}{c\,\wp(z) + d}$$

bzw. auf die Einzelfragen

$$\wp(z + \beta) = \frac{a\,\wp(z) + b}{c\,\wp(z) + d} \quad \text{und} \tag{95 a}$$

$$\wp(-z + \beta) = \wp(z - \beta) = \frac{a\,\wp(z) + b}{c\,\wp(z) + d}. \tag{95 b}$$

Diese Gleichungen sind jedenfalls richtig für $\beta =$ Periode der $\wp$-Funktion; rechts steht die zur Identität ausgeartete lineare Funktion von $\wp(z)$. Es sei nun β keine Periode, dann ist $\wp(-\beta) = \wp(\beta)$ ein endlicher Wert, und durch Einsetzen von $z = -\beta$ bzw. $z = \beta$ in die letzten beiden Gleichungen ergibt sich

$$\lim_{z \to -\beta} \wp(z + \beta) = \lim_{z \to -\beta} \frac{a\,\wp(z) + b}{c\,\wp(z) + d} \quad \text{bzw.}$$

$$\lim_{z \to \beta} \wp(z - \beta) = \lim_{z \to \beta} \frac{a\,\wp(z) + b}{c\,\wp(z) + d}.$$

Jede der links stehenden Größen wird von zweiter Ordnung unendlich, also müssen auch die rechts stehenden Größen von zweiter Ordnung unendlich werden; demnach muß $c\,\wp(z) + d$ von zweiter Ordnung verschwinden, d. h.

der Wert $-\frac{d}{c}$ muß von $\wp(z)$ für $z \to \beta$ von zweiter Ordnung angenommen werden; die Ableitung $\wp'(z)$ muß dann jedenfalls an der Stelle $z = \beta$ verschwinden. Wir wissen aber, daß $\wp'(z)$ nur an den Halbgitterpunkten ω, ω', ω'' verschwindet; also muß sein:

$$\beta = \omega \text{ oder } \beta = \omega'' \text{ oder } \beta = \omega' . \tag{96}$$

$\wp(z + \omega)$, $\wp(z + \omega'')$, $\wp(z + \omega')$ stellen sich in der Tat als lineare, und zwar gebrochene lineare Funktionen von $\wp(z)$ dar, wie z. B. unter Benutzung des Additionstheorems (59) gezeigt werden kann; es ergibt sich z. B.

$$\wp(z + \omega) = \frac{e_1 \wp(z) + e_1^2 + e_2 e_3}{\wp(z) - e_1} .$$

Da nun nach obigem $\wp(z + \omega) = \wp(-z - \omega) = \wp(-z - \omega + 2\omega) = = \wp(-z + \omega) =$ lineare Funktion von $\wp(z)$ sein muß, haben wir folgende Deutung: Bei Übergang von z zur Stelle $-z + \omega$, d. h. bei 180^0-Drehung um den Viertelperiodenpunkt $\frac{\omega}{2}$ entsteht aus $\wp(z)$ eine gebrochene lineare Abänderung dieser Größe (Bild 36). Entsprechendes können wir für die übrigen Viertelperiodenpunkte nachweisen.

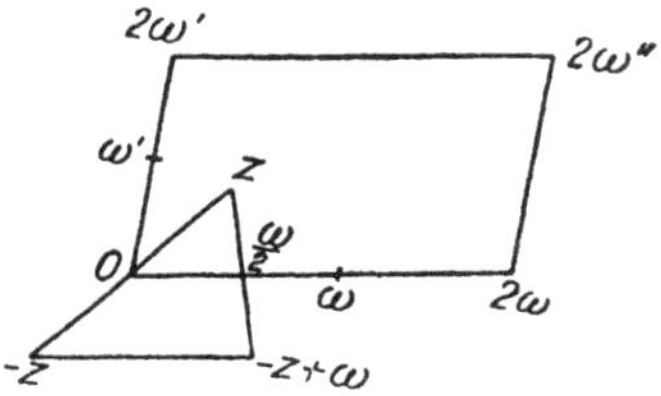

Bild 36.

Die Homomorphiegruppe besteht also, abgesehen von den Transformationen der Automorphiegruppe $z +$ *Periode*, $-z$ $+$ *Periode*, noch aus den 180^0-Drehungen um die Viertelperiodenpunkte als erzeugenden Substitutionen.

Wir haben nun noch die Fälle zu untersuchen, in denen bei $\alpha \neq \pm 1$ mit 2ω, $2\omega'$ auch $\frac{2\omega}{\alpha}$ und $\frac{2\omega'}{\alpha}$ ein Periodenpaar ist, also den Fall eines quadratischen Gitters (harmonischer Fall) und die Möglichkeit eines rhombischen Gitters mit 60^0- bzw. 120^0-Winkeln (äquianharmonischer Fall).

1) Harmonischer Fall (quadratisches Gitter). Die Grundperioden heißen 2ω und $2\omega' = i\,2\omega$. Wir erhalten:

$$\wp(iz) = \frac{1}{(iz)^2} + \sum{}' \left[\frac{1}{(iz - 2\tilde{\omega})^2} - \frac{1}{(2\tilde{\omega})^2}\right] = \frac{1}{(iz)^2} + \sum{}' \left[\frac{1}{(iz - i\,2\tilde{\omega})^2} - \frac{1}{(i2\tilde{\omega})^2}\right]^{1)},$$

$$\wp(iz) = \frac{1}{i^2}\left\{\frac{1}{z^2} + \sum{}' \left[\frac{1}{(z - 2\tilde{\omega})^2} - \frac{1}{(2\tilde{\omega})^2}\right]\right\} = -\wp(z) = \textit{lineare Funktion von } \wp(z). \tag{97}$$

Die Frage: „Wann ist $\wp(iz + \beta)$ eine lineare Funktion von $\wp(z)$?" reduziert sich wegen $\wp(iz + \beta) = \wp\left[i\left(z + \frac{\beta}{i}\right)\right] = -\wp\left(z + \frac{\beta}{i}\right)$ auf die

[1]) Mit $2\tilde{\omega}$ sind auch $i\,2\tilde{\omega}$ Perioden.

Frage: „Wann ist $\wp\left(z+\frac{\beta}{i}\right)$ eine lineare Funktion von $\wp(z)$?" Nach den vorhergehenden Überlegungen muß $\frac{\beta}{i}$ eine Periode oder Halbperiode sein, d. h.: β = Periode oder β = Halbperiode. Zu den oben im allgemeinen Fall gefundenen Transformationen der Homomorphiegruppe tritt also im harmonischen Fall noch die erzeugende Substitution $iz = z'$.

2) Äquianharmonischer Fall (rhombisches Gitter mit 60^0- bzw. 120^0-Winkeln). Die Grundperioden heißen $2\,\omega$ und $e^{i\frac{\pi}{3}}2\,\omega$. Wir erhalten:

$$\wp\left(e^{i\frac{\pi}{3}}z\right) = \frac{1}{\left(e^{i\frac{\pi}{3}}z\right)^2} + \sum'\left[\frac{1}{\left(e^{i\frac{\pi}{3}}z-2\,\bar{\omega}\right)^2} - \frac{1}{(2\,\bar{\omega})^2}\right] =$$

$$= \frac{1}{\left(e^{i\frac{\pi}{3}}z\right)^2} + \sum'\left[\frac{1}{\left(e^{i\frac{\pi}{3}}z-e^{i\frac{\pi}{3}}2\,\bar{\omega}\right)^2} - \frac{1}{\left(e^{i\frac{\pi}{3}}2\,\bar{\omega}\right)^2}\right]^{1)}$$

$$\wp\left(e^{i\frac{\pi}{3}}z\right) = \frac{1}{\left(e^{i\frac{\pi}{3}}\right)^2}\left\{\frac{1}{z^2} + \sum'\left[\frac{1}{(z-2\,\bar{\omega})^2} - \frac{1}{(2\,\bar{\omega})^2}\right]\right\} = e^{-i\frac{2\pi}{3}}\wp(z) = \textit{lineare Funktion von } \wp(z)\,. \quad (98)$$

Die Frage: „Wann ist $\wp\left(e^{i\frac{\pi}{3}}z+\beta\right)$ eine lineare Funktion von $\wp(z)$?" reduziert sich wegen $\wp\left(e^{i\frac{\pi}{3}}z+\beta\right) = \wp\left[e^{i\frac{\pi}{3}}\left(z+\frac{\beta}{e^{\frac{i\pi}{3}}}\right)\right] = e^{-i\frac{2\pi}{3}}\wp\left(z+\frac{\beta}{e^{\frac{i\pi}{3}}}\right)$ auf die Frage: „Wann ist $\wp\left(z+\frac{\beta}{e^{i\frac{\pi}{3}}}\right)$ eine lineare Funktion von $\wp(z)$?" Nach den vorhergehenden Überlegungen muß $\frac{\beta}{e^{i\frac{\pi}{3}}}$ eine Periode oder eine Halbperiode sein, d. h.: β = *Periode* oder β = *Halbperiode*. Zu den oben im allgemeinen Fall gefundenen Transformationen der Homomorphiegruppe tritt also im äquianharmonischen Fall noch die erzeugende Substitution $e^{i\frac{\pi}{3}}z = z'$.

25. Konforme Abbildung der Oberfläche des regulären Tetraeders.

H. A. Schwarz hat bei seiner Behandlung der konformen Abbildung der Oberfläche des allgemeinen Tetraeders auf die Oberfläche einer Kugel die aus Symmetriegründen naheliegende Behauptung ausgesprochen, daß im Falle der Abbildung der Oberfläche eines regulären Tetraeders auf die Kugeloberfläche (Vollebene) den sämtlichen Kanten des Tetraeders Kreis-

1) Mit $2\,\bar{\omega}$ sind auch $e^{i\frac{\pi}{3}}2\,\bar{\omega}$ Perioden.

bögen entsprechen. Wir werden mittels der über die Homomorphiegruppe gewonnenen Einsichten diese Behauptung auf einfache Art beweisen können.

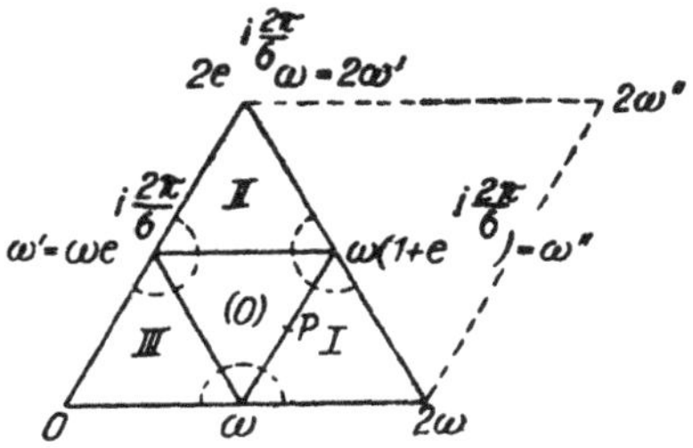

Bild 37.

Die Oberfläche des regulären Tetraeders sei längs der von der Spitze ausgehenden Kanten aufgeschnitten und in die Ebene der Grundfläche, die z-Ebene, geklappt und so gelagert, wie Bild 37 zeigt. Das entstehende, aus vier gleichseitigen Dreiecken sich zusammensetzende, mit 180^0-Drehsubstitutionen bei ω, $\omega' = \omega\, e^{i\frac{\pi}{3}}$, $\omega'' = \omega + \omega' = \omega\left(1 + e^{i\frac{\pi}{3}}\right)$ — entsprechend den zugehörigen Kantenpunkten — ausgestattete gleichseitige Dreieck wird durch $\wp(z;\ 2\,\omega,\ 2\,\omega\, e^{i\frac{\pi}{3}})$ auf die Vollebene abgebildet, wobei die durch 180^0-Drehsubstitutionen einander zugeordneten halben Dreiecksseiten in von $\wp(\omega) = e_1$ bzw. $\wp\left(\left(1 + e^{\frac{i\pi}{3}}\right)\omega\right) = e_2$ bzw. $\wp\left(e^{i\frac{\pi}{3}}\omega\right) = e_3$ bis nach Unendlich führende Linien L_1 bzw. L_2 bzw. L_3 übergehen. Da $\wp\left(z;\ 2\,\omega,\ 2\,\omega\, e^{i\frac{\pi}{3}}\right)$ auf der Achse des Reellen nur reelle Werte annimmt[1]), liegt die Linie L_1 vollständig in der Achse des Reellen, und zwar bis nach $+\infty$ reichend wegen des Verhaltens von $\wp(z) = \frac{1}{z^2}\left(1 + \frac{g_2}{20}\,z^4 + \cdots\right)$ am Nullpunkt. Auf Grund von

$$\wp\left(e^{i\frac{\pi}{3}}z\right) = e^{-i\frac{2\pi}{3}}\,\wp(z) \text{ und}$$

$$\wp\left(e^{-i\frac{\pi}{3}}z + 2\,\omega\, e^{i\frac{\pi}{3}}\right) = \wp\left(e^{-i\frac{\pi}{3}}z\right) = \wp\left(-e^{-i\frac{\pi}{3}}z\right) = \wp\left(e^{i\frac{2\pi}{3}}z\right) = \wp\left(e^{i\frac{\pi}{3}}\,e^{i\frac{\pi}{3}}z\right)$$
$$= e^{-i\frac{2\pi}{3}}\,\wp\left(e^{i\frac{\pi}{3}}z\right) = e^{-i\,2\frac{2\pi}{3}}\,\wp(z) = e^{i\frac{2\pi}{3}}\,\wp(z)$$

entstehen die Linien L_2 und L_3 aus L_1 durch eine positive bzw. negative 120^0-Drehung, so daß wir also die in Bild 38 ersichtliche Lagerung der geraden Linien L_1, L_2, L_3 (Bilder der Seiten des großen Dreiecks) erhalten. e_1 muß positiv reell sein, sonst würde L_1 und damit auch L_2 und L_3 durch den Nullpunkt gehen und der Wert Null somit im Fundamentalparallelogramm dreimal angenommen werden, was unmöglich ist. Um die Natur der von den Seiten des kleinen Dreiecks ω, ω'', ω' herrührenden Bilder zu erkennen, bemerken wir, daß z. B. die gerichtete Dreieckseite $\omega\, e^{i\frac{\pi}{3}} - \omega$ aus

[1]) Wir erkennen das sofort aus der Darstellung $\wp(z) = \frac{1}{z} = +\sum'\left[\frac{1}{(z-2\bar{\omega})^2} - \frac{1}{(2\bar{\omega})^2}\right]$, wenn wir bedenken, daß in unserem Fall mit jedem Periodenwert gleichzeitig der zugehörige konjugierte Wert als Periode auftritt.

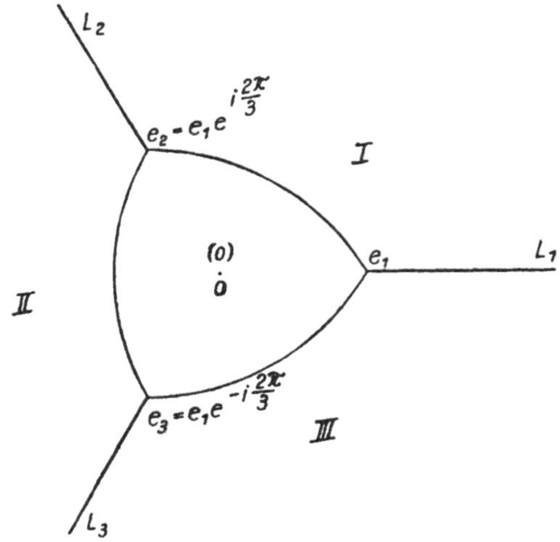

Bild 38.

dem Vektor $2\omega - \omega\left(1 + e^{i\frac{\pi}{3}}\right)$ durch 180°-Drehung um den Viertelperiodenpunkt P hervorgeht, daß also auf Grund der Homomorphieeigenschaft der $\wp$-Funktion die Bilder beider Linien durch lineare Transformation auseinander entstehen. Der letztgenannte Vektor liefert aber die gerade Linie L_2, also entspricht der Dreieckseite $\omega e^{i\frac{\pi}{3}} - \omega$ ein die Punkte e_3 und e_1 verbindender Kreisbogen, der wegen der 120°-Schnittwinkel mit L_1 und L_3 (Winkelverdopplung an den Halbperiodenpunkten) seinen Mittelpunkt in e_2 haben muß. Entsprechend lassen sich mittels der Homomorphieeigenschaften der $\wp$-Funktion sofort auch die Bilder der beiden übrigen Seiten des Dreiecks ω, ω'', ω' als Kreisbögen erkennen. Dem Dreieck ω, ω'', ω' entspricht demnach ein gleichseitiges Kreisbogendreieck mit 120°-Winkeln. Als Bilder der übrigen Teildreiecke unseres großen Dreiecks ergeben sich (im Einklang mit dem Spiegelungsprinzip) drei weitere sich anschließende Kreisbogendreiecke.

M. Funktionen auf der elliptischen Riemannschen Fläche.

Mit der Theorie der elliptischen Funktionen hängt innig zusammen die Theorie der zur zweiblättrigen Riemannschen Fläche mit den Windungspunkten e_1, e_2, e_3, ∞ gehörenden Funktionen.

Das Fundamentalparallelogramm $(2\omega, 2\omega')$ wird durch $\wp(z; 2\omega, 2\omega') = s$ auf die zweiblättrige Riemannsche Fläche $[e_1 = \wp(\omega),\ e_2 = \wp(\omega''),\ e_3 = \wp(\omega'),\ \infty = \wp(0)]$ abgebildet. Auf Grund der Differentialgleichung $[\wp'(z)]^2 = 4\wp^3(z) - g_2\wp(z) - g_3$ [(12)] bekommen wir in der üblichen Bezeichnungsweise, wenn wir $\wp(z) = s$, $\wp'(z) = \frac{ds}{dz}$ schreiben:

$$\frac{ds}{dz} = \sqrt{4s^3 - g_2 s - g_3} = \sqrt{4(s-e_1)(s-e_2)(s-e_3)} = \sqrt{S}\,.$$

Alle elliptischen Funktionen mit den Perioden 2ω, $2\omega'$ stellen sich so dar: $\mathfrak{R}_1(\wp(z)) + \mathfrak{R}_2(\wp(z))\,\wp'(z)$ [S. 47], also nach Abbildung des Fundamentalparallelogramms auf die zweiblättrige Riemannsche Fläche (e_1, e_2, e_3, ∞) durch $\wp(z; 2\omega, 2\omega')$ in der Form

$$\Re_1(s) + \Re_2(s)\sqrt{4(s-e_1)(s-e_2)(s-e_3)} = \Re_1(s) + \Re_2(s)\sqrt{S}\,. \quad (99)$$

Hiernach sind alle zum Fundamentalparallelogramm gehörigen Funktionen mittels konformer Überpflanzung auf die zweiblättrige Riemannsche Fläche als Funktionen auf dieser Fläche dargestellt, und zwar als auf der Riemannschen Fläche eindeutige Funktionen. ($\sqrt{4(s-e_1)(s-e_2)(s-e_3)}$ ist auf dieser Fläche eindeutig: nach Rückkehr zur Ausgangsstelle auf einem bestimmten Blatt kommt derselbe Wurzelwert — im entsprechenden Punkt des anderen Blattes kommt der mit umgekehrtem Vorzeichen versehene Wurzelwert.)

Wir können alle auf der Riemannschen Fläche (e_1, e_2, e_3, ∞) eindeutigen analytischen Funktionen — mit höchstens Polen als Singularitäten — ohne den Weg über die elliptischen Funktionen direkt herstellen: Entsprechend den zwei Blättern müssen wir zwei Funktionszweige $Z_1(s)$ und $Z_2(s)$ haben; diese tauschen sich aus, wenn wir von einem Punkt des einen Blattes zur entsprechenden Stelle des anderen Blattes übergehen: $Z_1 \to Z_2$, $Z_2 \to Z_1$. Demnach ist $Z_1 + Z_2$ eine eindeutige Funktion in der s-Ebene. Eine in der s-Ebene eindeutige Funktion mit höchstens Polen ist aber eine rationale Funktion, also

$$Z_1(s) + Z_2(s) = \Re_1(s)\,^{1)}\,. \quad (100)$$

Die Differenz der Zweige, nämlich $Z_1(s) - Z_2(s)$ geht beim Übergang von einem in einem bestimmten Blatt gelegenen s-Wert zum entsprechenden s-Wert im anderen Blatt über in $Z_2 - Z_1$; das Vorzeichen wird also umgekehrt. Da die obige Wurzelgröße bei solchem Übergang auch das Vorzeichen ändert, bleibt demnach $\dfrac{Z_1 - Z_2}{\sqrt{4(s-e_1)(s-e_2)(s-e_3)}}$ bei dem genannten Übergang von einer Stelle des einen Blattes zur entsprechenden Stelle des anderen Blattes völlig ungeändert. Daher ist auch diese Größe eine eindeutige Funktion in der s-Ebene; da aber höchstens Pole als Singularitäten vorkommen können, ist auch diese Funktion eine rationale Funktion von s, d. h.:

$$Z_1 - Z_2 = \sqrt{4(s-e_1)(s-e_2)(s-e_3)}\,\Re_2(s)\,. \quad (101)$$

Aus (100) und (101) folgt:

$$2Z_1 = \Re_1(s) + \Re_2(s)\sqrt{4(s-e_1)(s-e_2)(s-e_3)}$$
$$2Z_2 = \Re_1(s) - \Re_2(s)\sqrt{4(s-e_1)(s-e_2)(s-e_3)}\,.$$

Da wir mit den Größen $\Re_1(s)$ und $\Re_2(s)$ lediglich den Typus „rationale Funktion" meinen, können wir allgemein die beiden Zweige so schreiben:

$$Z_1(s) = \Re_1(s) + \Re_2(s)\sqrt{4(s-e_1)(s-e_2)(s-e_3)}$$
$$Z_2(s) = \Re_1(s) - \Re_2(s)\sqrt{4(s-e_1)(s-e_2)(s-e_3)}\,.$$

Die allgemeinste zur zweiblättrigen Riemannschen Fläche (e_1, e_2, e_3, ∞) gehörige Funktion läßt sich also schreiben:

$$\Re_1(s) + \Re_2(s)\sqrt{4(s-e_1)(s-e_2)(s-e_3)}\,. \quad (99) \qquad (102)$$

[1]) $\Re(s)$ heißt: rationale Funktion von s.

Je nachdem, in welchem Blatt wir uns befinden, ist das Vorzeichen der Wurzel mit + oder — anzusetzen. Beim Übergang von der Stelle s in dem einen Blatt zur entsprechenden Stelle im anderen Blatt kommt Vorzeichenwechsel.

Wir beachten, daß diese Herstellung der zur zweiblättrigen Riemannschen Fläche gehörigen Funktionen unabhängig davon ist, daß die Riemannsche Fläche aus einem Periodenparallelogramm durch Abbildung mittels der $\wp$-Funktion entstanden ist.

In ganz analoger Weise ergibt sich, daß alle auf der zweiblättrigen Riemannschen Fläche mit den Windungspunkten a_1, a_2, a_3, a_4 eindeutigen analytischen Funktionen — mit höchstens Polen als Singularitäten — sich in der Form

$$\Re_1(s) + \Re_2(s)\sqrt{(s-a_1)(s-a_2)(s-a_3)(s-a_4)} \qquad (102\,\mathrm{a})$$

darstellen lassen.

Wir wollen nun aber wieder ausdrücklich annehmen, daß wir es mit einer zweiblättrigen Riemannschen Fläche (e_1, e_2, e_3, ∞) zu tun haben, die durch konforme Abbildung mittels $\wp(z; 2\,\omega, 2\,\tilde{\omega})$ aus einem Periodenparallelogramm gewonnen werden kann[1]). Wir können dann sagen: Die zur zweiblättrigen Riemannschen Fläche (e_1, e_2, e_3, ∞) gehörenden Funktionen

$$w = f(s) = \Re_1(s) + \Re_2(s)\sqrt{4(s-e_1)(s-e_2)(s-e_3)}$$

(zweideutige Funktionen) werden durch das elliptische Integral (I. Art)

$$\int\limits_{\infty}^{s} \frac{ds}{\sqrt{4(s-e_1)(s-e_2)(s-e_3)}} = z \text{ (uniformisierender Parameter)}$$

uniformisiert: $s = \wp(z)$,

$$w = \Re_1(\wp(z)) + \Re_2(\wp(z))\,\wp'(z) = \varphi(z) \text{ (elliptische Funktion von } z)\,^{2)}.$$

Vermöge dieser eindeutigen Parameterdarstellung erscheinen die zur zweiblättrigen Riemannschen Fläche gehörenden Funktionen als eindeutige Funktionen (elliptische Funktionen) in der Parallelogrammebene.

N. Anwendungen.

26. Potentialströmungen um ein Tandem-Schlitzprofil.

Vorbemerkung über Potentialströmungen um gegebene Profile, die aus dem Unendlichen mit der Geschwindigkeit c unter einem Winkel α gegen die Achse des negativ Reellen ankommen: Der Profilrand muß Stromlinie sein und die Strömungsgeschwindigkeit muß überall endlich sein, auch in Punkten, die in einem glatten Kurvenstück der Profilkontur liegen, bis auf

[1]) Wir werden noch erkennen, daß diese Annahme stets erfüllt ist; S. 112 bis S. 120; Umkehrproblem.

[2]) S. auch S. 24.

die etwa vorhandenen Ecken oder Spitzen des Profils, in welchen wir uns über die Geschwindigkeit in folgender Weise ein Urteil bilden können: Nehmen wir etwa an, daß eine Profilkontur K an einer Stelle a eine ausspringende Ecke vom Außenwinkel $\beta = \mu\pi$ besitze. Durch lokale Abbildung mittels $(z - a)^{\frac{1}{\mu}} = \zeta$ entsteht aus der Kontur der Ecke ein den Punkt $\zeta = 0$ enthaltendes glattes Kurvenstück; für die durch die genannte lokale Übertragung aus der zur Profilkontur K gehörigen Strömungsfunktion $S(z)$ sich ergebende Strömungsfunktion $S(z(\zeta)) = \tilde{S}(\zeta)$ wird dann die Geschwindigkeit an der Stelle $\zeta = 0$ endlich ausfallen, also ist

$$\frac{\mathrm{d}\,\tilde{S}(\zeta)}{\mathrm{d}\,\zeta} = \frac{\mathrm{d}\,S(z)}{\mathrm{d}\,z}\,\frac{\mathrm{d}\,z}{\mathrm{d}\,\zeta}$$

endlich für $\zeta = 0$. Da $\frac{\mathrm{d}\,z}{\mathrm{d}\,\zeta} = \mu\zeta^{\mu-1}$, kann demnach $\frac{\mathrm{d}\,S(z)}{\mathrm{d}z}$, als Funktion von ζ aufgefaßt, höchstens wie $\frac{k}{\zeta^{\mu-1}}$ unendlich werden — und muß im allgemeinen in dieser Weise unendlich werden, wenn nicht bei $\zeta = 0$ ein Staupunkt der durch $\tilde{S}(\zeta)$ dargestellten Strömung liegen soll. Im Falle $\mu = 2$, d. h. falls es sich um eine Ecke vom Außenwinkel 2π handelt, wie sie etwa als Ende eines Schlitzes auftreten könnte, darf demnach die Größe $\frac{\mathrm{d}\,S(z)}{\mathrm{d}\,z}$ nur wie $\frac{k}{\zeta}$, d. h. wie $\frac{k}{\sqrt{z-a}}$ unendlich werden.

Auf der Achse des Reellen denken wir uns vom Punkte a_1 bis zum Punkte a_2 und von a_3 bis zur Stelle a_4 je eine Strecke gezeichnet (Bild 19) und fragen jetzt nach der allgemeinsten um diese Strecke als Profil erfolgenden Potentialströmung, die aus dem Unendlichen mit der Geschwindigkeit c kommt, und zwar möge der im Punkt Unendlich maßgebende Geschwindigkeitsvektor einen von Null verschiedenen Winkel α mit der Richtung der Achse des negativ Reellen einschließen. Der Geschwindigkeitsvektor im Punkte ∞ ist also

$$\mathfrak{B}(\infty) = -c\,e^{-i\alpha}, \text{ d. h. } \left(\frac{\mathrm{d}\,S(z)}{\mathrm{d}\,z}\right)_{z=\infty} = c\,e^{i\alpha}. \tag{103}$$

Wir denken uns die vorgelegten Strecken als Schlitze, deren Ufer die Profilkontur darstellen. Der Geschwindigkeitsvektor muß an jedem von a_1, a_2, a_3, a_4 verschiedenen Randpunkt in ein Schlitzufer zu liegen kommen, d. h. die Größe $-\overline{\left(\frac{\mathrm{d}\,S(z)}{\mathrm{d}\,z}\right)}$ und damit auch $\frac{\mathrm{d}\,S(z)}{\mathrm{d}\,z}$ muß auf den Schlitzufern reell ausfallen. Wir müssen zulassen, daß die Funktion $\frac{\mathrm{d}\,S(z)}{\mathrm{d}\,z}$ in einander gegenüberliegenden Randpunkten der Schlitze verschiedene reelle Werte annimmt. Andernfalls wäre $\frac{\mathrm{d}\,S(z)}{\mathrm{d}\,z}$ eine in der ganzen z-Ebene eindeutige

Funktion, die wegen des höchstens zugelassenen Unendlichwerdens von der Art $\frac{k}{\sqrt{z-a_1}}, \frac{k}{\sqrt{z-a_2}}, \frac{k}{\sqrt{z-a_3}}, \frac{k}{\sqrt{z-a_4}}$ den Wert ∞ überhaupt nicht annehmen könnte, sich also auf eine Konstante reduzieren müßte. Wegen des Wertes von $\frac{\mathrm{d}\,S(z)}{\mathrm{d}\,z}$ im Unendlichen müßte diese Konstante den Wert $c e^{i\alpha}$ haben, es würde sich also um die unter dem Winkel α (gegen die Achse des negativ Reellen) aus dem Unendlichen kommende Parallelströmung handeln; diese ist aber im Falle $\alpha \neq 0$ keine Profilströmung für unser Tandemprofil. Wir können nun durch Spiegelung [1]) an den Schlitzufern zur zweiblättrigen Riemannschen Fläche mit a_1, a_2, a_3, a_4 als Windungspunkten (elliptische Riemannsche Fläche) übergehen und erkennen: Unsere problematische Funktion $\frac{\mathrm{d}\,S(z)}{\mathrm{d}\,z}$ ist auf dieser Riemannschen Fläche eindeutig und bleibt überall endlich bis auf die Schlitzuferpunkte a_1, a_2, a_3, a_4, wo $\frac{\mathrm{d}\,S(z)}{\mathrm{d}\,z}$ höchstens in der oben angegebenen Art (Verzweigungspole I. Ordnung) unendlich werden kann. Im Unendlichen nimmt $\frac{\mathrm{d}\,S(z)}{\mathrm{d}\,z}$ im Grundblatt (d. h. in dem Blatt, in dem wir ursprünglich unser Tandemprofil zeichneten) den Wert $c e^{i\alpha}$ an und im zweiten Blatt den vermöge des an den Schlitzrändern ausgeführten Spiegelungsprozesses sich ergebenden konjugierten Wert $c e^{-i\alpha}$. Die Gesamtheit der zur betrachteten (elliptischen) Riemannschen Fläche $F(a_1, a_2, a_3, a_4)$ gehörenden (eindeutigen) Funktionen läßt sich in der Form (102 a) schreiben:

$$\mathfrak{R}_1(z) + \mathfrak{R}_2(z)\sqrt{(z-a_1)(z-a_2)(z-a_3)(z-a_4)}\,, \tag{104}$$

wobei $\mathfrak{R}_1(z)$ und $\mathfrak{R}_2(z)$ irgendwelche rationale Funktionen sind; also können wir unser Problem der Bestimmung von $\frac{\mathrm{d}\,S(z)}{\mathrm{d}\,z}$ so auffassen: Aus dem Funktionenkörper (104) ist die allgemeinste Funktion auszuwählen, die die folgenden Bedingungen erfüllt:

(I) Im Unendlichen muß sie im Grundzweig (Grundblatt) den Wert $c(\cos\alpha + i\sin\alpha)$, im anderen Blatt (im anderen Zweig) den Wert $c(\cos\alpha - i\sin\alpha)$ annehmen;

(II) sie kann nur an den Stellen a_1, a_2, a_3, a_4 unendlich werden, und zwar nur von der Art $\frac{k}{\sqrt{z-a_1}}, \frac{k}{\sqrt{z-a_2}}, \frac{k}{\sqrt{z-a_3}}, \frac{k}{\sqrt{z-a_4}}$;

(III) sie muß auf den Schlitzrändern reell ausfallen.

Aus den beiden Zweigen der problematischen Funktion, nämlich aus $\mathfrak{R}_1(z) + \mathfrak{R}_2(z)\sqrt{(z-a_1)(z-a_2)(z-a_3)(z-a_4)}$ und $\mathfrak{R}_1(z) - \mathfrak{R}_2(z)\sqrt{(z-a_1)(z-a_2)(z-a_3)(z-a_4)}$ können wir auf Grund des Verhaltens

[1]) Spiegelungsprinzip S. 59.

im Unendlichen (I) durch Addition sofort schließen: $\mathfrak{R}_1(z)$ muß im Unendlichen den Wert $c \cos \alpha$ annehmen[1]), im Endlichen darf $\mathfrak{R}_1(z)$ keine Unendlichkeitsstellen haben, weil überhaupt nur Verzweigungspunkte erster Ordnung bei a_1, a_2, a_3, a_4 auftreten können laut (II) — also muß sich $\mathfrak{R}_1(z)$ als eine in der ganzen Ebene reguläre Funktion ohne Unendlichkeitsstellen auf eine Konstante reduzieren, und zwar wegen des Wertes im Unendlichen gleich $c \cos \alpha$ sein:

$$\mathfrak{R}_1(z) = c \cos \alpha \, . \tag{105}$$

Durch Subtraktion der beiden Zweige finden wir:
$\mathfrak{R}_2(z)\sqrt{(z-a_1)(z-a_2)(z-a_3)(z-a_4)}$ muß im Unendlichen den Wert $i c \sin \alpha$ haben; da sich die Wurzelgröße im Unendlichen wie $\sqrt{z^4\left[1+\text{reg.}\left(\frac{1}{z}\right)\right]}$, d.h. wie $z^2\left[1+\text{reg.}\left(\frac{1}{z}\right)\right]$ verhält, muß also, um ein Endlichbleiben ($\neq \infty$; $\neq 0$, falls nicht gerade $\alpha=0$) der Größe $\mathfrak{R}_2(z)\sqrt{(z-a_1)(z-a_2)(z-a_3)(z-a_4)}$ für $z \to \infty$ zu erreichen, der Grad des Zählers der rationalen Funktion $\mathfrak{R}_2(z)$ um zwei Einheiten kleiner sein als der Grad des Nenners. Der Nenner darf aber wegen des allein zulässigen Unendlichwerdens der Art (II) höchstens ein Polynom vierten Grades sein und muß dann die Gestalt $(z-a_1)(z-a_2)(z-a_3)(z-a_4)$ haben. Der Zähler von $\mathfrak{R}_2(z)$ kann demnach nur eine quadratische Funktion $A_1 z^2 + A_2 z + A_3$ sein. Wir haben also gefunden:

$$\mathfrak{R}_2(z)\sqrt{(z-a_1)(z-a_2)(z-a_3)(z-a_4)} =$$
$$= \frac{A_1 z^2 + A_2 z + A_3}{(z-a_1)(z-a_2)(z-a_3)(z-a_4)}\sqrt{(z-a_1)(z-a_2)(z-a_3)(z-a_4)}\,, \tag{106}$$

wobei wir, um im Unendlichen den Wert $i c \sin \alpha$ zu erreichen, $A_1 = i c \sin \alpha$ setzen müssen. Da unsere Funktion

$$\mathfrak{R}_1(z) + \mathfrak{R}_2(z)\sqrt{(z-a_1)(z-a_2)(z-a_3)(z-a_4)} =$$
$$= c \cos \alpha + \frac{i c \sin \alpha \, z^2 + A_2 z + A_3}{\sqrt{(z-a_1)(z-a_2)(z-a_3)(z-a_4)}}$$

auf den Schlitzufern reell ausfallen soll, die Wurzelgröße daselbst aber rein imaginäre Werte hat, müssen A_2 und A_3 rein imaginäre Konstanten sein, die wir mit $i\gamma_1$ bzw. $i\gamma_2$ bezeichnen wollen. Die Ableitung der problematischen Strömungsfunktion lautet also:

$$\frac{\mathrm{d}\,S(z)}{\mathrm{d}z} = c \cos \alpha + i\,\frac{c \sin \alpha \, z^2 + \gamma_1 z + \gamma_2}{\sqrt{(z-a_1)(z-a_2)(z-a_3)(z-a_4)}}\,, \text{ d. h.} \tag{107}$$

$$S(z) = c \cos \alpha \, z + i \int \frac{c \sin \alpha \, z^2 + \gamma_1 z + \gamma_2}{\sqrt{(z-a_1)(z-a_2)(z-a_3)(z-a_4)}}\,\mathrm{d}z \tag{108}$$

[1]) $\underset{z\to\infty}{\mathfrak{R}_1(z)} + \underset{z\to\infty}{\mathfrak{R}_1(z)} = c(\cos a + i \sin a) + c(\cos a - i \sin a) = 2c\cos a.$

ist die Strömungsfunktion für die allgemeinste um unser aus zwei in der Achse des Reellen liegenden Strecken gebildetes Profil (Tandemprofil) erfolgende Potentialströmung, die aus dem Unendlichen unter dem Winkel α gegen die Achse des negativ Reellen mit der Geschwindigkeit c kommt.

27. Potentialströmungen um ein Zweikreiseprofil.

Wir fragen nun nach der allgemeinsten Potentialströmung, die um das von zwei Kreisen gebildete Profil (Bild 16) erfolgt und aus dem Unendlichen unter dem Winkel α gegen die Achse des negativ Reellen mit der Geschwindigkeit c kommt.

Wir denken an die Kette von Abbildungsfunktionen (77), (78), (79), (80), (81), die zum Tandem-Schlitzbereich führte. Die Abbildungsfunktion $z(Z)$ (82) läßt den Punkt ∞ samt den dort gezeichneten Richtungselementen fest.

Die in **N 26** aufgestellte Strömungsfunktion für unseren Tandembereich, der jetzt als Bild des Kreisbereichs aufzufassen ist, muß in die Z-Ebene überpflanzt werden und stellt dann die gesuchte Zweikreiseprofil-Strömung dar. Die problematische Strömungsfunktion, die wir zunächst in der u-Ebene (78) betrachten wollen, sei $\breve{S}(u)$; sie entsteht durch konforme Überpflanzung aus der Strömungsfunktion $S(z)$ der allgemeinsten Tandemprofilströmung

$$S(z) = S(z(u)) = \breve{S}(u). \tag{109}$$

Wir fanden in (108)

$$S(z) = c\cos\alpha\, z + i\int \frac{c\sin\alpha\, z^2 + \gamma_1 z + \gamma_2}{\sqrt{(z-a_1)(z-a_2)(z-a_3)(z-a_4)}}\,dz$$

und nach früheren Resultaten

$$z = \frac{b}{\wp(u) - \wp(\log\delta)} + a_1 \; [(79), (80)]\,.$$

Wir können ohne Beschränkung der Allgemeinheit die reelle Verschiebungskonstante a_1 gleich Null setzen (sie bestimmt den aus $-R$ hervorgehenden Schlitzendpunkt) und erhalten:

$$z - a_2 = b\,\frac{\wp(i\pi) - \wp(\log\delta) - [\wp(u) - \wp(\log\delta)]}{[\wp(u) - \wp(\log\delta)]\,[\wp(i\pi) - \wp(\log\delta)]}$$

$$= b\,\frac{\wp(i\pi) - \wp(u)}{[\wp(u) - \wp(\log\delta)]\,[\wp(i\pi) - \wp(\log\delta)]}\,,$$

$$z - a_3 = b\,\frac{\wp(\log\varrho + i\pi) - \wp(\log\delta) - [\wp(u) - \wp(\log\delta)]}{[\wp(u) - \wp(\log\delta)]\,[\wp(\log\varrho + i\pi) - \wp(\log\delta)]} =$$

$$= b\,\frac{\wp(\log\varrho + i\pi) - \wp(u)}{[\wp(u) - \wp(\log\delta)]\,[\wp(\log\varrho + i\pi) - \wp(\log\delta)]}\,,$$

$$z - a_4 = b\,\frac{\wp(\log\varrho) - \wp(\log\delta) - [\wp(u) - \wp(\log\delta)]}{[\wp(u) - \wp(\log\delta)]\,[\wp(\log\varrho) - \wp(\log\delta)]} =$$

$$= b\,\frac{\wp(\log\varrho) - \wp(u)}{[\wp(u) - \wp(\log\delta)]\,[\wp(\log\varrho) - \wp(\log\delta)]}\,;$$

demnach

$$\sqrt{(z-a_1)(z-a_2)(z-a_3)(z-a_4)} = \frac{b^2}{[\wp(u) - \wp(\log\delta)]^2}\,.$$

$$\sqrt{\frac{[\wp(i\pi) - \wp(u)]\,[\wp(\log\varrho + i\pi) - \wp(u)]\,[\wp(\log\varrho) - \wp(u)]}{[\wp(i\pi) - \wp(\log\delta)]\,[\wp(\log\varrho + i\pi) - \wp(\log\delta)]\,[\wp(\log\varrho) - \wp(\log\delta)]}} =$$

$$= \frac{b^2}{[\wp(u) - \wp(\log\delta)]^2}\,\frac{\wp'(u)}{\wp'(\log\delta)}$$

infolge der Differentialgleichung (12) der $\wp$-Funktion. Demnach ergibt sich

$$S(z) = \tilde{S}(u) = \frac{c\cos\alpha\, b}{\wp(u) - \wp(\log\delta)}$$

$$+ i\int \frac{\left(\frac{c\sin\alpha\, b^2}{[\wp(u) - \wp(\log\delta)]^2} + \frac{b\gamma_1}{\wp(u) - \wp(\log\delta)} + \gamma_2\right)[\wp(u) - \wp(\log\delta)]^2\,\wp'(\log\delta)(-b)\wp'(u)}{b^2\,\wp'(u)\,[\wp(u) - \wp(\log\delta)]^2}\,du,$$

$$S(z) = \tilde{S}(u) = \frac{b\,c\cos\alpha}{\wp(u) - \wp(\log\delta)}$$

$$+ i\int\left(\frac{-bc\sin\alpha\,\wp'(\log\delta)}{[\wp(u) - \wp(\log\delta)]^2} - \frac{\gamma_1\,\wp'(\log\delta)}{\wp(u) - \wp(\log\delta)}\right)du - i\,\frac{\gamma_2\,\wp'(\log\delta)}{b}\,u\,. \quad (110)$$

Zur Berechnung des Integrals bemerken wir:

1) Die Funktion $\dfrac{-bc\sin\alpha\,\wp'(\log\delta)}{[\wp(u) - \wp(\log\delta)]^2}$ hat bei $u = \log\delta$ und bei $u = -\log\delta$ je einen Pol II. Ordnung. Entwicklung der $\wp$-Funktion bei $u = \log\delta$:

$$\wp(u) = \wp(\log\delta) + \wp'(\log\delta)(u - \log\delta) + c_2(u - \log\delta)^2 + \cdots \quad (111\,\mathrm{a})$$

bei $u = -\log\delta$:

$$\wp(u) = \wp(\log\delta) - \wp'(\log\delta)(u + \log\delta) + c_2'(u + \log\delta)^2 + \cdots, \quad (111\,\mathrm{b})$$

demnach Hauptteil

bei $u = \log\delta$: $\qquad \dfrac{-bc\sin\alpha\,\wp'(\log\delta)}{[\wp'(\log\delta)]^2\,(u - \log\delta)^2}\,,$

bei $u = -\log\delta$: $\qquad \dfrac{-bc\sin\alpha\,\wp'(\log\delta)}{[\wp'(\log\delta)]^2\,(u + \log\delta)^2}\,.$

Aus diesen Hauptteilen können wir die elliptische Funktion additiv aufbauen bis auf eine additive Konstante; diese Konstante muß so gewählt werden, daß das Verschwinden der darzustellenden Funktion bei $u = 0$ berücksichtigt wird. Wir erhalten

$$\frac{-bc\sin\alpha\,\wp'(\log\delta)}{[\wp(u)-\wp(\log\delta)]^2}=\frac{-bc\sin\alpha}{\wp'(\log\delta)}[\wp(u-\log\delta)+\wp(u+\log\delta)]+\frac{2\,bc\sin\alpha\,\wp(\log\delta)}{\wp'(\log\delta)}, \tag{112a}$$

und Integration dieses Bestandteils liefert

$$\frac{bc\sin\alpha}{\wp'(\log\delta)}\,[\zeta(u-\log\delta)+\zeta(u+\log\delta)]+\frac{2\,bc\sin\alpha\,\wp(\log\delta)}{\wp'(\log\delta)}\,u\,. \tag{112b}$$

2) Die Funktion $\dfrac{-\gamma_1\,\wp'(\log\delta)}{\wp(u)-\wp(\log\delta)}$ hat auf Grund der bei $u=\log\delta$ bzw. $u=-\log\delta$ vorhandenen Potenzreihenentwicklungen (111a, 111b) einen Pol I. Ordnung an jeder dieser Stellen; demnach liegen folgende Hauptteile vor:

$$\text{bei } u=\log\delta:\ \frac{-\gamma_1}{u-\log\delta}\,,$$

$$\text{bei } u=-\log\delta:\ \frac{\gamma_1}{u+\log\delta}\,.$$

Aus diesen Hauptteilen können wir die betrachtete elliptische Funktion additiv aufbauen bis auf eine Konstante; diese müssen wir so wählen, daß das Verschwinden der darzustellenden Funktion bei $u=0$ berücksichtigt wird. Wir erhalten

$$\frac{-\gamma_1\,\wp'(\log\delta)}{\wp(u)-\wp(\log\delta)}=-\gamma_1\,[\zeta(u-\log\delta)-\zeta(u+\log\delta)]-2\,\gamma_1\,\zeta(\log\delta) \tag{113a}$$

und nach Integration dieses Bestandteiles

$$-\gamma_1\,[\log\sigma(u-\log\delta)-\log\sigma(u+\log\delta)]-2\,\gamma_1\,\zeta(\log\delta)\,u$$
$$=-\gamma_1\log\frac{\sigma(u-\log\delta)}{\sigma(u+\log\delta)}-2\,\gamma_1\,\zeta(\log\delta)\,u\,. \tag{113b}$$

Für $S(z)=\tilde{S}(u)$ (110) ergibt sich jetzt folgender Ausdruck:

$$S(z)=\tilde{S}(u)=\frac{bc\cos\alpha}{\wp(u)-\wp(\log\delta)}+i\,\frac{bc\sin\alpha}{\wp'(\log\delta)}\,[\zeta(u-\log\delta)+\zeta(u+\log\delta)]$$
$$-i\,\gamma_1\log\frac{\sigma(u-\log\delta)}{\sigma(u+\log\delta)}+$$
$$+\,i\left[\frac{2\,bc\sin\alpha\,\wp(\log\delta)}{\wp'(\log\delta)}-2\gamma_1\zeta(\log\delta)-\frac{\gamma_2\wp'(\log\delta)}{b}\right]u\,. \tag{114}$$

Wir können dieses Integrationsresultat noch etwas umformen unter Berücksichtigung der Tatsache, daß nach den Bemerkungen (111 a), (111 b), (113 a) die Darstellung möglich ist

$$\frac{bc\cos\alpha}{\wp(u)-\wp(\log\delta)}=\frac{bc\cos\alpha}{\wp'(\log\delta)}\,[\zeta(u-\log\delta)-\zeta(u+\log\delta)]+$$
$$+\frac{bc\cos\alpha}{\wp'(\log\delta)}\,2\,\zeta(\log\delta)\,. \tag{115}$$

Wir erhalten

$$S(z) = \tilde{S}(u) = \frac{bc(\cos\alpha + i\sin\alpha)}{\wp'(\log\delta)}\,\zeta(u - \log\delta) - $$

$$- \frac{bc(\cos\alpha - i\sin\alpha)}{\wp'(\log\delta)}\,\zeta(u + \log\delta) \quad (116)$$

$$- i\,\gamma_1 \log\frac{\sigma(u - \log\delta)}{\sigma(u + \log\delta)} +$$

$$+ i\left[\frac{2\,bc\sin\alpha\,\wp(\log\delta)}{\wp'(\log\delta)} - 2\,\gamma_1\,\zeta(\log\delta) - \frac{\gamma_2}{l_2 - l_1}\right] u\ ^{1)}$$

bis auf eine belanglose additive Konstante[2]). Die allgemeinste, um unser Zweikreiseprofil erfolgende Potentialströmung, die aus dem Unendlichen unter dem Winkel α gegen die Richtung der Achse des negativ Reellen mit der Geschwindigkeit c kommt, ist also durch den obigen Ausdruck gegeben:

$$S(z) = \tilde{S}(u) = \tilde{S}(u(Z)) = \hat{S}(Z)\,,\ \text{wobei}\ u = \log\left(\frac{R + l_2}{R + l_1}\,\frac{Z - l_1}{Z - l_2}\right),$$

$b = (l_2 - l_1)\,\wp'(\log\delta)$ [3]), und das den Funktionen $\wp$, ζ, σ zugrunde liegende Fundamentalrechteck durch $\log\left(\frac{R + l_2}{R + l_1}\,\frac{m + r - l_1}{m + r - l_2}\right)$, $i\pi$ als Halbperioden gegeben ist [4]).

0. Elliptische Integrale.

Unter elliptischen Integralen verstehen wir zunächst Integrale der Form

$$\int \Re\left(s, \sqrt{4(s - e_1)(s - e_2)(s - e_3)}\right) ds,$$

also Funktionen von s, deren Ableitung stets eine Funktion des Funktionenkörpers

$$\Re\left(s, \sqrt{4(s - e_1)(s - e_2)(s - e_3)}\right) = \Re_1(s) + \Re_2(s)\sqrt{4(s - e_1)(s - e_2)(s - e_3)}$$

unserer zweiblättrigen Riemannschen Fläche (e_1, e_2, e_3, ∞) ist.

Wir wollen, bevor wir zum oben (S. 90) genannten Umkehrproblem kommen, stets voraussetzen, daß wir es mit einer aus einem Parallelogramm $2\,\omega$, $2\,\omega'$ erzeugten Riemannschen Fläche e_1, e_2, e_3, ∞ zu tun haben[5]). Alle Funktionen der zweiblättrigen Riemannschen Fläche $\Re_1(s) + \Re_2(s)\sqrt{4(s - e_1)(s - e_2)(s - e_3)}$ werden durch

---

[1]) s. (81).

[2]) Für das Geschwindigkeitsfeld $\mathfrak{B}(z) = -\frac{dS(z)}{dz}$ ist diese Konstante belanglos.

[3]) s. (77), (78), (81).

[4]) s. (82).

[5]) Auf den Seiten 112, 120 wird der Beweis erbracht, daß diese Voraussetzung immer erfüllt ist.

$$z = \int_{\infty}^{s} \frac{ds}{\sqrt{4(s-e_1)(s-e_2)(s-e_3)}}$$

in Funktionen der Parallelogrammebene übergeführt:

$$\left.\begin{aligned} & s = \wp(z) \\ & \Re_1(s) + \Re_2(s)\sqrt{4(s-e_1)(s-e_2)(s-e_3)} = \Re_1(\wp(z)) + \\ & \quad + \Re_2(\wp(z))\,\wp'(z) = \varphi(z) \end{aligned}\right\} \text{elliptische Funktionen (S. 90).}$$

28. Funktionen auf der zweiblättrigen Riemannschen Fläche (e_1, e_2, e_3, ∞).

Können wir für Funktionen der zweiblättrigen Riemannschen Fläche Hauptteile vorgeben?

a. Pol an einer gewöhnlichen Stelle s_0. Wir müssen dazu sagen, ob wir das obere oder das untere Blatt meinen[1]). Die Entwicklung bei s_0 sei dem Hauptteil nach vorgegeben:

$$\frac{c_{-k}}{(s-s_0)^k} + \frac{c_{-(k-1)}}{(s-s_0)^{k-1}} + \cdots + \frac{c_{-1}}{s-s_0} + c_0 + c_1(s-s_0) + c_2(s-s_0)^2 + \cdots. \quad (117)$$

Die Größe $\frac{1}{\sqrt{4(s-e_1)(s-e_2)(s-e_3)}}$ ist an einer gewöhnlichen Stelle s_0 eine reguläre Funktion, also in einer Potenzreihe $\mathfrak{P}(s-s_0)$ entwickelbar. Nach Integration finden wir

$z = \gamma_0 + \gamma_1(s-s_0) + \gamma_2(s-s_0)^2 + \cdots$, $\gamma_0 = z(s_0) = z_0$; demnach

$$\left.\begin{aligned} & z - z_0 = \gamma_1(s-s_0) + \gamma_2(s-s_0)^2 + \cdots \text{ oder nach Reihenumkehrung}^{2)} \\ & s - s_0 = \frac{1}{\gamma_1}(z-z_0) + \gamma_2'(z-z_0)^2 + \cdots. \end{aligned}\right\} (117\text{a})$$

Aus der im Hauptteil vorgegebenen Potenz $\frac{1}{(s-s_0)^k}$ wird also:

$$\begin{aligned} \frac{1}{(s-s_0)^k} &= \frac{1}{(z-z_0)^k\left[\frac{1}{\gamma_1} + \gamma_2'(z-z_0) + \gamma_3'(z-z_0)^2 + \cdots\right]^k} \\ &= \frac{1}{(z-z_0)^k}\left[\Gamma_0 + \Gamma_1(z-z_0) + \Gamma_2(z-z_0)^2 + \cdots\right] \\ &= \frac{\Gamma_0}{(z-z_0)^k} + \frac{\Gamma_1}{(z-z_0)^{k-1}} + \cdots + \Gamma_k + \Gamma_{k+1}(z-z_0) + \cdots. \end{aligned}$$

---

[1]) $s_0 \neq e_1, \neq e_2, \neq e_3, \neq \infty$.

[2]) Wir bedenken: $\left(\frac{ds}{dz}\right) = \frac{1}{\frac{dz}{ds}}$, also $\left.\frac{ds}{dz}\right|_{z=z_0} = \frac{1}{\left.\frac{dz}{ds}\right|_{s=s_0}} = \frac{1}{\gamma_1}$.

Wir bekommen daher bei vorgegebenem Hauptteil in s jetzt in z einen Hauptteil

$$\frac{C_{-k}}{(z-z_0)^k}+\frac{C_{-(k-1)}}{(z-z_0)^{k-1}}+\cdots+\frac{C_{-1}}{z-z_0}+C_0+C_1(z-z_0)+C_2(z-z_0)^2+\cdots. \quad (118)$$

Diese Hauptteilumwandlungen denken wir uns für alle Stellen gemacht, an denen Hauptteile vorgeschrieben sind. Nach dieser Umwandlung (Übertragung in die z-Ebene) muß sein: $\Sigma C_{-1}=0$, weil sich unsere gesuchte Funktion als elliptische Funktion erweisen muß (S. 14, Satz 3). Auf unserer Riemannschen Fläche gibt es also sicher keine Funktion mit nur einem Pol I. Ordnung. Wir können jetzt nach (29) verfahren.

b. Beispiel für einen Pol im Unendlichen. Wir suchen alle Funktionen, die im Unendlichen von zweiter Ordnung unendlich werden; wir können nach Einführung der lokalen Hilfsveränderlichen $\frac{1}{\sqrt{s}}$ die im Unendlichen dem Hauptteil nach vorgegebene Entwicklung schreiben:

$$\frac{a_{-2}}{\left(\frac{1}{\sqrt{s}}\right)^2}+\frac{a_{-1}}{\frac{1}{\sqrt{s}}}+a_0+a_1\frac{1}{\sqrt{s}}+a_2\left(\frac{1}{\sqrt{s}}\right)^2+a_3\left(\frac{1}{\sqrt{s}}\right)^3+\cdots$$

$$=a_{-2}\,s+a_{-1}\sqrt{s}+\mathfrak{P}\left(\frac{1}{\sqrt{s}}\right). \quad (119)$$

Wir müssen diesen Hauptteil in z schreiben. Es ist

$$\frac{1}{\sqrt{4\,(s-e_1)\,(s-e_2)\,(s-e_3)}}=\frac{1}{2}\,\frac{1}{\sqrt{s^3\left(1-\frac{e_1}{s}\right)\left(1-\frac{e_2}{s}\right)\left(1-\frac{e_3}{s}\right)}}$$

$$=\frac{1}{2}\,\frac{1}{\sqrt{s^3}}\left(1-\frac{e_1}{s}\right)^{-\frac{1}{2}}\left(1-\frac{e_2}{s}\right)^{-\frac{1}{2}}\left(1-\frac{e_3}{s}\right)^{-\frac{1}{2}}.$$

Für $|s|>|e_1|$, $|s|>|e_2|$, $|s|>|e_3|$, also im Äußeren desjenigen Kreises um 0, der durch den am weitesten entfernten e-Punkt geht, erhalten wir

$$\frac{1}{\sqrt{4(s-e_1)(s-e_2)(s-e_3)}}=\frac{1}{2}\,\frac{1}{\sqrt{s^3}}\left(1+\frac{1}{2}\,\frac{e_1}{s}+\frac{c_2}{s^2}+\cdots\right)$$

$$\left(1+\frac{1}{2}\,\frac{e_2}{s}+\frac{c_2'}{s^2}+\cdots\right)\left(1+\frac{1}{2}\,\frac{e_3}{s}+\frac{c_2''}{s^2}+\cdots\right)$$

$$=\frac{1}{2}\,\frac{1}{\sqrt{s^3}}\left[1+\frac{1}{2}(e_1+e_2+e_3)\frac{1}{s}+\frac{\gamma_2}{s^2}+\frac{\gamma_3}{s^3}+\cdots\right]^{1)}$$

$$=\frac{1}{2}\,\frac{1}{\sqrt{s^3}}\left(1+\frac{\gamma_2}{s^2}+\frac{\gamma_3}{s^3}+\cdots\right),$$

[1]) $e_1+e_2+e_3=0$ [(13)].

$$\frac{1}{\sqrt{4(s-e_1)(s-e_2)(s-e_3)}} = \frac{1}{2}\left(\frac{1}{\sqrt{s}}\right)^3 + \frac{1}{2}\gamma_2\left(\frac{1}{\sqrt{s}}\right)^7 + \frac{1}{2}\gamma_3\left(\frac{1}{\sqrt{s}}\right)^9 + \cdots, \tag{120}$$

demnach

$$\int \frac{ds}{\sqrt{4(s-e_1)(s-e_2)(s-e_3)}} = C - \frac{1}{\sqrt{s}} + \frac{c_2^*}{\sqrt{s^5}} + \frac{c_3^*}{\sqrt{s^7}} = \mathfrak{P}\left(\frac{1}{\sqrt{s}}\right). \tag{121 a}$$

Diese Größe strebt für $s \to \infty$ gegen den Wert C, also

$$z = \int\limits_{\infty}^{s} \frac{ds}{\sqrt{4(s-e_1)(s-e_2)(s-e_3)}} = -\frac{1}{\sqrt{s}} + \frac{c_2^*}{\sqrt{s^5}} + \frac{c_3^*}{\sqrt{s^7}} + \cdots. \tag{121 b}$$

Wir schreiben:

$$z = \frac{1}{\sqrt{s}}\left(-1 + \frac{c_2}{s^2} + \frac{c_3}{s^3} + \cdots\right),$$

$$z^2 = \frac{1}{s}\left(1 + \frac{d_2}{s^2} + \frac{d_3}{s^3} + \cdots\right),$$

und wenn wir im Augenblick einmal $\frac{1}{s} = \zeta$ setzen:

$$z^2 = \zeta(1 + d_2\zeta^2 + d_3\zeta^3 + \cdots)$$

$$\zeta = \frac{z^2}{1 + d_2\zeta^2 + d_3\zeta^3 + \cdots} = \frac{z^2}{1 + d_2\dfrac{z^4}{(1 + d_2\zeta^2 + d_3\zeta^3 + \cdots)^2} + \cdots}$$

$$= \frac{z^2}{1 + d_2 z^4(1 + D_2\zeta^2 + D_3\zeta^3 + \cdots)} = z^2(1 + D_2' z^4 + \cdots); \text{ also}$$

$$\frac{1}{s} = z^2 + f_6 z^6 + \cdots, \text{ demnach}$$

$$s = \frac{1}{z^2(1 + f_6 z^4 + \cdots)} = \frac{1}{z^2}(1 + f_6' z^4 + \cdots) = \frac{1}{z^2} + f_6' z^2 + \cdots, \tag{122}$$

wie wir es bei der Entwicklung von $\wp(z)$ kennen [(6)].

Aus unserer Hauptteilentwicklung im Unendlichen

$$a_{-2}s + a_{-1}\sqrt{s} + \mathfrak{P}\left(\frac{1}{\sqrt{s}}\right) \quad [(119)]$$

erhalten wir nach Einsetzen der Entwicklung für s:

$$a_{-2}\frac{1}{z^2} + \text{reg}(z) + a_{-1}\frac{1}{z}(1 + f_6'' z^4 + \cdots) + \text{reg.}(z);$$

das Residuum a_{-1} muß gleich Null sein (S. 14, Satz 3), also bleibt:

$$\frac{a_{-2}}{z^2} + \text{reg.}(z). \tag{123}$$

Die elliptische Funktion mit diesem Hauptteil ist

$$a_{-2}\,\wp(z) + konst.\,, \tag{124}$$

demnach lautet die gesuchte Funktion in der s-Ebene $a_{-2}\, s + Konst.$[1]).

c. Beispiel für einen Pol λ-ter Ordnung bei e_1 (oder e_2, oder e_3). Nach Einführung der lokalen Hilfsveränderlichen $\sqrt{s-e_1}$ können wir die dem Hauptteil nach vorgegebene Entwicklung schreiben:

$$\frac{c_{-\lambda}}{\sqrt{s-e_1}^{\lambda}} + \frac{c_{-(\lambda-1)}}{\sqrt{s-e_1}^{\lambda-1}} + \cdots + \frac{c_{-1}}{\sqrt{s-e_1}} + c_0 + c_1\sqrt{s-e_1} + c_2\sqrt{s-e_1}^{2}. \tag{125}$$

Wir müssen diesen Hauptteil wieder in z schreiben.

Es ist folgende Entwicklung möglich:

$$\frac{1}{\sqrt{4(s-e_1)(s-e_2)(s-e_3)}} = \frac{1}{2}\frac{1}{\sqrt{s-e_1}}(\gamma_0 + \gamma_1(s-e_1) + \gamma_2(s-e_1)^2 + \cdots),$$

mit $\gamma_0 \neq 0$, also

$$\frac{1}{\sqrt{4(s-e_1)(s-e_2)(s-e_3)}} = \frac{\gamma_0}{2\sqrt{s-e_1}} + \frac{\gamma_1}{2}\sqrt{s-e_1} + \frac{\gamma_2}{2}\sqrt{s-e_1}^{3} + \cdots, \tag{126}$$

demnach

$$z = \int \frac{ds}{\sqrt{4(s-e_1)(s-e_2)(s-e_3)}} = C_0 + \gamma_0\sqrt{s-e_1} + \frac{\gamma_1}{3}\sqrt{s-e_1}^{3} + \cdots. \tag{127}$$

Da für $s = e_1$, $z = C_0 = z_1$, schreiben wir:

$$z - z_1 = \gamma_0\sqrt{s-e_1} + \frac{\gamma_1}{3}\sqrt{s-e_1}^{3} + \cdots \tag{128}$$

und erhalten als Umkehrung

$$\sqrt{s-e_1} = \frac{1}{\gamma_0}(z-z_1) + \gamma_2'(z-z_1)^3 + \cdots = \frac{1}{\gamma_0}(z-z_1)\,[1 + \Gamma_2(z-z_1)^2 + \cdots]$$

$$s - e_1 = \frac{1}{\gamma_0^2}(z-z_1)^2\,[1 + \Gamma_2'(z-z_1)^2 + \cdots]$$

$$s - e_1 = \frac{1}{\gamma_0^2}(z-z_1)^2 + \delta_2(z-z_1)^4 + \cdots \tag{129}$$

(wie wir es bei der Entwicklung von $\wp(z)$ kennen: [10a)], $\wp(\omega) = e_1$, $z_1 = \omega$). In die vorgegebene Hauptteilentwicklung (125) ist die Entwicklung für $\sqrt{s-e_1}$ einzusetzen; insbesondere ergibt sich

$$\frac{c_{-\lambda}}{\sqrt{s-e_1}^{\lambda}} = \frac{c_{-\lambda}}{\frac{1}{\gamma_0^{\lambda}}(z-z_1)^{\lambda}[1+\Gamma_2(z-z_1)^2+\cdots]^{\lambda}} = \frac{c_{-\lambda}}{\frac{1}{\gamma_0^{\lambda}}(z-z_1)^{\lambda}}[1+\Gamma_2''(z-z_1)+\cdots]$$

$$\frac{c_{-\lambda}}{\sqrt{s-e_1}^{\lambda}} = \frac{C_{-\lambda}}{(z-z_1)^{\lambda}} + \frac{C_{-(\lambda-1)}}{(z-z_1)^{\lambda-1}} + \cdots + \frac{C_{-1}}{z-z_1} + C_0 + C_1(z-z_1) + \cdots,$$

[1]) S. Unitätssatz S. 18.

demnach liefert der vorgegebene Hauptteil an der Stelle e_1 einen entsprechenden Hauptteil λ-ter Ordnung an der Stelle $z_1 = \omega$. Ist nur diese eine Polstelle gegeben, so muß das nach Übertragung in die z-Ebene sich ergebende Residuum gleich Null sein. Sind noch andere Hauptteile gegeben, so muß $\sum C_{-1}$ verschwinden. Wir können jetzt (29) zur Anwendung bringen.

d. Einige spezielle Funktionen. I. Alle Funktionen der zweiblättrigen Riemannschen Fläche, die an der Stelle s_0, $\sqrt{4(s_0-e_1)(s_0-e_2)(s_0-e_3)}$ von II. Ordnung unendlich werden[1]). Die Stelle s_0, $\sqrt{4(s_0-e_1)(s_0-e_2)(s_0-e_3)}$ wird durch $\wp(z) = s$ (bzw. die Umkehrfunktion) in eine Stelle z_0 des Fundamentalparallelogramms übergeführt:

$\wp(z_0) = s_0$, $\wp'(z_0) = \sqrt{4(s_0-e_1)(s_0-e_2)(s_0-e_3)} = \sqrt{S_0}$ (Bezeichnungsweise). Bei z_0 muß ein Pol II. Ordnung vorliegen; ein Glied, das von I. Ordnung unendlich wird, darf nicht vorkommen, weil das Residuum Null sein muß. Demnach heißt die verlangte Funktion

$$C\,\wp(z-z_0) + C' = C\,R\big(\wp(z), \wp'(z);\ \wp(z_0), \wp'(z_0)\big) + C'\ ^{2)}$$
$$= C\,R(s, \sqrt{S}; s_0, \sqrt{S_0}) + C' .$$

II. Alle Funktionen, die an zwei Stellen von erster Ordnung unendlich werden: s_0, $\sqrt{S_0}$ und s_1, $\sqrt{S_1}$ seien die Polstellen; wir schreiben also die Hauptteile vor

$$\frac{a_{-1}}{s-s_0} \text{ und } \frac{b_{-1}}{s-s_1}.$$ Übertragung in die z-Ebene liefert (s. 117 a)

$$\frac{a_{-1}}{C_1(z-z_0)} + \frac{b_{-1}}{C_1'(z-z_1)} + \text{reg. } (z)$$
$$\frac{a_{-1}}{\sqrt{S_0}(z-z_0)} + \frac{b_{-1}}{\sqrt{S_1}(z-z_1)} + \text{reg. } (z)\ ^{3)};$$

dabei muß die Residuensumme gleich Null sein, d. h.

$$\frac{a_{-1}}{\sqrt{S_0}} + \frac{b_{-1}}{\sqrt{S_1}} = 0 .$$

Unsere Funktion muß sein:

$$\frac{a_{-1}}{\sqrt{S_0}}[\zeta(z-z_0) - \zeta(z-z_1)] + C' \quad [(28)] .$$

---

[1]) Durch Angabe des Vorzeichens der Quadratwurzel ist das Blatt, in dem die Stelle s_0 liegt, charakterisiert (etwa Grundblatt + Zeichen, zweites Blatt — Zeichen).

[2]) Darstellung nach dem Additionstheorem (59).

[3]) Nach (117 a) ist: $s - s_0 = C_1(z-z_0) + C_2(z-z_0)^2 + \ldots$;

$$C_1 = \frac{ds}{dz}\bigg|_{z=z_0} = \wp'(z)\bigg|_{z=z_0} = \wp'(z_0) = \sqrt{S_0} \quad \text{(s. auch S. 23)}.$$

Wir bilden $\zeta(z-z_0)-\zeta(z)-[\zeta(z-z_1)-\zeta(z)]$ und bedenken, daß das Additionstheorem gilt

$$\zeta(z+v)=\zeta(z)+\zeta(v)+\frac{1}{2}\,\frac{\wp'(z)-\wp'(v)}{\wp(z)-\wp(v)}\,;\text{ also}$$

$$\zeta(z-z_0)-\zeta(z)=-\zeta(z_0)+\frac{1}{2}\,\frac{\wp'(z)+\wp'(z_0)}{\wp(z)-\wp(z_0)}=-\zeta(z_0)+\frac{1}{2}\,\frac{\sqrt{S}+\sqrt{S_0}}{s-s_0}\text{ und}$$

$$\zeta(z-z_1)-\zeta(z)=-\zeta(z_1)+\frac{1}{2}\,\frac{\wp'(z)+\wp'(z_1)}{\wp(z)-\wp(z_1)}=-\zeta(z_1)+\frac{1}{2}\,\frac{\sqrt{S}+\sqrt{S_1}}{s-s_1}\,;$$

unsere Funktion heißt demnach:

$$+\frac{1}{2}\,\frac{a_{-1}}{\sqrt{S_0}}\left(\frac{\sqrt{S}+\sqrt{S_0}}{s-s_0}-\frac{\sqrt{S}+\sqrt{S_1}}{s-s_1}\right)+C_2\,.$$

e. Multiplikativer Aufbau. Nach dem additiven Aufbau wollen wir jetzt den multiplikativen Aufbau der Funktionen $R(s,\sqrt{S})$ betrachten.

Gegeben sind jetzt Null- und Unendlichkeitsstellen auf der Riemannschen Fläche mit Vielfachheiten. Beim Übergang in die z-Ebene kommt das gleiche Verschwinden bzw. das gleiche Unendlichwerden heraus. In der z-Ebene beherrschen wir den multiplikativen Aufbau. Die Bedingungen dabei sind:

1) $\Sigma k_\nu=\Sigma\lambda_\mu$, 2) $\Sigma a_\nu k_\nu\equiv\Sigma b_\mu\lambda_\mu\,(\text{mod. } 2\tilde{\omega}=\text{m}\,2\omega+\text{m}'\,2\omega')$; [S. 30; (30)].

Auf der Riemannschen Fläche:

Nullstellen bei s_ν, $\sqrt{S_\nu}=w_\nu$ von der Ordnung k_ν und Unendlichkeitsstellen bei s'_μ, $\sqrt{S'_\mu}=w'_\mu$ von der Ordnung λ_μ. Die Bedingung 1) bleibt wörtlich dieselbe; die Bedingung 2) müssen wir entsprechend umschreiben; es ist

$$a_\nu=\int_\infty^{s_\nu,\sqrt{S_\nu}}\frac{ds}{\sqrt{S}},\quad b_\mu=\int_\infty^{s'_\mu,\sqrt{S'_\mu}}\frac{ds}{\sqrt{S}}\text{[1]},$$

also nach Bedingung 2):

$$\sum k_\nu\int_\infty^{s_\nu,\sqrt{S_\nu}}\frac{ds}{\sqrt{S}}\equiv\sum\lambda_\mu\int_\infty^{s'_\mu,\sqrt{S'_\mu}}\frac{ds}{\sqrt{S}}\left(\text{mod. } 2\tilde{\omega}=m\,2\int_\infty^{e_1}\frac{ds}{\sqrt{S}}+m'\,2\int_\infty^{e_3}\frac{ds}{\sqrt{S}}\right)\text{[2]}.$$

Falls alle $k_\nu=1$, und alle $\lambda_\mu=1$, haben wir $\Sigma\{a_\nu-b_\mu\}=0\,(\text{mod. } 2\tilde{\omega})$, also

$$\sum\left\{\int_\infty^{s_\nu,w_\nu}\frac{ds}{\sqrt{S}}-\int_\infty^{s'_\mu,w'_\mu}\frac{ds}{\sqrt{S}}\right\}\equiv 0\,;\text{ oder: }\sum\int_{s'_\mu,w'_\mu}^{s_\nu,w_\nu}\frac{ds}{\sqrt{S}}\equiv 0\text{ (Abelsches Theorem).}\quad(130)$$

[1]) Nach (92). [2]) Nach (11).

29. Elliptische Integrale und ihre Klassifikation.

Wir wollen nun die elliptischen Integrale $\int \mathfrak{R}(s, \sqrt{S})\, ds$ betrachten. $\mathfrak{R}(s, \sqrt{S})$ stellt den zur Riemannschen Fläche (e_1, e_2, e_3, ∞) gehörenden Funktionskörper dar. Die Riemannsche Fläche sei mittels konformer Abbildung durch $\wp(z; 2\omega, 2\omega')$ aus dem Parallelogramm 2ω, $2\omega'$ entstanden[1]).

Wir können schreiben

$$\int \mathfrak{R}(s,\sqrt{S})\, ds = \int [\mathfrak{R}_1(s) + \mathfrak{R}_2(s)\sqrt{S}]\, ds = \int \mathfrak{R}_1(s)\, ds + \int \mathfrak{R}_2(s)\sqrt{S}\, ds$$
$$= \int \mathfrak{R}_1(s)\, ds + \int \mathfrak{R}_2(s) S \frac{ds}{\sqrt{S}} = \int \mathfrak{R}_1(s)\, ds + \int \mathfrak{R}_3(s) \frac{ds}{\sqrt{S}}\,{}^{2)}.$$

Das Integral einer rationalen Funktion bietet nichts Neues, demnach ist das letzte Integral der eigentliche Typ eines elliptischen Integrals:

$$J(s,\sqrt{S}) = \int \mathfrak{R}(s) \frac{ds}{\sqrt{S}}. \tag{131}$$

a. Elliptische Integrale I. Art. Elliptische Integrale I. Art sind elliptische Integrale, die sich überall endlich verhalten, die also keine Unstetigkeiten haben. Ihre lokale Reihenentwicklung heißt entweder: $z - z_0 = \mathfrak{P}(s - s_0)$ bei gewöhnlicher Stelle, oder $z = \mathfrak{P}\left(\frac{1}{\sqrt{S}}\right)$ im Unendlichen oder $z - z_1 = \mathfrak{P}(\sqrt{s - e_1})$ bei einem Windungspunkt (e_1 oder e_2 oder e_3)[3]). Wir können nur von überall endlichem Verhalten, nicht von überall regulärem Verhalten sprechen, denn ein Verzweigungsverhalten muß über der s-Ebene an den Stellen e_1, e_2, e_3, ∞ kommen[4]).

Das Integral $\int\limits_{\infty}^{s} \frac{ds}{\sqrt{S}}$ ist uns demnach als ein elliptisches Integral I. Art bereits bekannt, es ist ja überall endlich, einmal können wir das aus der Tatsache erkennen, daß die Riemannsche Fläche laut Voraussetzung aus dem Fundamentalparallelogramm durch konforme Abbildung mittels der $\wp$-Funktion entstanden ist[5]), also rückwärts wieder auf dieses übertragen werden muß durch das elliptische Integral; wir haben aber auch — ohne von dieser Tatsache Gebrauch zu machen — die lokale Entwicklung des Integrals — lediglich unter der einschränkenden Voraussetzung $e_1 + e_2 + e_3 = 0$ —

[1]) Auf den Seiten 112, 117 wird der Beweis erbracht, daß diese Voraussetzung immer erfüllt ist.

[2]) S. S. 89.

[3]) Ausdrucksweise für das geforderte Endlichbleiben.

[4]) Sonst in der vollen Ebene eindeutig und endlich (regulär), demnach eine Konstante (s. Schlußweise auf S. 13).

[5]) Auf den Seiten 112, 117 wird der Beweis erbracht, daß diese Voraussetzung immer erfüllt ist.

untersucht und die oben angegebenen Entwicklungstypen gefunden (117a), (121b), (128). Diese Entwicklungen zeigen: das elliptische Integral $\int\limits_{\infty}^{s} \frac{ds}{\sqrt{S}}$ hat überall den Charakter einer algebraischen Funktion, ohne eine algebraische Funktion zu sein; denn die Abbildung der Riemannschen Fläche auf die Parallelogrammebene ist unendlich vieldeutig; alle Parallelogramme des Netzes kommen heraus, weil alle diese Parallelogramme durch die $\wp$-Funktion auf eine solche Riemannsche Fläche abgebildet werden (gemäß der doppelten Periodizität); algebraische Funktionen sind aber endlich vieldeutig.

Herstellung aller elliptischen Integrale I. Art: $J(s, \sqrt{S}) = \int \Re(s) \frac{ds}{\sqrt{S}}$ [(131)] wird nach Übertragung in die z-Ebene das Integral einer elliptischen Funktion $\int \Re(\wp(z))\, dz$. Dieses Integral soll jetzt überall endlich sein, d. h. $\Re(\wp(z))$ ist eine im Fundamentalparallelogramm und damit auch in der ganzen Ebene reguläre elliptische Funktion, also eine Konstante C. Demnach erhalten wir

$$\boxed{J(s, \sqrt{S}) = \int C\, dz = Cz + C' = C \int\limits_{\infty}^{s} \frac{ds}{\sqrt{S}} + C' \text{ [1]}}, \tag{132}$$

also abgesehen von einer ganzen linearen Transformation unser bereits bekanntes Integral

$$\int\limits_{\infty}^{s} \frac{ds}{\sqrt{S}}. \tag{132a}$$

Wir sprechen deshalb von einem einzigen elliptischen Integral I. Art.

Wir können dieses Resultat aber auch ohne Benutzung der Übertragung in die z-Ebene, also ohne von elliptischen Funktionen Gebrauch zu machen, herleiten:

$J(s, \sqrt{S}) = \int \Re(s, \sqrt{S})\, ds$ soll überall endlich sein. Wir kennen den Integrand noch nicht und werden beweisen, daß er die Form $\frac{C}{\sqrt{S}}$ haben muß. Wir betrachten den Integrand auf unserer Riemannschen Fläche. Wo darf diese Funktion unendlich werden? An einer gewöhnlichen Stelle (also $\neq e_1, e_2, e_3, \infty$) jedenfalls nicht, denn $\frac{1}{s - s_0}, \frac{1}{(s - s_0)^2}, \frac{1}{(s - s_0)^3}$ führt bei Integration zu einer logarithmischen Unstetigkeit bzw. zu einem Pol. Wie steht es mit dieser Frage im Hinblick auf die Stellen e_1, e_2, e_3? Es dürfen Entwicklungsglieder mit der (-1)ten Potenz vorkommen, denn

[1]) s. (92).

$\frac{1}{\sqrt{s-e_1}}$ liefert nach Integration $2\sqrt{s-e_1}$. Glieder der Art $\frac{1}{\sqrt{s-e_1}^m}$ mit $m \geqq 2$ dürfen aber nicht vorkommen, denn nach Integration kommt bei $m = 2$ eine logarithmische Unstetigkeit und bei $m > 2$ eine polartige Unstetigkeit (Verzweigungspol) $\frac{k}{\sqrt{s-e_1}^{m-2}}$. Der Integrand kann also bei e_1, e_2, e_3 nur bis zur I. Ordnung unendlich werden. Im Hinblick auf die Stelle ∞ können wir sagen: Es dürfen keine Glieder der Art $\sqrt{s}^m$ mit $m > 0$ auftreten, denn nach Integration kommt $s^{\frac{m}{2}+1} = \sqrt{s}^{m+2}$, also ein Verzweigungspol bei $s = \infty$. Ein Glied $\frac{1}{\sqrt{s}} = s^{-\frac{1}{2}}$ darf auch nicht vorkommen, denn nach Integration kommt $ks^{\frac{1}{2}} = k\sqrt{s}$. Ein Glied $\left(\frac{1}{\sqrt{s}}\right)^2 = \frac{1}{s}$ darf auch nicht auftreten, denn Integration liefert eine logarithmische Singularität. Ein Glied $\left(\frac{1}{\sqrt{s}}\right)^3 = s^{-\frac{3}{2}}$ darf auftreten, denn nach Integration bekommen wir $ks^{-\frac{1}{2}} = \frac{k}{\sqrt{s}}$. Der Integrand kann also bei e_1, e_2, e_3 nur von I. Ordnung unendlich werden und muß im Unendlichen von mindestens III. Ordnung verschwinden. Dieser Integrand liefert nach Multiplikation mit $\sqrt{4(s-e_1)(s-e_2)(s-e_3)}$ eine durchaus reguläre Größe, ein Unendlichwerden des Integranden wird stets kompensiert. Also: $\Re(s, \sqrt{S})\sqrt{S}$ ist eine durchaus endliche Größe auf der Riemannschen Fläche. Dann muß aber dieser Ausdruck eine Konstante sein, denn an irgendeiner Stelle muß das Maximum des absoluten Betrages angenommen werden; an gewöhnlicher Stelle, regulärer Stelle, kann das nicht eintreten bei einer von einer Konstanten verschiedenen Funktion, und an einer Verzweigungsstelle (Windungspunkt) kann das auch nicht eintreten, denn auch hier herrscht Regularität in bezug auf die lokale Entwicklungsgröße $\sqrt{s-e_1}$ bzw. $\frac{1}{\sqrt{s}}$.

Die Funktion $\Re(s, \sqrt{S})\sqrt{S}$ ist also eine Konstante, d. h. $\Re(s, \sqrt{S}) = \frac{C}{\sqrt{S}}$.

Demnach heißt das elliptische Integral I. Art: $\int C \frac{ds}{\sqrt{S}}$ bis auf eine additive Konstante (wie wir bereits auf Seite 105 gezeigt haben). Wir können den soeben benutzten Gedanken des überall Endlichseins auf der Riemannschen Fläche auch so weiterführen: Die Funktion ist auf der zweiblättrigen Riemannschen Fläche überall endlich und daher beschränkt. Wir nennen die den beiden Blättern der Riemannschen Fläche entsprechenden Zweige Z_1 und Z_2 und können sagen: $Z_1 + Z_2$ ist in der s-Ebene eindeutig und überall regulär, also konstant[1]). Die Zweigdifferenz $Z_1 - Z_2$ scheint zunächst nicht eindeutig in der s-Ebene zu sein, denn bei Übergang von einem Blatt zum anderen Blatt (d. h. bei Rückkehr zur gleichen Stelle in der s-Ebene) erhalten wir $Z_2 - Z_1$ (Vorzeichenwechsel). $(Z_1 - Z_2)^2$ ist dann aber eindeutig in der s-Ebene und überall regulär, weil überall endlich, also konstant; demnach ist aber auch $Z_1 - Z_2$ konstant. Hinzunahme der oben erhaltenen Gleichung $Z_1 + Z_2 =$ konstant führt nach Addition und Subtraktion auf die Feststellungen: $Z_1 =$ konst. und $Z_2 =$ konst. Die Zweige unserer problematischen Funktion sind also konstant, demnach ist die Funktion $\mathfrak{R}(s, \sqrt{S})\sqrt{S}$ eine Konstante (wie oben bereits in anderer Weise gezeigt).

b. Elliptische Integrale II. Art. Elliptische Integrale II. Art sind elliptische Integrale, die zwar nicht überall endlich sind, aber nur Pole als Unstetigkeiten haben.

Die Integrale müssen also überall algebraischen Charakter haben (logarithmische Unstetigkeiten dürfen nicht vorkommen).

Nach Übertragung in die z-Ebene bekommen wir

$$J(s, \sqrt{S}) = \int \mathfrak{R}(s) \frac{\mathrm{d}s}{\sqrt{S}} = \int \mathfrak{R}(\wp(z))\,\mathrm{d}z = \Phi(z)\,, \tag{133}$$

also das Integral einer elliptischen Funktion. $\dfrac{\mathrm{d}\Phi(z)}{\mathrm{d}z} = \mathfrak{R}(\wp(z))$ muß eine elliptische Funktion ohne Hauptteilglieder I. Ordnung sein, weil solche Glieder logarithmische Singularitäten liefern würden.

Dann können wir aber $\dfrac{\mathrm{d}\Phi(z)}{\mathrm{d}z}$ so darstellen:

$$\frac{\mathrm{d}\Phi(z)}{\mathrm{d}z} = \sum_{a_i} \Big\{ C_{(i)}^{(n-2)} \wp^{(n-2)}(z-a_i) + C_{(i)}^{(n-3)} \wp^{(n-3)}(z-a_i) + \cdots + C''_{(i)} \wp''(z-a_i) + $$
$$+ C'_{(i)} \wp'(z-a_i) + C_{(i)} \wp(z-a_i) \Big\} + \textit{Konstante}\ [(21)]. \tag{134}$$

Die Konstante liefert nach Integration: Konstante $z = C \displaystyle\int_{\infty}^{s} \frac{\mathrm{d}s}{\sqrt{S}}$, also das elliptische Integral I. Art. Die in der Klammer $\}\ \{$ stehenden Glieder liefern, abgesehen von den Gliedern $C_{(i)}\wp(z - a_i)$, wieder elliptische Funktionen; aus $\wp'$ wird $\wp$, aus $\wp''$ wird $\wp'$, aus $\wp'''$ wird $\wp''$ usw.; diese Größen lassen sich nach dem Additionstheorem als rationale Funktionen von $\wp(z)$ und $\wp'(z)$ schreiben, [(59), (60); s. auch S. 48], d. h. die Summe dieser Größen hat die Form $\mathfrak{R}(s, \sqrt{S})$. Die dabei ausgenommenen Glieder $C_{(i)}\wp(z - a_i)$ liefern nach Integration $- C_{(i)}\,\zeta(z - a_i)$ [(22)]. Wir können nach dem Additionstheorem der ζ-Funktion (55) schreiben:

[1]) Beim Übergang von einer Stelle des einen Blattes zur entsprechenden Stelle des anderen Blattes tauschen sich die Zweige aus, ihre Summe behält ihren Wert.

$$\zeta(z-a_i) = \zeta(z) - \zeta(a_i) + \frac{1}{2}\,\frac{\wp'(z)+\wp'(a_i)}{\wp(z)-\wp(a_i)} = \zeta(z) + \textit{Konstante} + \Re_i(s\sqrt{S}).$$

Demnach erhalten wir:

$$J(s,\sqrt{S}) = \Phi(z) = -\Sigma C_{(i)}\,\zeta(z) + \textit{Konst.} + \Sigma\,\Re_i(s,\sqrt{S}) + \Re(s,\sqrt{S}) + C\int\limits_{\infty}^{s}\frac{ds}{\sqrt{S}}$$

$$= \zeta(z)\,C_1 + C_2 + \Re(s,\sqrt{S}) + C\int\limits_{\infty}^{s}\frac{ds}{\sqrt{S}}. \tag{135}$$

Bedenken wir, daß $\zeta(z) = -\int\wp(z)\,dz$[1] $= -\int s\frac{ds}{\sqrt{S}}$, so erhalten wir als allgemeinstes elliptisches Integral II. Art:

$$\boxed{J(s,\sqrt{S}) = C_0\int s\frac{ds}{\sqrt{S}} + C\int\limits_{\infty}^{s}\frac{ds}{\sqrt{S}} + \Re(s,\sqrt{S})}\,. \tag{136}$$

$$\int s\frac{ds}{\sqrt{S}} \tag{136a}$$

heißt elliptisches Normalintegral II. Art.

c. Elliptische Integrale III. Art. Elliptische Integrale III. Art sind elliptische Integrale, bei denen auch logarithmische Unstetigkeiten auftreten. Durch logarithmische Glieder ist Relativverzweigung auf der Riemannschen Fläche bedingt, denn bei Umlaufung solcher Stellen kommt eine Wertzunahme um $k\,2\pi i$.

Wir brauchen uns nur um die rein logarithmischen Bestandteile zu kümmern, denn die Differenz aus dem Integral III. Art und dem angepaßten Integral II. Art hat ja nur noch logarithmische Unstetigkeiten. Also: allgemeines elliptisches Integral III. Art $J(s,\sqrt{S})$ = allgemeines elliptisches Integral II. Art + spezielles elliptisches Integral III. Art $J^*(s,\sqrt{S})$, das nur noch logarithmische Unstetigkeiten enthält. Es ist

$$J^*(s,\sqrt{S}) = \int\Re(s)\frac{ds}{\sqrt{S}} = \int\Re(\wp(z))\,dz = \Phi_1(z); \tag{137}$$

$\Phi_1(z)$ muß an der Bildstelle z_i einer Stelle s_i, bei der eine logarithmische Unstetigkeit vorliegt, die Darstellung haben:

$$\Phi_1(z) = C_i\log\,(z-z_i) + \mathfrak{P}(z-z_i)\,^{2)}, \tag{138}$$

demnach ist bei z_i

---

[1]) S. (22).

[2]) Die logarithmische Unstetigkeit überträgt sich auf Grund der Potenzreihenentwicklung (117 a):

$$s - s_i = c_1(z-z_i) + c_2(z-z_i)^2 + \cdots = (z-z_i)\,[c_1 + c_2(z-z_i) + \cdots],$$

$\log(s-s_i) = \log(z-z_i) + \mathfrak{P}(z-z_i)$, wobei $\mathfrak{P}$ reguläre Potenzreihe bedeutet.

$$\frac{d\,\Phi_1(z)}{dz} = \Re\big(\wp(z)\big) = \frac{C_i}{z - z_i} + \mathfrak{P}'(z - z_i)\,. \tag{138a}$$

Die elliptische Funktion $\frac{d\,\Phi_1(z)}{dz}$ mit solchen Hauptteilen können wir unter der Bedingung $\Sigma\, C_i = 0$ herstellen [(28); (29)]:

$$\frac{d\,\Phi_1(z)}{dz} = \Sigma\, C_i\, \zeta(z - z_i) + c\,, \tag{138b}$$

also unter Benutzung der Relation $\log \sigma(z) = \int \zeta(z)\, dz$ [(33)]:

$$\Phi_1(z) = \Sigma\, C_i \log \sigma(z - z_i) + cz + c'\,.$$

Wir bedenken, daß $\int \zeta(z)\, dz = \int [-\int \wp(z)\, dz]\, dz = \int \left[-\int s \frac{ds}{\sqrt{S}}\right] \frac{ds}{\sqrt{S}}$ kein elliptisches Integral ist. Wir schreiben deshalb nach dem Additionstheorem der ζ-Funktion (55):

$$\frac{d\,\Phi_1(z)}{dz} = \Sigma\, C_i [\zeta(z - z_i) - \zeta(z)] + c^{1)} = \Sigma\, C_i \left[-\zeta(z_i) + \frac{1}{2}\,\frac{\wp'(z) + \wp'(z_i)}{\wp(z) - \wp(z_i)}\right] + c\,, \tag{138c}$$

also:

$$J^*(s, \sqrt{S}) = \Phi_1(z) = \Sigma\, C_i \int \frac{1}{2}\, \frac{\wp'(z) + \wp'(z_i)}{\wp(z) - \wp(z_i)}\, dz + c'z + c'' \tag{139}$$

$$= \Sigma\, C_i \int \frac{1}{2}\, \frac{\sqrt{S} + \sqrt{S_i}}{s - s_i}\, \frac{ds}{\sqrt{S}} + c' \int \frac{ds}{\sqrt{S}} + c''\,.$$

$$\int \frac{1}{2}\, \frac{\sqrt{S} + \sqrt{S_i}}{s - s_i}\, \frac{ds}{\sqrt{S}} \tag{140}$$

heißt elliptisches Normalintegral III. Art.

Demnach erhalten wir als allgemeinstes elliptisches Integral III. Art (s. obige Bemerkungen):

$$\boxed{J(s, \sqrt{S}) = \Sigma\, C_i \int \frac{1}{2}\, \frac{\sqrt{S} + \sqrt{S_i}}{s - s_i}\, \frac{ds}{\sqrt{S}} + C_0 \int s\, \frac{ds}{\sqrt{S}} + C \int_\infty^s \frac{ds}{\sqrt{S}} + \Re(s, \sqrt{S})}\,. \tag{141}$$

---

1) Es ist $\Sigma\, C_i = 0$.

30. Die allgemeinsten elliptischen Integrale:

$$\int \mathfrak{R}\left(z, \sqrt{(z-\alpha_1)(z-\alpha_2)(z-\alpha_3)}\right) dz \quad \text{und}$$

$$\int \mathfrak{R}\left(z, \sqrt{(z-a_1)(z-a_2)(z-a_3)(z-a_4)}\right) dz\,.$$

Der Integrand des ersten Integrals ist eindeutig auf der Riemannschen Fläche (zweiblättrige Riemannsche Fläche) mit Windungspunkten I. Ordnung bei α_1, α_2, α_3, ∞. Der Integrand des zweiten Integrals ist eindeutig auf der Riemannschen Fläche (zweiblättrige Riemannsche Fläche) mit Windungspunkten bei a_1, a_2, a_3, a_4.

Wir können durch lineare Transformation den zweiten Typus in den ersten Typus überführen:

Wir bringen etwa a_4 durch lineare Transformation nach ∞:

$$z - a_4 = \frac{1}{z'} \quad (z \to a_4\,,\; z' \to \infty)\,; \tag{142}$$

es wird dann

$$z - a_1 = z - a_4 + a_4 - a_1 = \frac{1}{z'} - (a_1 - a_4)\,,$$

$$z - a_2 = z - a_4 + a_4 - a_2 = \frac{1}{z'} - (a_2 - a_4)\,,$$

$$z - a_3 = z - a_4 + a_4 - a_3 = \frac{1}{z'} - (a_3 - a_4)\,,$$

$$dz = -\frac{1}{z'^2}\, dz'\,,$$

$$z' = \alpha_1 = \frac{1}{a_1 - a_4} \quad \text{Bildpunkt von } a_1\,,$$

$$z' = \alpha_2 = \frac{1}{a_2 - a_4} \quad \text{Bildpunkt von } a_2\,,$$

$$z' = \alpha_3 = \frac{1}{a_3 - a_4} \quad \text{Bildpunkt von } a_3\,,$$

$$z' = \infty \quad \text{Bildpunkt von } a_4\,,$$

und

$$\int \mathfrak{R}\left(z, \sqrt{(z-a_1)(z-a_2)(z-a_3)(z-a_4)}\right) dz$$

$$= \int \mathfrak{R}\left(a_4 + \frac{1}{z'}, \sqrt{\left[\frac{1}{z'} - (a_1 - a_4)\right]\left[\frac{1}{z'} - (a_2 - a_4)\right]\left[\frac{1}{z'} - (a_3 - a_4)\right]\frac{1}{z'}}\right) \frac{-1}{z'^2}\, dz'$$

$$= \int \mathfrak{R}\left(a_4 + \frac{1}{z'}, \sqrt{[1-(a_1-a_4)z'][1-(a_2-a_4)z'][1-(a_3-a_4)z']}\right) \frac{-1}{z'^4}\, dz'$$

$$= \int \mathfrak{R}\left(a_4 + \frac{1}{z'}, \sqrt{\left(\frac{1}{a_1-a_4} - z'\right)\left(\frac{1}{a_2-a_4} - z'\right)\left(\frac{1}{a_3-a_4} - z'\right)(a_1-a_4)(a_2-a_4)(a_3-a_4)}\right) \frac{-1}{z'^4}\, dz'$$

$$= \int \mathfrak{R}^*\left(z', \sqrt{(\alpha_1 - z')(\alpha_2 - z')(\alpha_3 - z')}\right) dz' = \int \mathfrak{R}_*\left(z', \sqrt{(z'-\alpha_1)(z'-\alpha_2)(z'-\alpha_3)}\right) dz'\,. \tag{143}$$

Wir sind also mittels geeigneter linearer Transformation vom Typus mit vier endlichen Verzweigungspunkten auf den Typus mit drei im Endlichen und einem im Unendlichen gelegenen Verzweigungspunkten gekommen:

$$\int \Re(z, \sqrt{(z-\alpha_1)(z-\alpha_2)(z-\alpha_3)})\, dz\,. \qquad (144\,a)$$

Dieses Integral läßt sich schreiben:

$$\int \Re(z, \sqrt{z^3-(\alpha_1+\alpha_2+\alpha_3)z^2+\beta z+\gamma})\, dz. \qquad (144\,b)$$

Der Schwerpunkt der drei Verzweigungspunkte (Windungspunkte) $\frac{\alpha_1+\alpha_2+\alpha_3}{3} = A$ ist im allgemeinen $\neq 0$. Wir können diesen Schwerpunkt mittels geeigneter Verschiebung nach dem Nullpunkt bringen: $z - A = \zeta$; es ist dann $\alpha_1 - A =$ *gewisse Größe* e_1, $\alpha_2 - A =$ *gewisse Größe* e_2, $\alpha_3 - A =$ *gewisse Größe* e_3. Das Integral geht dabei über in

$$\int \Re(A+\zeta, \sqrt{(\zeta-e_1)(\zeta-e_2)(\zeta-e_3)})\, d\zeta = \int \Re^*(\zeta, \sqrt{(\zeta-e_1)(\zeta-e_2)(\zeta-e_3)})\, d\zeta; \qquad (144\,c)$$

hierbei ist, wie gewünscht $e_1 + e_2 + e_3 = 0$.

Wir brauchen also nur den Typus zu betrachten

$$\int \Re(z, \sqrt{(z-e_1)(z-e_2)(z-e_3)})\, dz \text{ mit } e_1+e_2+e_3 = 0\,. \qquad (145)$$

Wir können das Integral schreiben:

$$\int [\Re_1(z) + \Re_2(z)\sqrt{(z-e_1)(z-e_2)(z-e_3)}]\, dz^{1)} =$$
$$= \int \Re_1(z)\, dz + \int \Re_2(z)\sqrt{(z-e_1)(z-e_2)(z-e_3)}\, dz$$

und das zweite Integral so darstellen:

$$\int \Re_2(z)\sqrt{(z-e_1)(z-e_2)(z-e_3)}^2 \frac{dz}{\sqrt{(z-e_1)(z-e_2)(z-e_3)}} =$$
$$= \int \Re^*(z) \frac{dz}{\sqrt{(z-e_1)(z-e_2)(z-e_3)}}\,. \qquad (145\,a)$$

Hierbei interessiert uns insbesondere das in der Weierstraßschen Normalform geschriebene Integral

$$\int_\infty^s \frac{ds}{\sqrt{4(s-e_1)(s-e_2)(s-e_3)}}\,,$$

wobei wir die früher bereits benutzte Bezeichnung der Variablen angewendet und die Integrationskonstante durch Anbringen der unteren Grenze ∞ gekennzeichnet haben.

---

1) $\Re(z, \sqrt{\ldots}) = \frac{G_1(z, \sqrt{\ldots})}{G_2(z, \sqrt{\ldots})} = \frac{g_1(z)+g_2(z)\sqrt{\ldots}}{g_3(z)+g_4(z)\sqrt{\ldots}} =$

$= \frac{g_1(z)+g_2(z)\sqrt{\ldots}}{g_3(z)+g_4(z)\sqrt{\ldots}} \cdot \frac{g_3(z)-g_4(z)\sqrt{\ldots}}{g_3(z)-g_4(z)\sqrt{\ldots}} = \frac{g_5(z)+g_6(z)\sqrt{\ldots}}{g_7(z)} = \Re_1(z)+\Re_2(z)\sqrt{\ldots}\,.$

31. Das Umkehrproblem.

Wir wollen im folgenden zeigen, daß jede zweiblättrige Riemannsche Fläche (e_1, e_2, e_3, ∞) aus einem Parallelogramm $2\,\omega$, $2\,\omega'$ mittels Abbildung durch die $\wp$-Funktion gewonnen werden kann. Wir studieren zu diesem Zweck die durch das Integral

$$\int\limits_{\infty}^{s} \frac{ds}{\sqrt{4\,(s-e_1)\,(s-e_2)\,(s-e_3)}}$$

unter der Bedingung $e_1 + e_2 + e_3 = 0$ vermittelte Abbildung.

Wir bedenken, daß wir im Falle, daß die e-Größen mittels der $\wp$-Funktion gewonnen worden waren, die Wurzel mit dem —Zeichen zu wählen hatten[1]); deshalb wollen wir jetzt auch die Wurzel so normieren und

$$z = \int\limits_{\infty}^{s} \frac{ds}{-\sqrt{4\,(s-e_1)\,(s-e_2)\,(s-e_3)}}$$

zu Grunde legen.

a. Spezialfall: Alle Verzweigungspunkte sind reell $(e_1 + e_2 + e_3 = 0)$. Zunächst soll der Fall untersucht werden, daß die e-Größen sämtlich reell sind. Wir erinnern an die auf Seite 100 (121 b) gegebene Entwicklung im Unendlichen, die bei unserer Normierung heißt:

$$z = \int\limits_{\infty}^{s} \frac{ds}{-\sqrt{4\,(s-e_1)\,(s-e_2)\,(s-e_3)}} = \frac{1}{\sqrt{s}} - \frac{c_2}{\sqrt{s^5}} - \frac{c_3}{\sqrt{s^7}} - \cdots.$$

Wir wollen nun die Achse des Reellen von $+\infty$ nach $-\infty$ durchlaufen und die Wanderung der Bildstelle z verfolgen. Nach obiger Entwicklung entspricht dem Wert $s = \infty$ der Punkt $z = 0$. Dem im Punkt ∞ in Richtung der Achse des negativ Reellen angebrachten Schnittvektor ds entspricht der im Punkte $z = 0$ anzubringende Schnittvektor $dz = -\frac{1}{2\sqrt{s^3}}\left(1 - 5c_2\frac{1}{s^2} - \cdots\right)ds$, also jedenfalls eine positive Fortgangsrichtung. Für jede Stelle $s > e_1$ (s und die e-Größen sind ja reell; es sei $e_3 < e_2 < e_1$) ist

[1]) Falls die e-Größen mittels der $\wp$-Funktion gewonnen worden sind, ist nämlich nach (47):

$$\frac{ds}{dz} = \wp'(z) = -2\sqrt{[\wp(z)-e_1]\,[\wp(z)-e_2]\,[\wp(z)-e_3)]} = -2\sqrt{(s-e_1)\,(s-e_2)\,(s-e_3)}.$$

Wir können in diesem Fall auch so sagen: nach (18) ist $\wp'(z) = \frac{-2}{z^3} + \mathfrak{P}'(z)$; demnach muß aus der Gleichung (12) $[\wp'(z)]^2 = 4\,\wp^3(z) - g_2\,\wp(z) - g_3$ unter Berücksichtigung von $\wp(z) = \frac{1}{z^2} + \mathfrak{P}(z)$ die Wurzel so gezogen werden, daß auch rechts $-\frac{2}{z^3} + \cdots$ kommt, also mit dem —Zeichen.

$$-\frac{1}{\sqrt{4(s-e_1)(s-e_2)(s-e_3)}}=-\frac{1}{2}\frac{1}{\sqrt{r_1r_2r_3e^{-is\cdot 0}}}=\frac{-1}{2\sqrt{r_1r_2r_3}}$$ (Bild 39), also

$dz=\dfrac{-1}{2\sqrt{r_1r_2r_3}}ds$. Jedem im Verlaufe der Wanderung $e_1\leftarrow\infty$ auftretenden Element ds entspricht ein positives Bildelement dz, d.h. die Stelle z wandert von $z=0$ aus in Richtung der Achse des positiv Reellen bis zur Bildstelle von e_1; wir wollen sie mit ω bezeichnen.

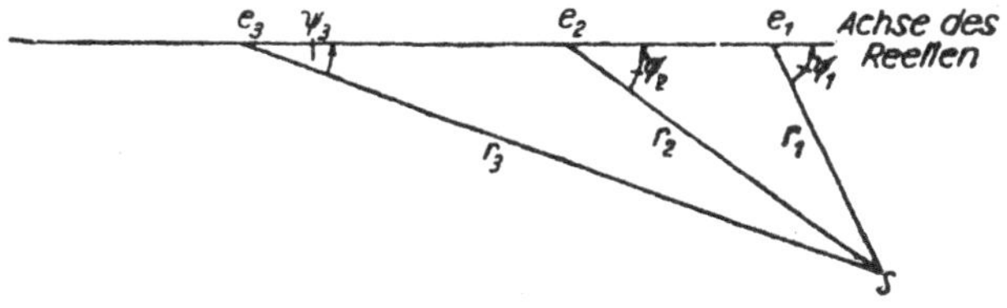

Bild 39.

Die Entwicklung der Größe z für die Stelle $s=e_1$ lautet bei unserer Normierung auf Grund des Ergebnisses (128):

$$z-\omega=-\gamma_0\sqrt{s-e_1}-\frac{\gamma_1}{3}\sqrt{s-e_1}^{\,3}-\cdots=\sqrt{s-e_1}\left[-\gamma_0-\frac{\gamma_1}{3}(s-e_1)-\cdots\right];$$

demnach kommt es bei e_1 zur Halbierung der Winkel; wir können also schließen: wenn wir mit s über e_1 nach links weiterlaufen, so läuft z orthogonal zu $0\,\omega$ nach oben weiter. Wir können das auch so einsehen: Für $e_2<s<e_1$ haben wir

$$-\frac{1}{\sqrt{4(s-e_1)(s-e_2)(s-e_3)}}=-\frac{1}{2\sqrt{r_1r_2r_3e^{-i\pi}}}=-\frac{1}{2}\frac{1}{\sqrt{r_1r_2r_3}}\frac{1}{e^{-i\frac{\pi}{2}}}=$$
$$=-\frac{1}{2}\frac{1}{\sqrt{r_1r_2r_3}}\,i,$$

also $dz=-\dfrac{1}{2}\dfrac{1}{\sqrt{r_1r_2r_3}}\,i\,ds$, d. h.: einer Durchlaufung $e_2\leftarrow e_1$ entspricht ein nach oben senkrechtes Fortschreiten zu $0\,\omega$ von ω aus bis zur Bildstelle ω'' des Punktes e_2. Bei e_2 kommt es nach der zur obigen Entwicklung analogen Darstellung $z-\omega''=\sqrt{s-e_2}\left[-\gamma_0''-\dfrac{\gamma_1''}{3}(s-e_2)-\cdots\right]$ zur Winkelhalbierung; wir haben also, wenn s über e_2 hinaus nach links weiterläuft, orthogonal zu $\omega\,\omega''$ nach links weiterzugehen.

Wir können das auch so einsehen: Für $e_3<s<e_2$ haben wir

$$-\frac{1}{\sqrt{4(s-e_1)(s-e_2)(s-e_3)}}=-\frac{1}{2\sqrt{r_1r_2r_3e^{-i\pi-i\pi}}}=$$
$$=-\frac{1}{2}\frac{1}{\sqrt{r_1r_2r_3}}\frac{1}{(-i)}\frac{1}{(-i)}=\frac{1}{2\sqrt{r_1r_2r_3}},$$

demnach $\mathrm{d}z = \frac{1}{2\sqrt{r_1 r_2 r_3}}\,\mathrm{d}s$; einer Durchlaufung $e_3 \leftarrow e_2$ entspricht also ein nach links orthogonales Fortschreiten zu $\omega\,\omega''$ von ω'' aus bis zur Bildstelle ω' von e_3. Bei e_3 kommt auf Grund des hier maßgebenden Entwicklungstypus wieder Winkelhalbierung, d. h. wenn wir mit s über e_3 hinaus nach links weiterlaufen, so muß z orthogonal zu $\omega''\,\omega'$ nach unten weiterlaufen. Diesen Sachverhalt können wir auch so erkennen: Für $-\infty < s < e_3$ haben wir

$$-\frac{1}{\sqrt{4\,(s-e_1)\,(s-e_2)\,(s-e_3)}} = -\frac{1}{2\sqrt{r_1 r_2 r_3\, e^{-i\pi}\, e^{-i\pi}\, e^{-i\pi}}} =$$

$$= -\frac{1}{2\sqrt{r_1 r_2 r_3}}\,\frac{1}{(-i)\,(-i)\,(-i)} = \frac{1}{2\sqrt{r_1 r_2 r_3}}\,i\,,$$

demnach $\mathrm{d}z = \frac{1}{2\sqrt{r_1 r_2 r_3}}\,i\,\mathrm{d}s$. Einer Durchlaufung $-\infty \leftarrow e_3$ entspricht also ein nach unten senkrechtes Fortschreiten zu $\omega''\,\omega'$ von ω' aus bis zur Bildstelle von ∞, das ist aber die Stelle $z = 0$.

Die Achse des Reellen der s-Ebene wird also auf die Kontur des Rechtecks 0, ω, ω'', ω' übertragen. Einem nach unten senkrechten Fortschreiten in der unteren s-Halbebene von der reellen Achse aus muß aus Konformitätsgründen ein nach dem Rechteckinneren zum Rand senkrechtes Fortschreiten entsprechen; demnach können wir vermuten, daß die untere Halbebene konform auf das Innere des Rechtecks übertragen wird. Wir müssen also zeigen, daß jeder Wert im Rechteckinneren von der Funktion $z = z(s)$ wirklich angenommen wird. z^* sei eine Stelle im Rechteckinneren; wir betrachten das über den Rechteckrand erstreckte Integral:

$$\frac{1}{2\pi i}\oint \frac{\mathrm{d}z}{z-z^*} = \frac{1}{2\pi i}\oint \mathrm{d}\log(z-z^*) = \frac{1}{2\pi i}\oint\,[\mathrm{d}\log|z-z^*| + i\,\mathrm{d}\arg(z-z^*)];$$

$|z-z^*|$ kehrt bei einer vollständigen Durchlaufung des Rechteckrandes zu seinem Ausgangswert zurück; die Aufsummierung aller Änderungen $\mathrm{d}\log\,|z-z^*|$ liefert also Null; die Aufsummierung aller Änderungen $\mathrm{d}\arg\,(z-z^*)$ liefert $2\,\pi$; demnach erhalten wir $\frac{1}{2\pi i}\oint_{\square} \frac{\mathrm{d}z}{z-z^*} = 1$.

Wir können das so schreiben: $\frac{1}{2\pi i}\int\limits_{\overleftarrow{\text{reelle Achse}}} \frac{z'(s)}{z(s)-z^*}\,\mathrm{d}s = 1$ und wollen aus dieser Integralbedingung für $z(s)$ schließen, daß $z(s)$ den Wert z^* genau einmal annimmt.

Wir denken uns den Rand der unteren Halbebene in der aus Bild 8 ersichtlichen Weise durch eine Kontur approximiert, welche die Stellen e_1, e_2, e_3 in kleinen Halbkreisen und den Punkt ∞ auf einem großen Halbkreis umgeht; die entsprechende Bildkurve denken wir uns in der z-Ebene gezeichnet. Die obigen Integralbetrachtungen gelten auch für die Approximationsrandlinien, wenn die Kontur in der z-Ebene nur genügend nahe am Rechteckrand verläuft, so daß z^* im Inneren liegt. $z(s)$ und $z'(s)$ sind beide innerhalb des von der Approximationsrandlinie begrenzten Gebietes und auf ihr selbst regulär. Der Quotient $\frac{z'(s)}{z(s)-z^*}$ kann in dem abgeschlossenen Approximationsgebiet nicht durchaus regulär sein, sonst wäre das über den Rand erstreckte Integral $\int \frac{z'(s)}{z(s)-z^*}\,ds$ nicht $2\pi i$, sondern 0 nach dem Cauchyschen Integralsatz. $z(s)-z^*$ muß demnach an einer oder mehreren Stellen s^* in dem von der Approximationskontur umrandeten Gebiet der unteren Halbebene verschwinden.

Es sei $z(s) = z(s^*) + c_k(s-s^*)^k + c_{k+1}(s-s^*)^{k+1} + \cdots$
$= z^* + c_k(s-s^*)^k + c_{k+1}(s-s^*)^{k+1} + \cdots$

die Entwicklung an einer solchen Stelle s^*; daraus folgt:

$$\frac{z'(s)}{z(s)-z^*} = \frac{k c_k (s-s^*)^{k-1}[1+\operatorname{reg}(s-s^*)]}{c_k(s-s^*)^k[1+\operatorname{reg}(s-s^*)]} = \frac{k}{s-s^*} + \operatorname{reg}(s-s^*)\text{ [1]}.$$

Dann wird bei der Integralbildung

$$\underset{\substack{\text{über Approximationskontur}\\ \text{in der unteren Halbebene}}}{\int} \frac{z'(s)}{z(s)-z^*}\,ds = \sum \underset{\substack{\text{Kreis}\\ \text{um } s^*}}{\oint} \left[\frac{k}{s-s^*} + \operatorname{reg}(s-s^*)\right] ds$$

— für alle mit hinreichend kleinen Kreisen umgebenen Stellen[2]) — ein Wert $\sum k\, 2\pi i$ (mit positiven k-Größen) kommen; nach obigen Bemerkungen muß sich $2\pi i$ ergeben, d. h. es kann nur eine Größe $k=1$ auftreten, und diese muß auch wirklich vorkommen; daraus folgt: der Wert z^* im Rechteck muß genau einmal von $z(s)$ in der unteren Halbebene angenommen werden.

Wir hatten erkannt:

$$z = \int_{\infty}^{s} \frac{ds}{-\sqrt{4(s-e_1)(s-e_2)(s-e_3)}}$$

bildet die untere s-Halbebene konform auf das Rechteck $0, \omega, \omega'', \omega'$ ab. Wir können $z(s)$ nach dem Spiegelungsprinzip fortsetzen, indem wir an den zwischen je zwei Verzweigungspunkten liegenden Stücken der Achse des Reellen spiegeln (Bild 9); in der z-Ebene entstehen aus dem ersten Rechteck durch Spiegelung sich ergebende neue Rechtecke. Es entsprechen einander zwei untere und zwei obere Halbebenen und vier sich zum Rechteck $0, 2\omega, 2\omega'', 2\omega'$ zusammenschließende Rechtecke. Die zweiblättrige Riemannsche Fläche (vier Halbebenen) wird also auf das Rechteck $0, 2\omega, 2\omega'', 2\omega'$ konform abgebildet. Vereinigen wir alle zwischen den Halb-

[1]) $\operatorname{reg}(s-s^*)$ heißt reguläre Funktion von $(s-s^*)$.
[2]) Überlegungen ähnlich wie auf S. 15.

ebenen auftretenden Schlitzufer, so ist das Rechteck mit horizontaler und vertikaler Ränderzuordnung auszustatten. Vereinigen wir die Schlitzufer nicht miteinander, so können wir die Spiegelungen immer weiter ausüben und bekommen dabei immer neue aus vier Halbebenen sich aufbauende zweiblättrige Riemannsche Flächen, die zusammenhängen und die sogenannte Überlagerungsfläche bilden, und dementsprechend eine volle Bedeckung der z-Ebene mit Rechtecken, die sich aus je vier kleinen Rechtecken zusammensetzen. Wir können dieses Resultat so aussprechen: jedem der unendlich vielen übereinanderliegenden Exemplare ein und derselben Riemannschen Fläche entspricht ein Rechteck des entstandenen Rechteckgitters, oder: unsere Riemannsche Fläche wird auf das Rechteckgitter abgebildet (unendlich vieldeutige Abbildung). Insbesondere entspricht der Riemannschen Fläche nach Verklebung der Schlitzufer das ränderbezogene Rechteck, das wir uns als Torus vorstellen können. Auf ihm gibt es zwei Arten den Torus nicht zerstörender Rückkehrschnitte (Meridianschnitte, Breitenkreisschnitte): analoge Verhältnisse gelten auf der Riemannschen Fläche (e_1, e_2, e_3, ∞) — im Gegensatz zur Riemannschen Fläche der Funktion $\sqrt{(s-\alpha_1)(s-\alpha_2)}$, auf welcher jeder Rückkehrschnitt die Fläche zum Zerfall bringt. Die Umkehrfunktion des Integrals, nämlich $s(z)$ ist mit der $\wp$-Funktion identisch, denn: Durch das elliptische Integral $z(s)$ wird die untere mit den Randstellen e_1, e_2, e_3 signierte Halbebene auf das Rechteck $0, \omega, \omega'', \omega'$ konform abgebildet. Nach dem Spiegelungsprinzip (geradliniges Stück → geradliniges Stück, dann Spiegelpunkte zum ersten geradlinigen Stück → Spiegelpunkte zum zweiten geradlinigen Stück! s. S. 59) können wir jetzt $z(s)$, aber auch $s(z)$ fortsetzen; zweimalige Spiegelung liefert sofort die Periodizität (Bild 40), und wir erkennen die doppelte Periodizität $(2\,\omega, 2\,\omega')$; dieser Sachverhalt und die bei $z = 0$ vorhandene Entwicklung (122) zeigt, daß $s(z) = \wp(z; 2\,\omega, 2\,\omega')$ (s. Unitätssatz, S. 18).

b. Allgemeiner Fall: e_1, e_2, e_3 komplex $(e_1 + e_2 + e_3 = 0)$. Wir wollen zeigen, daß jede zweiblättrige Riemannsche Fläche mit den Windungspunkten e_1, e_2, e_3, ∞ aus einem Parallelogramm mit passend gewählten Größen $2\,\omega$, $2\,\omega'$ mittels konformer Abbildung durch $\wp(z; 2\,\omega, 2\,\omega')$ entsteht.

Wir wollen zu diesem Zweck zeigen:

$$z = \int_{\infty}^{s} \frac{ds}{-\sqrt{4\,(s-e_1)(s-e_2)(s-e_3)}} \quad \text{mit } e_1 + e_2 + e_3 = 0$$

leistet die konforme Abbildung der zweiblättrigen Riemannschen Fläche (e_1, e_2, e_3, ∞) auf ein Parallelogramm und alle durch parallelogrammatische Verschiebungen daraus entstehenden Parallelogramme; die Umkehrfunktion dieses elliptischen Integrals ist die $\wp$-Funktion.

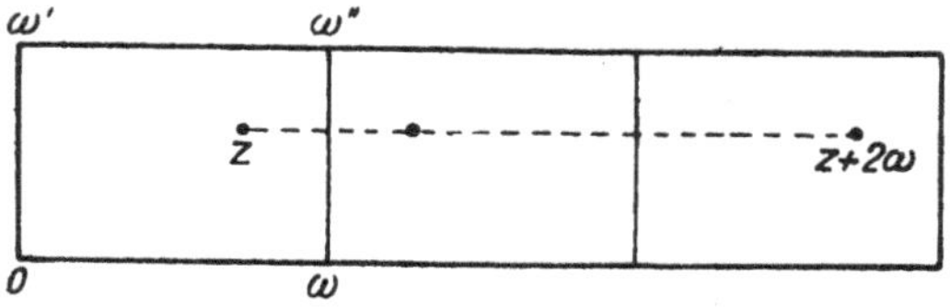

Bild 40.

Wir richten uns bei unserem Beweisgang nach dem, was wir von der $\wp$-Funktion wissen, und denken insbesondere an die durch $\wp(z)$ geleistete konforme Abbildung. Da das Integral $z(s)$, wie wir aus seinen Entwicklungen an den Stellen ∞, e_1, e_2, e_3 erkennen, überall endlich ist[1]), wird die längs dreier Kurven von e_1 bis ∞, e_2 bis ∞ und e_3 bis ∞ aufgeschnittene Ebene sicher auf ein endliches Gebiet abgebildet. Können wir die Schnitte so wählen, daß ein geradliniges Dreieck entsteht?

Wir zeichnen die Gerade durch $e_1\, e_2$ bzw. $e_2\, e_3$ bzw. $e_3\, e_1$ und zeigen zunächst, daß jeder der in Bild 40 a schraffierten Sektoren (Zweiecke) auf ein konvexes Zweieck (linsenförmiges Gebiet) abgebildet wird, indem wir

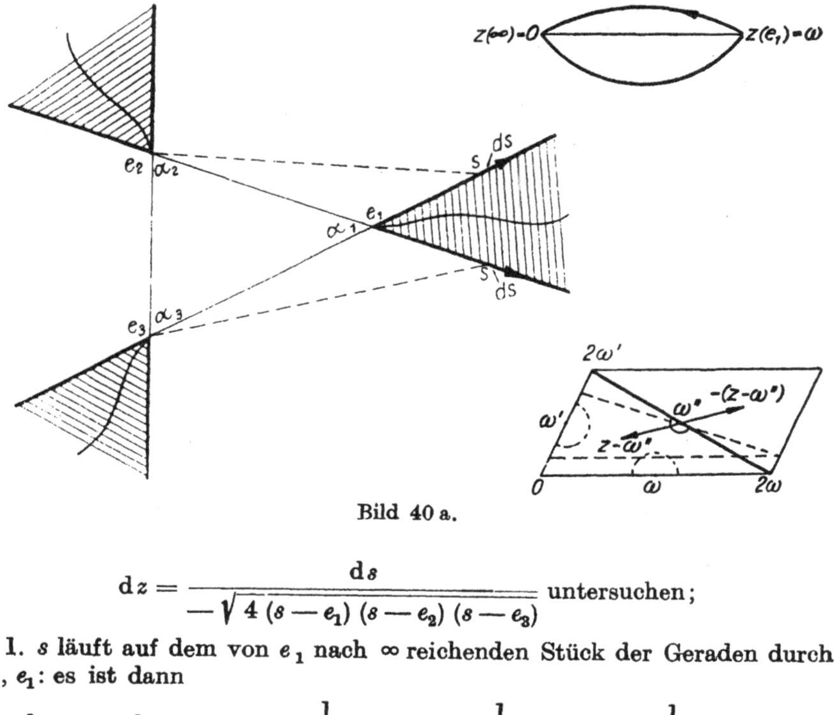

Bild 40 a.

$$dz = \frac{ds}{-\sqrt{4\,(s-e_1)\,(s-e_2)\,(s-e_3)}} \text{ untersuchen;}$$

1. s läuft auf dem von e_1 nach ∞ reichenden Stück der Geraden durch e_2, e_1: es ist dann

$$\arg dz = \arg ds - \pi - \arg 2 - \frac{1}{2}\arg(s-e_1) - \frac{1}{2}\arg(s-e_2) - \frac{1}{2}\arg(s-e_3) =$$

$$= \pi - \frac{1}{2}\arg(s-e_3)\,.$$

[1]) Wir betonen: Wir entwickelten das Integral an den einzelnen Stellen (117 a), (121 b), (128) unabhängig davon, daß das Integral damals die Umkehrfunktion der $\wp$-Funktion war; wir benutzten lediglich für die Entwicklung im Unendlichen die auch jetzt zugrunde liegende Voraussetzung $e_1 + e_2 + e_3 = 0$.

$\arg(s - e_3)$ wächst monoton im negativen Sinne, d. h. $\arg dz$ wächst monoton im positiven Sinn; es kommt also ein konvexer von $z(e_1) = \omega$ bis $z(\infty) = 0$ reichender Bogen heraus (Bild 40a).

2. s läuft auf dem von e_1 nach ∞ reichenden Stück der Geraden durch e_3, e_1: es ist dann

$$\arg dz = \arg ds - \pi - \arg 2 - \frac{1}{2}\arg(s-e_1) - \frac{1}{2}\arg(s-e_2) - \frac{1}{2}\arg(s-e_3) =$$

$$= \pi - \frac{1}{2}\arg(s - e_2);$$

$\arg(s - e_2)$ wächst monoton, d. h. $\arg dz$ nimmt monoton ab; es kommt demnach wieder ein konvexer Bogen heraus (Bild 40a). Der Rand unseres schraffierten Sektors wird also tatsächlich auf den Rand eines linsenförmigen Stückes übertragen.

Wir können dann schließen: Das Innere unseres Sektors wird auf das Innere des linsenförmigen Gebietes übertragen. Es sei nämlich z_0 eine innere Stelle des linsenförmigen Gebietes, dann ist

$$\frac{1}{2\pi i}\int\limits_{\text{Linsenrand}} \frac{dz}{z - z_0} = \frac{1}{2\pi i}\int\limits_{\text{Linsenrand}} d\log(z - z_0) = 1;$$

wir können dieses Integral so schreiben:

$$\frac{1}{2\pi i}\int\limits_{\text{Sektorrand}} \frac{z'(s)}{z(s) - z_0}\, ds = 1$$

und bemerken: weil $z(s)$ und damit auch $z'(s)$ regulär, wäre im Falle, daß der Wert z_0 von $z(s)$ nicht angenommen wird, der Integrand durchaus regulär, das Integral müßte also nach dem Cauchyschen Integralsatz verschwinden. Demnach wird der Wert z_0 von $z(s)$ angenommen; wir können das so ausdrücken:

$z(s) - z_0 = c_k(s - s_0)^k + c_{k+1}(s - s_0)^{k+1} + \cdots$ (Annahme des Wertes z_0 an der Stelle s_0 von k-ter Ordnung); es ist dann $z'(s) = kc_k(s - s_0)^{k-1} + (k+1)c_{k+1}(s - s_0)^k + \cdots$, demnach

$$\frac{z'(s)}{z(s) - z_0} = \frac{k}{s - s_0} + \text{reg}(z) \quad \text{und}$$

$$\frac{1}{2\pi i}\int\limits_{\text{Sektorrand}} \frac{z'(s)}{z(s) - z_0}\, ds = \frac{1}{2\pi i}\int\limits_{\text{Sektorrand}} k\frac{ds}{s - s_0} = k^{1)}\,.$$

Dieser Wert muß gleich 1 sein; gleichzeitig erkennen wir, daß der Wert z_0 nicht etwa an mehreren Stellen angenommen werden kann (Überlegungen

[1]) Das Integral des regulären Bestandteiles verschwindet nach dem Cauchyschen Integralsatz.

wie auf S. 115). Wir sehen also: Jeder Wert im Inneren des linsenförmigen Gebietes wird von $z(s)$ im schraffierten Sektor genau einmal angenommen.

Jetzt können wir sagen: im linsenförmigen Gebiet (Zweieck) gibt es ein geradliniges Verbindungsstück der beiden Ecken, — von $z(e_1) = \omega$ nach $z(\infty) = 0$ verlaufend —, welches von einer und nur einer von e_1 im schraffierten Sektor nach ∞ verlaufenden Kurve herrührt. Auch für die andern beiden Sektoren ergibt sich in dieser Weise die Existenz je einer in dem betreffenden Sektor von e_2 bzw. von e_3 nach ∞ verlaufenden Kurve, die auf ein Stück einer geraden Linie abgebildet wird, das von $z(e_2) = \omega''$ bzw. $z(e_3) = \omega'$ ausgeht.

Wir haben uns zunächst für das negative Vorzeichen der Wurzel entschieden und demnach (128) die Entwicklung

$$z - z_1 = z - \omega = -\gamma_0 \sqrt{s - e_1} - \frac{\gamma_1}{3} \sqrt{(s - e_1)^3} - \cdots {}^{1)} .$$

Dem anderen Vorzeichen, d. h. dem anderen Zweig der Wurzel entspricht dann der negative Wert dieser Entwicklungsgröße, d. h. das Bild der gefundenen, im schraffierten Sektor verlaufenden Kurve $e_1 \to \infty$, das sich mittels des anderen Zweiges der Wurzel ergibt, entsteht aus dem Geradenstück $\omega\, 0$ durch 180^0-Drehung um die Stelle ω. Desgleichen wird die entsprechende Kurve $e_2\, \infty$ vermöge des zweiten Wurzelzweiges ein Geradenstück liefern, das aus dem von ω'' ausgehenden Geradenstück (Bild 40 a) mittels des ersten Wurzelzweiges durch eine 180^0-Drehung um die Stelle ω'' entsteht, und entsprechend liefert der zweite Wurzelzweig zu dem von ω' ausgehenden Geradenstück noch das um 180^0 um den Punkt ω' gedrehte Geradenstück hinzu.

Wir denken uns die Kurven $e_1 \to \infty$, $e_2 \to \infty$, $e_3 \to \infty$ zweckmäßig als Schlitze und können dann sagen, daß den beiden Schlitzufern durch 180^0-Drehungen um die Punkte ω bzw. ω'' bzw. ω' auseinander hervorgehende Geradenstücke entsprechen (Bild 40 a). Die drei durch die Stellen ω, ω'', ω' halbierten Strecken schließen sich zu einem Dreieck, und zwar zu einem spitzwinkligen Dreieck 0, $2\,\omega$, $2\,\omega'$ zusammen; denn je zwei der nach ∞ verlaufenden Kurven (etwa die Linien $e_1 \to \infty$ und $e_3 \to \infty$) schneiden sich im Unendlichen unter einem Winkel $< \pi$, und deshalb entsteht auf Grund der im Unendlichen stattfindenden Winkelhalbierung [Entwicklung (121 b)] im Bildpunkt von ∞ stets ein spitzer Winkel.

Wir können auf Grund der Eindeutigkeit des Integranden (also der Ableitung des Integrals) auf der Riemannschen Fläche schließen, daß der Integralwert sich nur um additive Konstanten, Periodizitätsmoduln, bei Rückkehr zu einer Ausgangsstelle im Ausgangsblatt ändern kann.

Wir wollen nun für $s(z)$ (Umkehrfunktion des Integrals) die doppelte Periodizität nachweisen; dann ist $s(z)$ wegen der bereits im Nullpunkt als maßgebend gefundenen Entwicklung (122), die genau wie bei $\wp(z)$ lautet, mit der $\wp$-Funktion identisch (s. S. 18). Wir bedenken, daß wir $s(z)$ in das

[1]) In der Entwicklung wurde die Bildstelle von e_1 mit z_1 bezeichnet.

Nachbardreieck (Bild 40 a) nach dem Prinzip der Geradheit bei ω'' (Bild von e_3) fortsetzen können [(129) für e_3 statt e_1], auf Grund des Verhaltens der Entwicklung (s. S. 119 $z - \omega$) kommt nämlich, wie wir sahen, je nach der Wahl des Zweiges einmal $z-\omega''$ und einmal $-(z-\omega'')$ heraus. Damit ist $s(z)$ im Parallelogramm $0, 2\omega, 2\omega'', 2\omega'$ erklärt. Da auch bei ω und ω' die Geradheit von $s(z)$ sicher ist [(129), Bild 40 a, Bild 3], haben wir damit auch die doppelte Periodizität (Perioden 2ω, $2\omega'$) nachgewiesen. Nun können wir $s(z)$, das bei $z = 0$ dieselbe Entwicklung wie $\wp(z)$ hat [(129)], auch fortsetzen gemäß der Periodizität 2ω, $2\omega'$, also haben wir tatsächlich $s(z) = \wp(z; 2\omega, 2\omega')$.

Die Perioden ergeben sich so:

$$\omega = \int_{\infty}^{e_1} \frac{ds}{-\sqrt{4(s-e_1)(s-e_2)(s-e_3)}}, \quad \omega' = \int_{\infty}^{e_3} \frac{ds}{-\sqrt{4(s-e_1)(s-e_2)(s-e_3)}}; \tag{146}$$

wir denken dabei zunächst an die Schlitzlinien als Integrationsweg; wir können aber den Weg variieren, z. B. geradlinig wählen.

Die Perioden der $\wp$-Funktion $2\tilde{\omega} = \mathrm{m}\, 2\omega + \mathrm{m}'\, 2\omega'$ sind die Periodizitätsmoduln des elliptischen Integrals $z(s)$ (die oben erwähnten additiven Konstanten). Das elliptische Integral bildet die zweiblättrige Riemannsche Fläche auf alle Parallelogramme des Gitters ab; die $\wp$-Funktion bildet alle Parallelogramme des Gitters auf dieselbe Riemannsche Fläche ab[1]). Jedes Parallelogramm liefert eine solche Fläche. Das Integral hat überall den Charakter einer uniformisierenden Variablen: die Umgebung jeder Flächenstelle wird schlicht abgebildet.

P. Elliptische Modulfunktion $k^2(\tau) = \lambda(\tau)$.

32. Modulgruppe und Fundamentalbereich.

Wir hatten das Umkehrproblem behandelt: Gegeben e_1, e_2, e_3 mit der Normierung $e_1 + e_2 + e_3 = 0$; kann die zweiblättrige Riemannsche Fläche mit e_1, e_2, e_3, ∞ als Windungspunkten aus einem passend gewählten Parallelogramm $(2\omega, 2\omega')$ mittels Abbildung durch $\wp(z; 2\omega, 2\omega') = s$ erzeugt werden? Wir zeigten:

$$z = \int_{\infty}^{s} \frac{ds}{\sqrt{4(s-e_1)(s-e_2)(s-e_3)}}$$

leistet die konforme Abbildung der Riemannschen Fläche auf ein Parallelogramm $(2\omega, 2\omega')$, $s(z)$ ist doppeltperiodisch und hat die Entwicklung der $\wp$-Funktion bei $z = 0$, also stimmt $s(z)$ mit $\wp(z; 2\omega, 2\omega')$

[1]) Diese Riemannschen Flächen schließen sich zur sogenannten Überlagerungsfläche zusammen; sie hängen zusammen wie die Parallelogramme in der Ebene.

überein; es kommen alle Parallelogramme des Gitters heraus gemäß den Periodizitätsmoduln des Integrals. Es stehen einander gegenüber die Größen $\frac{2\,\omega'}{2\,\omega} = \tau$, die das Parallelogramm $(2\,\omega, 2\,\omega')$ bis auf Drehstreckungen bestimmt, und $\frac{e_2 - e_3}{e_1 - e_3} = k^2$, welche die Werte e_1, e_2, e_3 und damit die Riemannsche Fläche bis auf Drehstreckungen festlegt. Wir bezeichneten anläßlich der Einführung der Jacobischen Funktionen die Größe k^2 als Modul der elliptischen Funktionen (Legendrescher Modul).

Wir untersuchen zunächst die Frage: Was entspricht einer Drehstreckung der Periodenparallelogrammebene (z-Ebene) in der s-Ebene? (Bild 41.) Aus

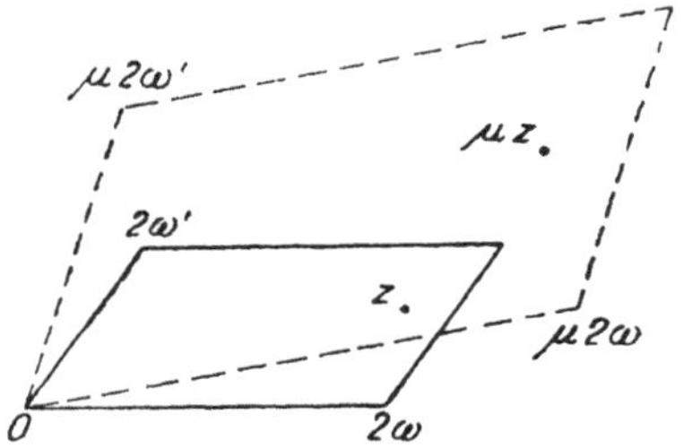

Bild 41.

$$s = \wp(z; 2\,\omega, 2\,\omega') = \frac{1}{z^2} + \sum{}' \left[\frac{1}{(z - 2\,\tilde{\omega})^2} - \frac{1}{(2\,\tilde{\omega})^2}\right]$$

folgt nach Drehstreckung der z-Ebene mit dem Faktor μ

$$\wp(\mu z; \mu\, 2\,\omega, \mu\, 2\,\omega') = \frac{1}{\mu^2 z^2} + \sum{}' \left[\frac{1}{\mu^2 (z - 2\,\tilde{\omega})^2} - \frac{1}{\mu^2 (2\,\tilde{\omega})^2}\right]$$

$$= \frac{1}{\mu^2}\, \wp(z; 2\,\omega, 2\,\omega') = \frac{1}{\mu^2}\, s; \text{ d. h.} \qquad (147)$$

einer Drehstreckung der z-Ebene (τ bleibt dabei erhalten) entspricht eine Drehstreckung der s-Ebene, also der Riemannschen Fläche (k^2 bleibt dabei erhalten).

Unsere Frage ist nun, nochmals von dem jetzt erlangten Standpunkt aus betrachtet, die folgende: können wir τ so bestimmen, daß ein gewisser Wert $k^2 = \lambda$ herauskommt? Wir müssen also die Funktion $k^2(\tau)$ untersuchen. Diese Funktion $k^2(\tau)$, auch mit $\lambda(\tau)$ bezeichnet, heißt elliptische Modulfunktion. Wir schreiben

$$\frac{e_2 - e_3}{e_1 - e_3} = \frac{\wp(\omega''; 2\,\omega, 2\,\omega') - \wp(\omega'; 2\,\omega, 2\,\omega')}{\wp(\omega; 2\,\omega, 2\,\omega') - \wp(\omega'; 2\,\omega, 2\,\omega')}.$$

Da für $\mu \neq 0$: $\wp(\mu z; \mu\, 2\,\omega, \mu\, 2\,\omega') = \frac{1}{\mu^2}\, \wp(z; 2\,\omega, 2\,\omega')$, wird insbesondere

$$e_1 = \wp(\omega; 2\,\omega, 2\,\omega') = \wp\left(2\,\omega\, \frac{1}{2}; 2\,\omega\, 1, 2\,\omega\, \frac{2\,\omega'}{2\,\omega}\right) = \frac{1}{(2\,\omega)^2}\, \wp\left(\frac{1}{2}; 1, \frac{2\,\omega'}{2\,\omega}\right) =$$

$$= \frac{1}{(2\,\omega)^2}\, \wp\left(\frac{1}{2}; 1, \tau\right),$$

$$e_2 = \wp(\omega''; 2\omega, 2\omega') = \wp(\omega + \omega'; 2\omega, 2\omega') =$$

$$= \wp\left(2\omega \frac{1 + \frac{\omega'}{\omega}}{2}; 2\omega\, 1, 2\omega \frac{2\omega'}{2\omega}\right) = \frac{1}{(2\omega)^2} \wp\left(\frac{1+\tau}{2}; 1, \tau\right),$$

$$e_3 = \wp(\omega'; 2\omega, 2\omega') = \wp\left(2\omega \frac{\omega'}{2\omega}; 2\omega\, 1, 2\omega \frac{2\omega'}{2\omega}\right) = \frac{1}{(2\omega)^2} \wp\left(\frac{\tau}{2}; 1, \tau\right).$$

Diese Größen sind analytische Funktionen von τ (wie aus dem Ausdruck für $\wp$ ersichtlich). Wir erhalten jetzt:

$$\boxed{k^2(\tau) = \frac{e_2 - e_3}{e_1 - e_3} = \frac{\wp\left(\frac{1+\tau}{2}; 1, \tau\right) - \wp\left(\frac{\tau}{2}; 1, \tau\right)}{\wp\left(\frac{1}{2}; 1, \tau\right) - \wp\left(\frac{\tau}{2}; 1, \tau\right)}}. \tag{148}$$

Es ist stets $J(\tau) > 0$ (s. S. 11) (reelle τ-Werte können nach den auf Seite 10 angestellten Überlegungen nicht auftreten; die Konvergenzbetrachtung anläßlich der Gewinnung der $\wp$-Funktion würde in diesem Falle auch aufhören, gültig zu sein; s. S. 19); die Größen e_1, e_2, e_3 sind alle voneinander verschieden (S. 22), demnach können wir sagen: $k^2(\tau)$ ist in der oberen Halbebene überall regulär und nimmt nicht nur den Wert ∞, sondern auch die Werte 0 und 1 nicht an.

Eine gegenseitige Beziehung der Riemannschen Flächen, welche sich auf zueinander ähnliche Periodenparallelogramme abbilden lassen, haben wir bereits gefunden: Einer Drehstreckung der z-Ebene entspricht eine Drehstreckung der Riemannschen Fläche. Das führt uns zur Funktion $k^2(\tau)$. Wir wollen nun noch folgenden Gedanken in den Vordergrund stellen: Eine gegebene Riemannsche Fläche entspricht nicht nur einem Fundamentalparallelogramm (nach unseren Betrachtungen über das elliptische Integral, Umkehrproblem), sondern zunächst einmal allen Parallelogrammen des Gitters, darüber hinaus aber allen (anderen) Fundamentalparallelogrammen, aus denen das Periodengitter ebenfalls aufgebaut werden kann (z. B. $0, 2\omega, 2\cdot 2\omega + 2\omega', 2\omega + 2\omega'$).

Wir wollen nun insbesondre alle Fundamentalparallelogramme untersuchen, welche die gleiche Periodengesamtheit liefern und demnach durch dieselbe $\wp$-Funktion auf dieselbe Riemannsche Fläche abgebildet werden. Wenn zwei Perioden $2\omega_*$ und $2\omega_*'$ dieselbe Periodengesamtheit wie 2ω, $2\omega'$ liefern sollen, so müssen sich auch 2ω und $2\omega'$ linear mit ganzzahligen Koeffizienten durch $2\omega_*$ und $2\omega_*'$ ausdrücken lassen. Wenn

$$\left.\begin{aligned} 2\omega_* &= a\, 2\omega + b\, 2\omega' \\ 2\omega_*' &= c\, 2\omega + d\, 2\omega' \end{aligned}\right\}, \tag{149}$$

so ergibt sich

$$\left.\begin{aligned} 2\omega &= \frac{d}{ad - bc} 2\omega_* - \frac{b}{ad - bc} 2\omega_*' \\ 2\omega' &= \frac{-c}{ad - bc} 2\omega_* + \frac{a}{ad - bc} 2\omega_*'. \end{aligned}\right\} \tag{150}$$

Die Koeffizienten müssen ganze Zahlen sein; die Koeffizientendeterminante $\frac{1}{ad - bc}$ muß also ebenfalls ganzzahlig sein, d. h. die Determinante $ad - bc$ muß gleich ± 1 sein. Wir können das Resultat aussprechen: Alle und nur diejenigen Periodenpaare $2\,\omega_*$, $2\,\omega_*'$ liefern dasselbe Periodengitter und damit dieselbe $\wp$-Funktion, d. h. auch dieselbe Riemannsche Fläche, welche auseinander durch ganze lineare Transformationen mit ganzzahligen Koeffizienten mit der Determinante ± 1 hervorgehen. Diese Transformationen bilden eine Gruppe, weil die Zusammensetzung zweier Transformationen der Determinante ± 1 wieder eine solche Substitution liefert. Diese Gruppe heißt Modulgruppe.

Beispiele solcher Transformationen: $2\,\omega_* = 2\,\omega$, $2\,\omega_*' = 2\,\omega + 2\,\omega'$; $2\,\omega_* = -2\,\omega'$, $2\,\omega_*' = 2\,\omega$; $2\,\omega_* = -2\,\omega$, $2\,\omega_*' = 2\,\omega'$. Während die ersten beiden Transformationen die Koeffizientendeterminante 1 haben, hat bei der dritten Transformation die Koeffizientendeterminante den Wert -1, die Größe $\frac{2\,\omega_*'}{2\,\omega_*}$ würde hier einen negativen Imaginärteil haben, wir hatten uns aber bereits auf positiven Imaginärteil festgelegt[1]).

Wir führen wieder das Periodenverhältnis $\frac{2\,\omega'}{2\,\omega} = \tau$ ein, unsere Transformationen lassen sich dann schreiben:

$$\tau_* = \frac{2\,\omega_*'}{2\,\omega_*} = \frac{c\,2\,\omega + d\,2\,\omega'}{a\,2\,\omega + b\,2\,\omega'} = \frac{c + d\,\tau}{a + b\,\tau}\,. \tag{151}$$

Wir wollen nun einen Fundamentalbereich der Modulgruppe bestimmen, d. h. eine Punktmenge, die aus jeder Klasse der durch die Gruppe äquivalenten Punkte genau einen Punkt τ enthält[2]). Wir gehen so vor: Zunächst wählen wir eine kürzeste Periode und nennen sie $2\,\omega$. Durch $m\,2\,\omega$ mit $m = 0, \pm 1, \pm 2, \pm 3, \ldots$ sind dann die Punkte einer Geraden dargestellt, auf der jedenfalls keine weiteren Perioden liegen. Die anderen Periodenpunkte liegen auf parallelen Geraden verteilt. Wir wählen die vom Vektor $2\,\omega$ aus nach links zunächst benachbarte parallele Periodengerade. Auf dieser suchen wir denjenigen Periodenpunkt, welcher der in Bild 42

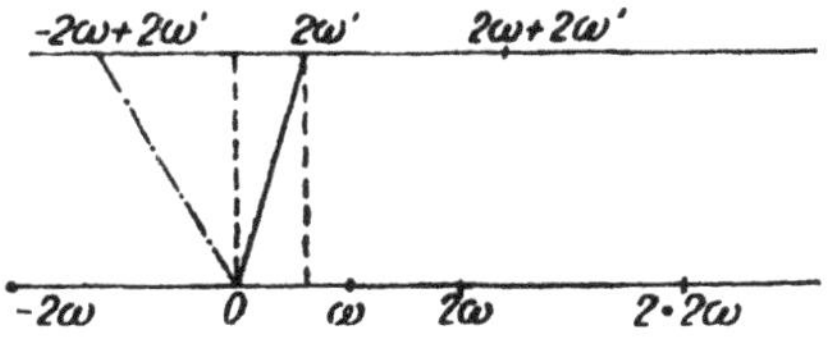

Bild 42.

[1]) Es läßt sich zeigen, daß durch Kombination dieser drei als Beispiele angegebenen Transformationen die ganze Gruppe der betrachteten unimodularen Transformationen mit ganzzahligen Koeffizienten erzeugt werden kann.

[2]) Also nicht zwei Punkte, die durch eine Transformation der Gruppe auseinander hervorgehen. Wir betonten schon, daß τ für unsere Zwecke nur in der oberen Halbebene variiert.

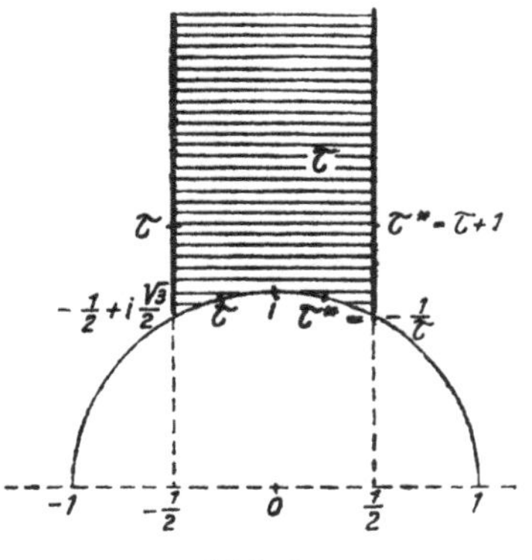

Bild 43.

gestrichelt gezeichneten Senkrechten durch 0 am nächsten liegt[1]). Diese Periode nennen wir $2\omega'$. Es ist sicher $|2\omega'| \geqq |2\omega|$, und die Projektion von $2\omega'$ auf 2ω ist sicher $\leqq |\omega|$, also $|\tau| \geqq 1$ und $|\Re\{\tau\}| \leqq \frac{1}{2}$[2]). τ (als Vertreter sämtlicher Fundamentalparallelogramme) muß also im schraffiert gezeichneten Bereich von Bild 43 variieren. Die Randpunkte auf den Geradenstücken sind durch die Transformation $\tau + 1 = \tau^*$ (eine Transformation unserer Gruppe) einander zugeordnet, so daß also stets zwei derartige Randpunkte zur gleichen Periodengesamtheit führen[3]). Von den beiden vertikalen Randstücken ist demnach nur eines zum Fundamentalbereich zu zählen. Analoges gilt für die beiden Hälften des Kreisstückrandes; durch die Transformation $-\frac{1}{\tau} = \tau^*$ (eine Transformation unserer Gruppe) gehen diese Hälften ineinander über; demnach ist nur eine von ihnen zum Fundamentalbereich zu zählen. Wir können demnach unseren Fundamentalbereich so charakterisieren:

$$|\tau| \geqq 1, \; -\frac{1}{2} \leqq \Re\{\tau\} \leqq 0 \text{ und } |\tau| > 1, \; 0 < \Re\{\tau\} < \frac{1}{2}. \quad (152)$$

---

[1]) Für jedes Periodengitter greifen wir von den Fundamental-Periodenparallelogrammen, die diese Periodengesamtheit liefern, dasjenige heraus mit der am steilsten auf der kleinsten Periode „aufsitzenden" zweiten Periode.

[2]) Die Projektion ist (in den Bezeichnungen von Seite 11):

$$|2\varrho' \cos(\varphi' - \varphi)| \leqq \varrho, \text{ d. h. } \left|\frac{\varrho'}{\varrho}\cos(\varphi' - \varphi)\right| \leqq \frac{1}{2} \text{ also } |\Re\{\tau\}| \leqq \frac{1}{2}.$$

[3]) Zur Erläuterung: Im allgemeinen gibt es nur eine steilste Periode, sofern nicht ihre Projektion auf 2ω gerade gleich $|\omega| = \varrho$ ist; in diesem Falle ergeben sich die Projektionen $-\varrho$ und $+\varrho$ und demnach $\Re\{\tau\} = -\frac{1}{2}$ und $\Re\{\tau\} = +\frac{1}{2}$, d. h. zwei äquivalente Werte τ und τ^* mit der Beziehung $\tau + 1 = \tau^*$.

Treten mehr als eine kürzeste Periode auf (abgesehen vom entgegengesetzten Wert), so müssen diese Perioden, da die Differenz zweier Perioden auch eine Periode ist, einen Winkel $\geqq \frac{\pi}{3}$ miteinander bilden. Wir können die Wahl (die zweite Periode muß links von der ersten liegen) stets auf zwei Weisen treffen: einmal so, daß der Winkel zwischen beiden Perioden spitz ist, und einmal so, daß der Winkel zwischen beiden Perioden stumpf ist; im ersten Fall bekommen wir $\tau = \frac{2\omega'}{2\omega}$, im zweiten Fall $\tau^* = \frac{2\omega_*'}{2\omega_*} = \frac{-2\omega}{2\omega'} = -\frac{1}{\tau}$, insbesondere $\Re\{\tau^*\} = -\Re\{\tau\}$.

33. Untersuchung der durch $k^2(\tau) = \lambda(\tau)$ geleisteten konformen Abbildung.

Wir wollen die durch $k^2(\tau) = \dfrac{e_2 - e_3}{e_1 - e_3} = \lambda(\tau)$ geleistete konforme Abbildung, und zwar zunächst des stark umrandeten Gebietes in Bild 44a untersuchen. Dieses stark umrandete Gebiet wird begrenzt von der Achse des positiv Imaginären, von einem Kreisbogen um den Punkt 1 als Mittelpunkt mit dem Radius 1 und von dem von $\frac{1}{2} + i\frac{\sqrt{3}}{2}$ bis ∞ reichenden Stück der Geraden $\Re(\tau) = \frac{1}{2}$. Dieses Gebiet besteht aus dem rechts von der Achse des positiv Imaginären gelegenen Teilgebiet des (schraffierten) Fundamentalbereichs (Bild 43) und aus dem durch $\tau^* = -\frac{1}{\tau}$ entstehenden Bildbereich seiner linken Hälfte und ist demnach dem Fundamentalbereich äquivalent $\left[\tau^* = -\frac{1}{\tau}\right.$ ist eine Substitution der Art (151)$\left.\right]$.

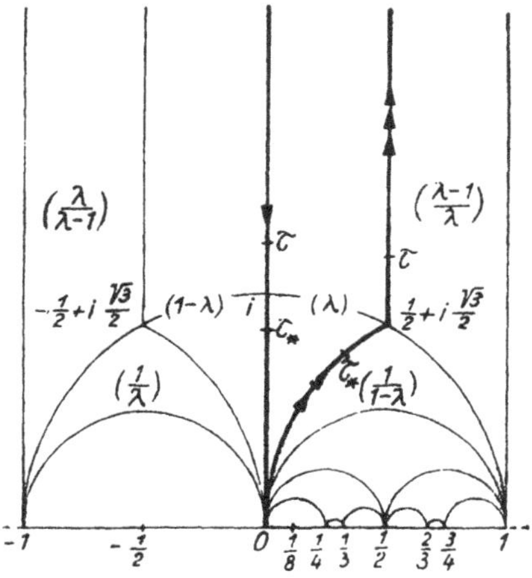

Bild 44a.

1. Was wird aus der Achse des positiv Imaginären im Bild?

$\tau = \dfrac{2\omega'}{2\omega}$ = rein imaginär stellt den Rechteckfall dar. Wir können das Rechteck so gelagert denken wie in Bild 9, denn einer Drehung — wobei ja τ ungeändert bleibt — entspricht eine Drehstreckung der Riemannschen Fläche, also jedenfalls derselbe λ-Wert. Wir erinnern uns der durch $\wp(z)$ geleisteten konformen Abbildung des Viertel-Rechtecks auf die untere Halbebene. Die e-Größen fallen sämtlich reell aus (S. 55). Der positiv imaginären Achse in der τ-Ebene entspricht also ein Stück der Achse des Reellen in der λ-Ebene. Im Falle $\tau = \dfrac{2\omega'}{2\omega} = i$ haben wir es mit dem quadratischen Fall zu tun. Aus $\wp(iz) = \dfrac{1}{i^2}\wp(z) = -\wp(z)$ [(97)] folgt hier $e_3 = \wp(\omega') = -\wp(\omega) = -e_1$ und aus $e_1 + e_2 + e_3 = 0$ demnach $e_2 = 0$. Wir erhalten $\lambda = \dfrac{e_2 - e_3}{e_1 - e_3} = \dfrac{0 + e_1}{e_1 + e_1} = \dfrac{1}{2}$. Dieser Punkt liegt also auf dem Bildgeradenstück. Die beiden Stücke der Achse des positiv Imaginären von i nach $i\infty$ und von i nach 0 hängen durch die Transformation $\tau_* = -\dfrac{1}{\tau}$ zusammen. Es ist also in (151) $\tau_* = \dfrac{c + d\tau}{a + b\tau}$ $c = -1$, $d = 0$, $a = 0$, $b = 1$

zu wählen, d. h. in den Transformationsformeln (149) $2\,\omega_* = a\,2\,\omega + b\,2\omega'$, $2\,\omega'_* = c\,2\,\omega + d\,2\,\omega'$ sind diese Werte einzusetzen; das ergibt $2\,\omega_* = 2\,\omega'$, $2\,\omega'_* = -2\,\omega$. Wir können nun den Wert von λ an der Stelle τ_* ausdrücken durch den λ-Wert an der Stelle τ. Es ist

$$e_{1*} = \wp(\omega_*) = \wp(\omega') = e_3\,,$$
$$e_{2*} = \wp(\omega_* + \omega'_*) = \wp(\omega' - \omega) = \wp(\omega' - \omega + 2\,\omega) = \wp(\omega + \omega') = e_2\,,$$
$$e_{3*} = \wp(\omega'_*) = \wp(-\omega) = \wp(\omega) = e_1\,.$$

Demnach ist

$$\lambda_* = \lambda(\tau_*) = \frac{e_{2*} - e_{3*}}{e_{1*} - e_{3*}} = \frac{e_2 - e_1}{e_3 - e_1} = 1 - \frac{e_2 - e_3}{e_1 - e_3} = 1 - \lambda(\tau)\,, \qquad (153)$$

d. h. die Bilder der beiden durch die Transformation $\tau_* = -\dfrac{1}{\tau}$ verbundenen Stücke der Achse des Imaginären hängen durch die Transformation $\lambda_* = 1 - \lambda$ zusammen. Diese Transformation hat den Punkt $\dfrac{1}{2}$ als Fixpunkt und läßt sich schreiben: $\lambda_* - \dfrac{1}{2} = -\left(\lambda - \dfrac{1}{2}\right)$; sie stellt also eine 180^0-Drehung um den Punkt $\lambda = \dfrac{1}{2}$ dar, d. h. der Punkt $\lambda = \dfrac{1}{2}$ liegt in der Mitte der Bildstrecke (ein Stück auf der Achse des Reellen) der Achse des positiv Imaginären. Wir formulieren nochmals das Resultat:

Die Achse des positiv Imaginären der τ-Ebene geht über in ein symmetrisch zum Punkte $\dfrac{1}{2}$ liegendes Stück der Achse des Reellen der λ-Ebene.

2. Was wird aus dem Randstück $\mathfrak{R}\{\tau\} = \dfrac{1}{2}$, d. h. aus dem vom Punkte $\dfrac{1}{2} + \dfrac{\sqrt{3}}{2}\,i$ nach ∞ verlaufenden Geradenstück? Es ist

$$\tau = \frac{2\,\omega'}{2\,\omega} = \frac{2\,\varrho' e^{i\varphi'}}{2\,\varrho\, e^{i\varphi}} = \frac{2\,\varrho'}{2\,\varrho}\cos(\varphi' - \varphi) + i\,\frac{2\,\varrho'}{2\,\varrho}\sin(\varphi' - \varphi)\,.$$

Weil $\mathfrak{R}\{\tau\} = \dfrac{1}{2}$, muß also sein: $2\,\varrho'\cos(\varphi' - \varphi) = \varrho$ (S. 124, Abschn. 32, Fußnote 3). Wir denken uns das Parallelogramm so gedreht, daß $2\,\omega$ in die Achse des positiv Reellen fällt (einer solchen Drehung entspricht keine Änderung von τ und deshalb keine Änderung von λ). Wir bemerken: $e_1 = \wp(\omega)$ ist in diesem Fall reell, denn in der Darstellung $\wp(z) = \dfrac{1}{z^2} + \sum{}' \left[\dfrac{1}{(z - 2\,\bar{\omega})^2} - \dfrac{1}{(2\,\bar{\omega})^2}\right]$ kann man nach Einsetzen des reellen Wertes ω die Reihe in zwei Bestandteile zerlegen, wobei die erste Summation über alle reellen Gitterpunkte zu erstrecken ist und die zweite Summation über die noch verbliebenen nicht reellen — in unserem Falle konjugiert zur reellen Achse liegenden Gitterstellen erstreckt werden muß. Während die erste Summe über lauter reelle Größen natürlich reell ist, können in der zweiten Summe paarweise konjugierte Gitterpunkte zusammengefaßt werden und liefern also ebenfalls einen reellen Wert.

Wir behaupten: $e_2 = \wp(\omega'')$ und $e_3 = \wp(\omega')$ sind konjugiert komplexe Werte. Da ω'' und ω' spiegelbildlich zur Geraden durch ω, $2\,\omega'$ liegen (in unserem Fall), wollen wir zunächst die Werte auf dieser Geraden untersuchen. Wegen der Spiegelbildlichkeit der Stellen z und $-(z-2\,\omega)$ zur Achse des Reellen (Bild 44 b) [1]) sind die entsprechenden Funktionswerte zueinander konjugiert komplex: $\wp[-(z-2\,\omega)] = \overline{\wp(z)}$, außerdem muß wegen der Geradheit bei $z = 0$ und auf Grund der Periodizität sein: $\wp[-(z-2\,\omega)] = \wp(z)$; also gilt $\wp(z) = \overline{\wp(z)}$, d. h. $\wp(z)$ ist reell auf der Geraden durch ω und $2\,\omega'$.

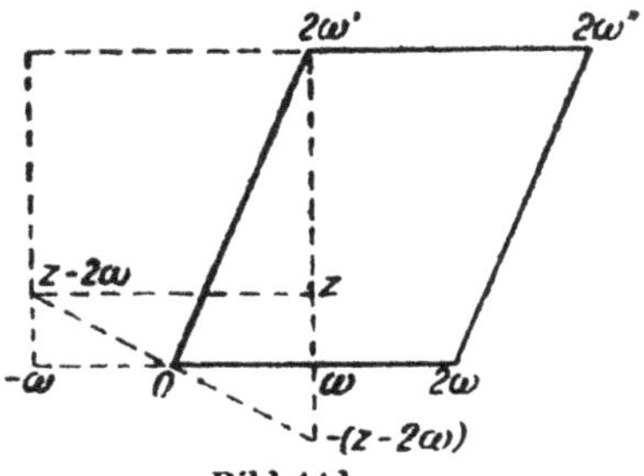

Bild 44 b.

Daraus folgt $e_2 = \wp(\omega'') = \overline{\wp(\omega')} = \overline{e_3}$ nach dem Spiegelungsprinzip S. 59.

Wir bekommen also auf dem in Frage kommenden Geradenstück $\Re\{\tau\} = \frac{1}{2}$ $\lambda' = \frac{e_1 - e_2}{e_1 - e_3} = \frac{e_1 - e_2}{\overline{e_1 - e_2}}$ mit reellem e_1, demnach $|\lambda'| = 1$. Wir bezeichneten $(e_2 - e_3)/(e_1 - e_3)$ mit λ, daraus folgt $\lambda' = \frac{e_1 - e_2}{e_1 - e_3} = 1 - \frac{e_2 - e_3}{e_1 - e_3} = 1 - \lambda$ oder

$$\lambda = 1 - \lambda' \text{ mit } |\lambda'| = 1. \tag{154}$$

Wir erhalten das Resultat:

Wenn τ auf dem in Betracht kommenden Geradenstück $\Re\{\tau\} = \frac{1}{2}$ variiert, so variiert λ' auf dem Einheitskreis der λ'-Ebene und λ auf dem Kreis mit dem Mittelpunkt 1 und dem Radius 1 (verschobener Einheitskreis) in der λ-Ebene (Bild 45).

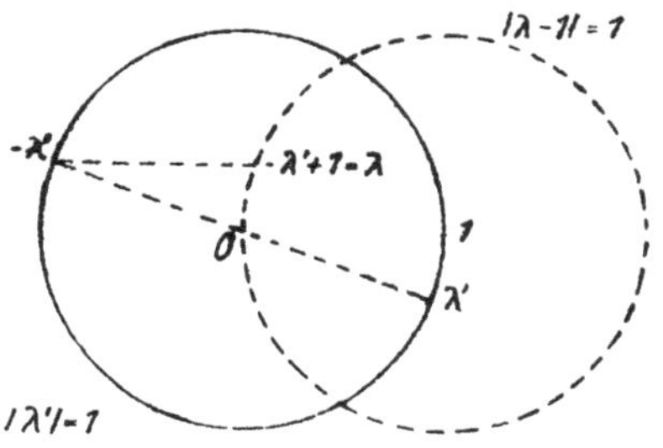

Bild 45.

3. Was entspricht dem die Punkte 0 und $\frac{1}{2} + \frac{\sqrt{3}}{2}i$ verbindenden Kreisbogen? Wir bemerken, daß dieser Kreisbogen aus dem soeben untersuchten Geradenstück durch die Transformation $\tau_* = \frac{1}{1-\tau}$ hervorgeht [2]).

[1]) Für z-Werte auf der Geraden durch ω, $2\,\omega'$; diese steht in unserem Falle senkrecht auf der Geraden durch $0, 2\,\omega$.

[2]) Fixpunkte ergeben sich aus $\frac{1}{1-\tau} = \tau$, d. h. $\tau^2 - \tau + 1 = 0$ zu $\tau = \frac{1}{2} \pm \frac{\sqrt{3}}{2}i$. Die Achse des Reellen geht durch $\frac{1}{1-\tau} = \tau_*$ in sich über; $\tau = \infty \rightarrow \tau_* = 0$; demnach kommt als Bild des Geradenstückes $\Re\{\tau\} = \frac{1}{2}$ der durch $\frac{1}{2} + \frac{\sqrt{3}}{2}i$ und 0 gehende auf der Achse des Reellen im Nullpunkt senkrecht auftreffende Kreisbogen.

Es ist also in (151)

$$\tau_* = \frac{c + d\tau}{a + b\tau} \qquad c = 1,\ d = 0,\ a = 1,\ b = -1$$

zu setzen. Demnach bekommen wir gemäß (149):

$$e_{1*} = \wp(\omega_*) = \wp(\omega - \omega') = \wp(\omega - \omega' + 2\omega') = \wp(\omega + \omega') = e_2\,,$$
$$e_{2*} = \wp(\omega_* + \omega_*') = \wp(\omega - \omega' + \omega) = \wp(-\omega') = \wp(\omega') = e_3\,,$$
$$e_{3*} = \wp(\omega_*') = \wp(\omega) = e_1\,.$$

Wir können nun den Wert von λ an der Stelle τ_* ausdrücken durch den Wert λ an der Stelle τ.

$$\lambda_* = \lambda(\tau_*) = \frac{e_{2*} - e_{3*}}{e_{1*} - e_{3*}} = \frac{e_3 - e_1}{e_2 - e_1} = \frac{1}{1 - \dfrac{e_2 - e_3}{e_1 - e_3}} = \frac{1}{1 - \lambda}\,. \tag{155}$$

Da der soeben erhaltene Kreis $|\lambda - 1| = 1$ (Bild 45) also in den Kreis $|\lambda_*| = 1$ übergeht, ergibt sich:

Wenn τ auf dem die Punkte $\frac{1}{2} + \frac{\sqrt{3}}{2}i$ und 0 verbindenden Kreisbogen variiert, so variiert der Bildpunkt auf dem Einheitskreis der λ-Ebene (wir schreiben wieder λ statt λ_*).

Wir können zusammenfassend sagen:

Die Begrenzung des Bildgebietes des oben betrachteten, stark umrandeten τ-Gebietes wird gebildet:

1. von einem symmetrisch zum Punkt $\lambda = \frac{1}{2}$ gelegenen Stück der Achse des Reellen,
2. von einem Kreisbogen mit dem Mittelpunkt 1 und dem Radius 1,
3. von einem Stück des Einheitskreises.

Es käme demnach als Bildgebiet das in Bild 46 auf der Strecke 0 1 „aufsitzende" stark umrandete Kreisbogendreieck oder sein Spiegelbild bezüglich der Achse des Reellen in Frage. Durchläuft man den Rand des betrachteten τ-Gebietes so, daß das Betrachtungsgebiet zur Linken bleibt, so muß auf das in der reellen Achse liegende Bildrandstück der auf dem Einheitskreis gelegene Bildbogen folgen; daraus sehen wir, daß sich nur das obige stark umrandete Kreisbogendreieck als Bild ergibt. Wir können uns sofort mittels eines Umlaufintegrales, wie auf S. 114 und 118 angewendet wurde,

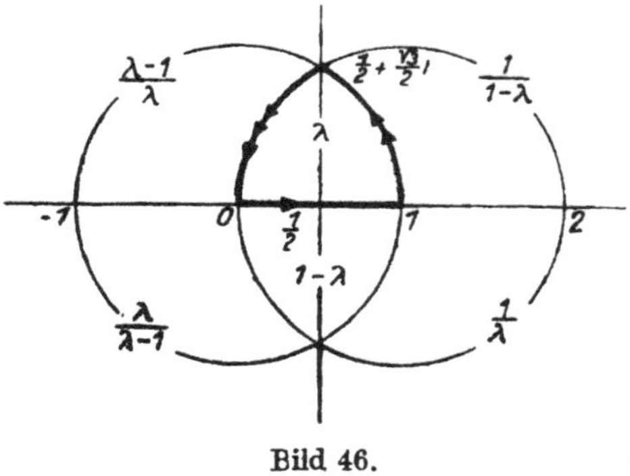

Bild 46.

davon überzeugen, daß das volle Innere des Bilddreiecks genau einmal bedeckt wird[1]).

Als Bild des Kreisbogendreiecks $0,\ \frac{1}{2}+\frac{\sqrt{3}}{2}i,\ \infty$ der τ-Ebene ergibt sich in der λ-Ebene das Kreisbogendreieck $1,\ \frac{1}{2}+\frac{\sqrt{3}}{2}i,\ 0$.

Wir können die im genannten Bereich untersuchte Funktion $\lambda(\tau)$ durch Spiegelungen an den Randstücken fortsetzen. Es kommt zu einer vollen Bedeckung der λ-Ebene und entsprechend zu einer Ausfüllung des Kreisbogenvierecks $\infty,\ -1,\ 0,\ 1$[2]) in der τ-Ebene. Die sich durch Spiegelungen in der λ-Ebene ergebenden Gebiete können wir uns auch durch lineare Transformationen erzeugt denken (dem Typus nach). Diese linearen Transformationen sind in die einzelnen Gebiete (Bild 46) geschrieben worden, in den τ-Originalbereichen ist die Bezeichnung aus den λ-Gebieten in () beigefügt worden (Bild 44 a). Insbesondere erkennen wir:

Dem nullwinkligen Kreisbogendreieck $\infty, 0, 1$ der τ-Ebene entspricht als Bild die obere λ-Halbebene; $\tau=0\to\lambda=1$, $\tau=1\to\lambda=\infty$, $\tau=\infty\to\lambda=0$[3]).

Fortgesetzte Spiegelung lehrt:

Die obere τ-Halbebene wird durch die Funktion $\lambda(\tau)$ — elliptische Modulfunktion — auf eine unendlich vielblättrige Riemannsche Fläche abgebildet, die bei $0, 1, \infty$ Windungspunkte unendlich hoher Ordnung hat.

Erläuterungen: Die Abbildung des oben gezeichneten Kreisbogendreiecks $\infty, 0, 1$ auf die obere λ-Halbebene ist auf dem Rande noch regulär bis auf die Ecken, wo noch Stetigkeit vorhanden ist. Bei der regulären Randübertragung sind die Stellen $0, 1, \infty$ ausgeschlossen — hier ist die Abbildung nicht mehr konform. Zur analytischen Fortsetzung der Funktion $\lambda(\tau)$ haben wir das Spiegelungsprinzip zur Verfügung. Jedes entstehende neue Spitzendreieck liefert eine neue Halbebene. Spiegelung an dem 0 1 verbindenden Halbkreisbogen liefert im Bild Spiegelung an der Strecke $1\ \infty$. Dem Kreisbogenviereck $\infty, 0, \frac{1}{2}, 1$ entspricht die von ∞ (von $-\infty$) bis 1 aufgeschlitzte λ-Ebene. Wir können nun das ganze Bild an jeder der Halbkreis-

1) Es ist auch von vornherein folgende Schlußweise möglich (wie hier nicht näher ausgeführt werden soll): Zwei Riemannsche Flächen besitzen nur dann denselben Wert $k^2(\tau)=\lambda(\tau)=\frac{e_2-e_3}{e_1-e_3}$, wenn sie durch Drehstreckungen auseinander hervorgehen, d.h. wenn die ihnen zugrunde liegenden Parallelogramme durch Drehstreckungen auseinander hervorgehen, also derselbe τ-Wert zugrunde liegt. Demnach nimmt die Funktion $k^2(\tau)=\lambda(\tau)$ in unserem τ-Fundamentalbereich keinen Wert mehr als einmal an, sie leistet also eine schlichte konforme Abbildung dieses — und damit jedes anderen Fundamentalbereiches der elliptischen Modulgruppe.

2) Begrenzung wird gebildet von den Parallelen zur Achse des Imaginären durch die Punkte -1 und 1 und von den sich über den Strecken $-1, 0$ und $0, 1$ wölbenden Halbkreisen.

3) Die auch gebräuchliche Zuordnung $\tau=0\to\lambda=0$, $\tau=1\to\lambda=1$, $\tau=\infty\to\lambda=\infty$ kann mittels linearer Transformation der λ-Ebene in sich erreicht werden.

bogen-Seiten spiegeln; dem entspricht eine Spiegelung in der λ-Ebene an den entsprechenden Schlitzuferstücken usw. Wir können die Dreiecke einzeln spiegeln, dem entspricht Ansetzung neuer λ-Halbebenen. Wir können auch nach jedem Spiegelungsschritt immer wieder das ganze bereits ausgefüllte Gebiet spiegeln, wie wir das zuletzt andeuteten. Auf diese Weise sieht man: die Radien der an der Begrenzung teilnehmenden größten Halbkreise sinken von $\frac{1}{2}$ auf $\frac{1}{4}$, von $\frac{1}{4}$ auf $\frac{1}{8}$ usw. Die Begrenzungsbogen haben also höchstens die Höhe $\frac{1}{2}, \frac{1}{4}, \frac{1}{8}, \frac{1}{16}, \frac{1}{32}$ usw. Daher erkennen wir: Es kommt bei unbegrenzt fortgesetzter Spiegelung zur vollen Ausfüllung des ganzen Halbstreifens über 01. Diesen Halbstreifen können wir nun an den vertikalen Rändern fortgesetzt spiegeln und erhalten eine volle Ausfüllung der oberen Halbebene. Diesem Vorgang entspricht das Entstehen einer unendlich vielblättrigen Riemannschen Fläche mit $0, 1, \infty$ als Windungspunkten unendlich hoher Ordnung. Bei allen Eckpunkten in der τ-Ebene liegen unendlich viele Bilder in vorwärts und rückwärts geöffneter Kette. Über der λ-Ebene entspricht diesem Geschehen das Aneinanderstoßen unendlich vieler Halbebenen in den Bildpunkten. Es kommt zu unendlich vielen logarithmischen Windungspunkten über $0, 1, \infty$. Aus dem Nebeneinanderlagerungs-Schematismus (τ-Ebene) ergibt sich ein Übereinanderlagerungs-Schematismus (λ-Ebene). Die Achse des Reellen ist natürliche Grenze, $\lambda(\tau)$ ist nicht darüber hinaus fortsetzbar, denn die Bilder der Dreieckspunkte (Spitzenpunkte), die durch das Spiegelungsverfahren kommen, liegen überall dicht auf der Achse des Reellen. Jeder solche Punkt ist aber ein Häufungspunkt von Spitzendreiecken; in jedem der sich daselbst häufenden Dreiecke werden alle Werte aus der oberen λ-Halbebene angenommen, also ist jeder derartige Punkt eine wesentlich singuläre Stelle. Wir beachten: Jede der angewandten Spiegelungen führt die obere Halbebene in sich über. Je zwei aufeinander folgenden Spiegelungen entspricht eine direkt konforme Abbildung der oberen Halbebene in sich und ein Übergang zur gleichen Halbebene über der λ-Ebene, also zur gleichen Wertannahme. $\lambda(\tau)$ ist also eine automorphe Funktion gegenüber diesen linearen Transformationen.

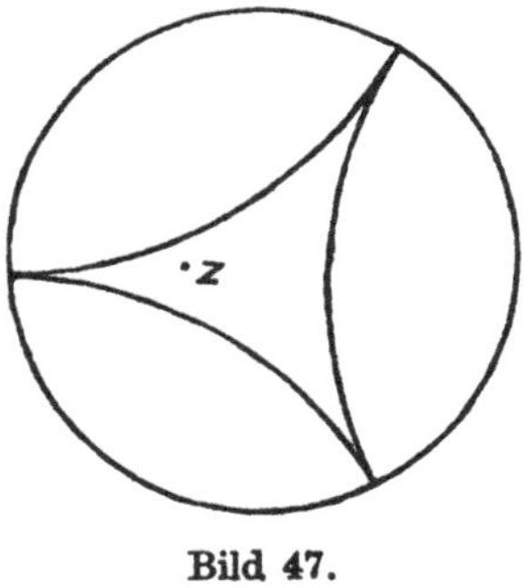

Bild 47.

Allgemeiner können wir an Stelle des Kreisbogendreiecks $0, 1, \infty$ der τ-Ebene jetzt ein beliebiges nullwinkliges Kreisbogendreieck betrachten (Bild 47).

Mittels linearer Transformation, welche die Eckpunkte (Spitzen) nach $0, 1, \infty$ bringt, kommen wir sofort auf die obige Figur zurück. Wir erkennen, daß die Spitzen-Eckpunkte auf einem gemeinsamen Orthogonalkreis liegen müssen, weil das für den bisher betrachteten Fall gilt. Der durch fortgesetzte Spiegelung ausgefüllten oberen Halbebene entspricht demnach der volle Fundamentalkreis. Wir haben es dann mit einer linear modifizierten elliptischen Modulfunktion zu tun. Ein beliebiges Spitzendreieck (nullwinkliges Kreisbogendreieck) liefert also grundsätzlich nichts Neues. Wir erhalten eine automorphe Funktion mit Grenzkreis; $\lambda'(z)$, wobei $\lambda = \lambda(\tau) = \lambda(\mathfrak{L}(z)) = \lambda'(z)$, ist über den Fundamentalkreis nicht fortsetzbar.

34. Anwendung auf ganze transzendente Funktionen.

Wir wollen folgenden erstmalig von Picard bewiesenen Satz herleiten:

Eine ganze transzendente Funktion läßt höchstens einen Wert aus.

Ein Beispiel ist die Funktion e^s, sie nimmt den Wert 0 nirgends an im Endlichen, sonst aber jeden endlichen Wert.

Wir wollen annehmen, G (s) sei eine ganze transzendente Funktion, welche zwei endliche Werte, nämlich α und β nicht annimmt; den Wert ∞ nimmt sie im Endlichen ebenfalls nicht an (wegen der Regularität im Endlichen). Wir betrachten dann

$$\frac{G(s) - \alpha}{\beta - \alpha} = g(s) ,$$

also wieder eine ganze transzendente Funktion, die jetzt aber die Werte 0, 1 und ∞ im Endlichen nirgends annimmt: g (s) variiert also in der vollen Ebene außer 0, 1, ∞, daher wie die Größe $\lambda = \lambda(\tau)$ oder $\lambda'(z)$, wobei $\lambda'(z)$ die modifizierte Modulfunktion sei, welche die konforme Abbildung des mit unendlich vielen Spitzendreiecken ausgefüllten Fundamentalkreises auf die unendlich vielblättrige Riemannsche Fläche mit den Windungspunkten 0, 1, ∞ leistet. Wir betrachten die Umkehrfunktion $z = z(\lambda')$, die — in einem Zweig genommen — die volle Ebene außer 0, 1, ∞ auf ein Spitzendreieck im Fundamentalkreis samt einem durch Spiegelung nebengelagerten Spitzendreieck abbildet — also jedenfalls auf einen im Fundamentalkreisinneren gelegenen Bereich überträgt. Wir können jetzt g statt λ' schreiben und haben in $z(g) = z(g(s))$ eine in der ganzen endlichen s-Ebene reguläre eindeutige[1]) Funktion, die aber beschränkt ist, demnach eine Konstante sein muß. Da $z(g)$ sicher mit variablem g keine Konstante ist, bleibt nur übrig: g = konst.; $g(s)$ müßte also eine Konstante sein, wenn sie außer ∞ noch die Werte 0 und 1 auslassen würde. $g(s)$ war aber als eine von einer Konstanten verschiedene ganze transzendente Funktion gedacht. Dieser Widerspruch läßt sich nur so klären, daß höchstens ein Wert von $G(s)$ ausgelassen wird.

[1]) Wenn der Wert s in einem hinreichend kleinen Kreis eine Stelle s_* umläuft, so muß die Bildstelle $g = \lambda'$ einen geschlossenen Weg durchlaufen, ohne dabei einen der Verzweigungspunkte 0, 1, ∞ zu umkreisen, also kehrt z zu seiner Ausgangsstelle zurück: $z(g(s))$ ist also in der Umgebung jeder Stelle eindeutig und deshalb im großen eindeutig.

35. Ergänzungen zu $\lambda(\tau) = \frac{e_2 - e_3}{e_1 - e_3}$.

Wir hatten Transformationen $2\omega_* = a2\omega + b2\omega', 2\omega_*' = c2\omega + d2\omega'$, mit ganzen Zahlen a, b, c, d betrachtet (149) und von den umgekehrten Transformationen (150)

$$2\omega = \frac{d}{ad - bc} 2\omega_* + \frac{-b}{ad - bc} 2\omega_*',$$

$$2\omega' = \frac{-c}{ad - bc} 2\omega_* + \frac{a}{ad - bc} 2\omega_*'$$

verlangt, daß die Koeffizienten ganze Zahlen sind. Wir bezeichneten:

$\frac{2\omega'}{2\omega} = \tau$, Verhältnis der alten Perioden;

$\frac{2\omega_*'}{2\omega_*} = \tau_* = \frac{c\,2\omega + d\,2\omega'}{a\,2\omega + b\,2\omega'} = \frac{c + d\frac{2\omega'}{2\omega}}{a + b\frac{2\omega'}{2\omega}} = \frac{c + d\tau}{a + b\tau}$ [(151)], Verhältnis der neuen Perioden. Wir bekommen für die neuen Perioden:

$$e_{1*} = \wp(\omega_*) = \wp(a\omega + b\omega'),$$
$$e_{2*} = \wp(\omega_* + \omega_*') = \wp(a\omega + b\omega' + c\omega + d\omega'),$$
$$e_{3*} = \wp(\omega_*') = \wp(c\omega + d\omega').$$

Die e_*-Größen sind gleich den e-Größen (Werte an Halbgitterstellen) — im allgemeinen aber unter Vertauschung der Indizes. Demnach wird im allgemeinen bei diesen Periodentransformationen nicht derselbe λ-Wert $\frac{e_2 - e_3}{e_1 - e_3}$ herauskommen, sondern ein durch Vertauschung der e-Größen entstandener Wert; es gibt dabei folgende Möglichkeiten:

$$\begin{array}{lll} \frac{e_2 - e_3}{e_1 - e_3} = \lambda & \frac{e_3 - e_1}{e_2 - e_1} = \frac{1}{1 - \lambda} & \frac{e_1 - e_2}{e_3 - e_2} = \frac{\lambda - 1}{\lambda} \\ \frac{e_1 - e_3}{e_2 - e_3} = \frac{1}{\lambda} & \frac{e_3 - e_2}{e_1 - e_2} = \frac{\lambda}{\lambda - 1} & \frac{e_2 - e_1}{e_3 - e_1} = 1 - \lambda\,. \end{array} \tag{156}$$

Das sind gerade die sechs verschiedenen Doppelverhältnisse der Verzweigungspunkte e_1, e_2, e_3, ∞ der elliptischen Riemannschen Fläche. Im allgemeinen, so können wir jetzt auch sagen, wird sich bei den betrachteten ganzzahligen Transformationen $\frac{d\tau + c}{b\tau + a} = \tau_*$ nicht derselbe Wert $\lambda(\tau_*) = \lambda(\tau)$ ergeben, sondern ein in obiger Weise linear abgeänderter Wert:

$$\lambda_* = \lambda(\tau_*) = \frac{1}{1 - \lambda(\tau)} \text{ bzw. } \frac{\lambda(\tau) - 1}{\lambda(\tau)} \text{ bzw. } \frac{1}{\lambda(\tau)} \text{ bzw. } \frac{\lambda(\tau)}{\lambda(\tau) - 1} \text{ bzw. } 1 - \lambda(\tau).$$

Q. Ein Weg zur numerischen Rechnung.

36. Vorbemerkung über die Herstellung ganzer einfach-periodischer Funktionen.

Wir wollen eine ganze Funktion $\varphi(z)$ konstruieren mit der Periode $2\,\omega$, d. h. es soll $\varphi(z + 2\,\omega) = \varphi(z)$ sein. Wir denken uns einen von zwei zum Vektor $2\,\omega$ orthogonalen parallelen Geraden begrenzten Periodenstreifen (die Ränder gehen durch Translationen $z' = z + 2\,\omega$ auseinander hervor,

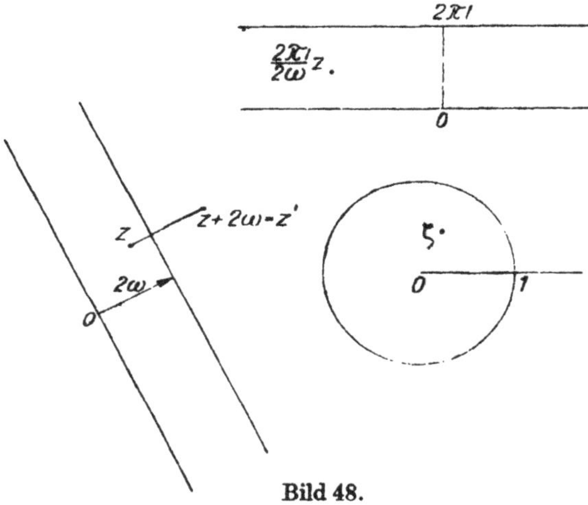

Bild 48.

Bild 48). Übergang von z zu $\frac{z}{2\,\omega}$ ergibt eine Drehstreckung des Parallelstreifens, indem $2\,\omega$ in die gerichtete Strecke 0, 1 übergeführt wird. Nach Multiplikation mit $2\,\pi$ i erscheint der Streifen um 90^0 gedreht und auf die Breite $2\,\pi$ gebracht; seine Begrenzungsgeraden sind die Achse des Reellen und die zu ihr parallele Gerade durch den Punkt $2\,\pi\,i$. Anwendung der Funktion $e^{\frac{2\pi i}{2\omega}z} = \zeta$ leistet die konforme Abbildung des Streifens auf die volle Ebene; die „beiden“ Unendlichkeitspunkte des Periodenstreifens gehen in die Punkte $\zeta = 0$ und $\zeta = \infty$ über. Die Funktion $\varphi(z)$ erscheint jetzt nach Überpflanzung in die ζ-Ebene als eine eindeutige überall reguläre Funktion von ζ mit Ausnahme der Stellen $\zeta = 0$ und $\zeta = \infty$ (im Unendlichen der z-Ebene hat die Funktion $\varphi(z)$ eine wesentlich singuläre Stelle, weil sich daselbst die Periodenstreifen häufen). Es ist also:

$$\varphi(z) = \varphi(z(\zeta)) = \Phi(\zeta) = \sum_{n=-\infty}^{+\infty} a_n\,\zeta^n = \sum_{n=-\infty}^{+\infty} a_n\,e^{\frac{2\pi i}{2\omega}zn}\;^{1)}. \tag{157}$$

[1]) Laurent-Reihe in einem konzentrischen Kreisring um $\zeta = 0$ mit den Radien 0 und ∞.

37. Darstellung von $\sigma(z; 2\omega, 2\omega')$ durch eine Theta-Reihe.

Es gilt

$$\sigma(z+2\omega) = -e^{2\eta(z+\omega)}\sigma(z) \text{ und } \sigma(z+2\omega') = -e^{2\eta'(z+\omega')}\sigma(z) \text{ [36a), (36b)].} \tag{158}$$

Wir betrachten die ganze Funktion

$$\varphi(z) = e^{az^2+bz}\,\sigma(z) \tag{159}$$

und bestimmen a und b so, daß

$$\varphi(z+2\omega) = \varphi(z); \tag{160}$$

es ist $\dfrac{\varphi(z+2\omega)}{\varphi(z)} = \dfrac{\sigma(z+2\omega)\,e^{a(z+2\omega)^2+b(z+2\omega)}}{\sigma(z)\,e^{az^2+bz}}$

$$= \frac{-e^{2\eta(z+\omega)}\,\sigma(z)\,e^{az^2+4a\omega z+a4\omega^2+bz+b2\omega}}{\sigma(z)\,e^{az^2+bz}}\text{, also}$$

$$\frac{\varphi(z+2\omega)}{\varphi(z)} = -e^{2(2a\omega+\eta)(z+\omega)+b2\omega}; \tag{160 a}$$

ebenso finden wir:

$$\frac{\varphi(z+2\omega')}{\varphi(z)} = -e^{2(2a\omega'+\eta')(z+\omega')+b2\omega'}. \tag{160 b}$$

Wir wollen nun die Konstanten a und b so bestimmen, daß

$$\frac{\varphi(z+2\omega)}{\varphi(z)} = 1\text{, d. h. } -e^{2(2a\omega+\eta)(z+\omega)+b2\omega} = 1;$$

es muß sein: $a = \dfrac{-\eta}{2\omega}$, $b = \dfrac{\pi i}{2\omega}$. Dann wird nach (160b):

$$\frac{\varphi(z+2\omega')}{\varphi(z)} = -e^{2\left(-\eta\frac{2\omega'}{2\omega}+\eta'\right)\left(z+\omega'\right)+\pi i\frac{2\omega'}{2\omega}} \tag{161}$$

$$= -e^{2\frac{-\eta\omega'+\eta'\omega}{\omega}(z+\omega')+\pi i\frac{\omega'}{\omega}}\text{ [1]}$$

$$= -e^{2\frac{-\frac{\pi i}{2}}{\omega}(z+\omega')+\pi i\frac{\omega'}{\omega}},$$

$$\frac{\varphi(z+2\omega')}{\varphi(z)} = -e^{-\frac{\pi i z}{\omega}}. \tag{162}$$

Wir setzen $\dfrac{z}{\omega} = 2\nu$, demnach wird

$$\frac{\varphi(z+2\omega')}{\varphi(z)} = -e^{-2\pi i\nu} \tag{163}$$

und mit

$$e^{\pi i\nu} = e^{\frac{\pi i z}{2\omega}} = Z \tag{164}$$

[1]) Legendresche Relation (27).

erhalten wir:

$$\varphi(z+2\omega') = -Z^{-2}\varphi(z), \tag{165}$$

$$\varphi(z+2\omega) = \varphi(z) = e^{az^2+bz}\sigma(z) = e^{-\frac{\eta}{2\omega}z^2+\frac{\pi i}{2\omega}z}\sigma(z) = e^{-\frac{\eta}{2\omega}z^2} Z\,\sigma(z). \tag{166}$$

Die ganze Funktion $\varphi(z)$ mit der Periode 2ω können wir nach (157) so darstellen:

$$\varphi(z) = \sum_{n=-\infty}^{+\infty} a_n e^{\frac{2\pi i z}{2\omega}n} = \sum_{n=-\infty}^{+\infty} a_n Z^{2n}. \tag{167}$$

Es wird demnach, wenn wir

$$e^{i\pi\frac{\omega'}{\omega}} = e^{i\pi\tau} = h$$

setzen, gemäß (167) und (165):

$$\varphi(z+2\omega') = \sum_{n=-\infty}^{+\infty} a_n Z^{2n} h^{2n} = \sum_{n=-\infty}^{+\infty} a_n Z^{2n}(-Z^{-2}) = -\sum_{n=-\infty}^{+\infty} a_n Z^{2n-2} = -\sum_{n=-\infty}^{+\infty} a_{n+1} Z^{2n}. \tag{168}$$

Koeffizientenvergleich liefert:

$$a_{n+1} = -a_n h^{2n} = -a_n h^{\left(n+\frac{1}{2}\right)^2-\left(n-\frac{1}{2}\right)^2}, \text{ also}$$

$$a_{n+1}(-1)^{n+1} h^{-\left(n+\frac{1}{2}\right)^2} = a_n(-1)^n h^{-\left(n-\frac{1}{2}\right)^2}; \tag{169}$$

wir können in dem rechts stehenden Ausdruck n durch $n+1$ ersetzen, ohne daß eine Wertänderung eintritt, demnach hat die Größe

$$a_n(-1)^n h^{-\left(n-\frac{1}{2}\right)^2} \tag{170}$$

für alle n denselben Wert k. Nach (167) ergibt sich dann:

$$\varphi(z) = \sum_{n=-\infty}^{+\infty} a_n Z^{2n} = k i \sum_{n=-\infty}^{+\infty}(-1)^n h^{\left(n-\frac{1}{2}\right)^2} Z^{2n}. \tag{171}$$

Wir setzen

$$\sum_{n=-\infty}^{\infty}(-1)^n h^{\left(\frac{2n-1}{2}\right)^2} Z^{2n-1} = i\sum_{n=-\infty}^{\infty}(-1)^n h^{\left(\frac{2n-1}{2}\right)^2} e^{\pi i v(2n-1)} = \vartheta_1(v) \tag{172}$$

und wollen zunächst eine Reihenentwicklung für $\vartheta_1(v)$ herleiten. Es ist, wenn wir

$$2n-1 = \mu \tag{173}$$

setzen,

$$\vartheta_1(v) = i\left[\sum_\mu(-1)^{\frac{\mu+1}{2}} h^{\frac{\mu^2}{4}} Z^\mu + \sum_\mu(-1)^{\frac{-\mu+1}{2}} h^{\frac{\mu^2}{4}} Z^{-\mu}\right], \tag{174}$$

μ bedeutet alle ungeraden positiven Zahlen. Wir erhalten unter Berücksichtigung von $(-1)^{\frac{\mu+1}{2}} = (-1)^\mu(-1)^{\frac{-\mu+1}{2}} = -(-1)^{\frac{-\mu+1}{2}}$

$$\vartheta_1(v) = i\sum_\mu(-1)^{\frac{-\mu+1}{2}} h^{\frac{\mu^2}{4}}(-Z^\mu+Z^{-\mu}) = i\sum_\mu -(-1)^{\frac{-\mu+1}{2}} h^{\frac{\mu^2}{4}}\left(e^{i\mu\pi v}-e^{-i\mu\pi v}\right)^{1)}$$

[1]) Nach (164).

$$\vartheta_1(\nu) = 2\sum_\mu (-1)^{\frac{-\mu+1}{2}} h^{\frac{\mu^2}{4}} \sin(\mu\pi\nu) \text{ und demnach}$$

$$\vartheta_1(\nu) = 2\left[h^{\frac{1}{4}}\sin(\pi\nu) - h^{\frac{9}{4}}\sin(3\pi\nu) + h^{\frac{25}{4}}\sin(5\pi\nu) - + \cdots\right], \quad (175)$$

wobei $h = e^{i\pi\tau}$. $\vartheta_1(\nu)$ ist eine ungerade Funktion. Insbesondere ergibt sich

$$\frac{\vartheta_1(\nu)}{\nu} = 2\left[h^{\frac{1}{4}}\frac{\sin(\pi\nu)}{\pi\nu}\pi - h^{\frac{9}{4}}\frac{\sin(3\pi\nu)}{3\pi\nu}3\pi + h^{\frac{25}{4}}\frac{\sin(5\pi\nu)}{5\pi\nu}5\pi - + \cdots\right]$$

$$\left.\frac{\vartheta_1(\nu)}{\nu}\right|_{\text{für } \nu \to 0} = 2\left[h^{\frac{1}{4}}\pi - h^{\frac{9}{4}}3\pi + h^{\frac{25}{4}}5\pi - + \cdots\right]; \text{ wir finden:}$$

$$\vartheta_1'(\nu) = 2\left[h^{\frac{1}{4}}\cos(\pi\nu)\pi - h^{\frac{9}{4}}\cos(3\pi\nu)3\pi + h^{\frac{25}{4}}\cos(5\pi\nu)5\pi - + \cdots\right], \text{ also}$$

$$\vartheta_1'(0) = 2\left[h^{\frac{1}{4}}\pi - h^{\frac{9}{4}}3\pi + h^{\frac{25}{4}}5\pi - + \cdots\right],$$

$$\text{demnach: } \left(\frac{\vartheta_1(\nu)}{\nu}\right)_{\text{für } \nu \to 0} = \vartheta_1'(0). \quad (176)$$

Nach (166) und (171), (172), (163) erhalten wir

$$\sigma(z) = \wp(z)e^{\frac{\eta}{2\omega}z^2}\frac{1}{Z} = k\vartheta_1(\nu)e^{\frac{\eta}{2\omega}z^2} = k\vartheta_1\left(\frac{z}{2\omega}\right)e^{\frac{\eta}{2\omega}z^2} = k\vartheta_1(\nu)e^{\frac{\eta}{2\omega}(2\omega\nu)^2}. \quad (177)$$

Die Bestimmung der Konstanten k geschieht folgendermaßen: Gemäß der Entwicklung der σ-Funktion [(35)] gilt nach (177) und (176):

$$\left(\frac{\sigma(z)}{z}\right)_{\text{für } z \to 0} = 1 = k\left.\frac{\vartheta_1(\nu)}{2\omega\nu}e^{\frac{\eta}{2\omega}(2\omega\nu)^2}\right|_{\text{für } \nu \to 0} = k\left(\frac{\vartheta_1(\nu)}{\nu}\right)_{\text{für } \nu \to 0}\frac{1}{2\omega} = \frac{k}{2\omega}\vartheta_1'(0), \text{ also } k = \frac{2\omega}{\vartheta_1'(0)}.$$

Wir erhalten demnach:

$$\sigma(z) = \frac{2\omega}{\vartheta_1'(0)}\vartheta_1\left(\frac{z}{2\omega}\right)e^{\frac{\eta z^2}{2\omega}}. \quad (178)$$

Aus dieser Gleichung ergeben sich entsprechende Darstellungen für die Nebensigmafunktionen $\sigma_1(z)$, $\sigma_2(z)$, $\sigma_3(z)$, denn diese sind ja im wesentlichen verschobene σ-Funktionen (Seite 41); daraus folgen für $\sqrt{\wp(z) - e_1} = \frac{\sigma_1(z)}{\sigma(z)}$ (45) ebenfalls Darstellungen durch ϑ-Reihen. Auf diese Weise ergeben sich ϑ-Ausdrücke für $\wp'(z)$, $\wp(z)$, $\zeta(z)$ usw.

38. Ein Weg zur Berechnung elliptischer Integrale.

Das Integral $\int \Re(s, \sqrt{(s-a)(s-b)(s-c)(s-d)})\,ds$ transformierten wir mittels linearer Transformation, indem wir etwa d in den Punkt ∞ überführten (S. 110), in die Form $\int \Re(s, \sqrt{(s-\alpha)(s-\beta)(s-\gamma)})\,ds$. Nachdem wir durch eine Translation den Schwerpunkt der Verzweigungspunkte nach

Null brachten (S. 111), kamen wir auf den Typus

$$\int \Re\left(s, \sqrt{4\,(s-e_1)\,(s-e_2)\,(s-e_3)}\right) \mathrm{d}s \text{ mit } e_1+e_2+e_3=0\,.$$

Insbesondere schrieben wir dieses Integral in der Form [Typ von (145 a)]:

$$\int \Re_1(s)\,\mathrm{d}s + \int \Re_2(s)\,\frac{\mathrm{d}s}{\sqrt{S}}\,, \quad \text{wobei } S = 4\,(s-e_1)\,(s-e_2)\,(s-e_3)\,.$$

Das erstere Integral bietet keine Schwierigkeiten bei numerischen Problemen. Die Integrale $\int \Re(s)\frac{\mathrm{d}s}{\sqrt{S}}$ wurden klassifiziert **(0.30)**; wir kamen auf die drei Normalformen (132 a), (136a), (140):

$$\int\limits_{\infty}^{s}\frac{\mathrm{d}s}{\sqrt{S}} = z\,, \int s\,\frac{\mathrm{d}s}{\sqrt{S}} = \int \wp(z)\,\mathrm{d}z = -\zeta(z)\,, \int \frac{1}{2}\,\frac{\sqrt{S}+\sqrt{S_i}}{s-s_i}\,\frac{\mathrm{d}s}{\sqrt{S}} =$$

$$= \int \frac{1}{2}\,\frac{\wp'(z)+\wp'(z_i)}{\wp(z)-\wp(z_i)}\,\mathrm{d}z\,.$$

Die Integrale zweiter und dritter Art sind berechenbar, wenn das Integral erster Art beherrscht wird.

Wir wollen zunächst das Integral

$$z = \int\limits_{s}^{1} \frac{\mathrm{d}s}{\sqrt{(1-s^2)\,(1-k^2 s^2)}} \tag{179}$$

betrachten [s. auch S. 46/47 (51), (52)].

Der Integrationsweg zwischen der Stelle s, $\sqrt{(1-s^2)(1-k^2s^2)}$ [1]) und 1 wird etwa geradlinig angenommen ($s = 1$ ist Verzweigungspunkt); falls auch die untere Grenze s ein Verzweigungspunkt ist, so können wir den Integrationsweg in dem einen oder anderen Blatt annehmen. Es ist

$$\frac{1}{\sqrt{1-k^2s^2}} = 1 + \frac{1}{2}\,k^2 s^2 + \frac{3}{8}\,k^4 s^4 + \frac{5}{16}\,k^6 s^6 + \cdots, \text{wobei}\,|s^2| < \frac{1}{k^2}, \text{d. h.}\,|s| < \frac{1}{k}; \tag{180}$$

demnach bekommen wir

$$z = \int\limits_{s}^{1}\frac{\mathrm{d}s}{\sqrt{1-s^2}} + \frac{1}{2}\,k^2\int\limits_{s}^{1}\frac{s^2\,\mathrm{d}s}{\sqrt{1-s^2}} + \frac{3}{8}\,k^4\int\limits_{s}^{1}\frac{s^4\,\mathrm{d}s}{\sqrt{1-s^2}} + \frac{5}{16}\,k^6\int\limits_{s}^{1}\frac{s^6\,\mathrm{d}s}{\sqrt{1-s^2}} + \cdots \tag{181}$$

mit der unteren Grenze $s, \sqrt{1-s^2}$, d. h. $s, \sqrt{(1-s^2)\,(1-k^2 s^2)} : \sqrt{1-k^2 s^2}$.

Zur Berechnung eines auf die Weierstraßsche Normalform gebrachten elliptischen Integrals

$$\int\limits_{s_0}^{s_1}\frac{\mathrm{d}s}{\sqrt{S}} \text{ mit } \sqrt{S} = \sqrt{4\,(s-e_1)\,(s-e_2)\,(s-e_3)}$$

[1]) Der Wurzelwert gibt das Blatt der Riemannschen Fläche an, in dem s liegen soll, d. h. den verlangten Zweig.

bemerken wir: wir können stets einen Verzweigungspunkt als untere Grenze wählen, denn es ist

$$\int_{s_0}^{s_1} \frac{ds}{\sqrt{S}} = \int_{e_1}^{s_1} \frac{ds}{\sqrt{S}} - \int_{e_1}^{s_0} \frac{ds}{\sqrt{S}}. \tag{182}$$

Die obere Grenze muß nach Angabe des Wertes $\sqrt{S_1}$ bzw. $\sqrt{S_0}$ festgelegt werden.

Wir wollen die Transformation des Integrals auf eine der obigen ähnliche Form durchführen, auf die Transformation in die genaue obige Form jedoch verzichten. Die Verzweigungspunkte e_1, e_2, e_3, ∞ bringen wir mittels linearer Substitution $\frac{s - e_2}{e_1 - e_2} = \zeta$ nach 1,0, einer sich automatisch bestimmenden Stelle, und nach ∞. Wir erhalten

$$\int_{e_1}^{s_1} \frac{ds}{\sqrt{S}} = \int_{e_1}^{s_1} \frac{ds}{\sqrt{4(s-e_1)(s-e_2)(s-e_3)}} =$$

$$= \int_1^{\zeta_1} \frac{(e_1 - e_2)\, d\zeta}{2\sqrt{[\zeta(e_1 - e_2) + e_2 - e_1]\,\zeta(e_1 - e_2)\,[\zeta(e_1 - e_2) + (e_2 - e_3)]}}$$

$$\int_{e_1}^{s_1} \frac{ds}{\sqrt{S}} = \frac{e_1 - e_2}{2\sqrt{(e_1 - e_2)(e_2 - e_1)(e_2 - e_3)}} \cdot \int_1^{\zeta_1} \frac{d\zeta}{\sqrt{\zeta(1-\zeta)\left(1 - \frac{e_2 - e_1}{e_2 - e_3}\zeta\right)}}. \tag{183}$$

Das letztere Integral können wir mittels der Substitution $\zeta = w^2$ weiterbehandeln:

$$\int_1^{\zeta_1} \frac{d\zeta}{\sqrt{\zeta(1-\zeta)(1-c\zeta)}} = \int_1^{w_1} \frac{2w\,dw}{w\sqrt{(1-w^2)(1-cw^2)}} = 2\int_1^{w_1} \frac{dw}{\sqrt{(1-w^2)(1-cw^2)}}.$$

R. Theorie der ebenen Pendelschwingungen.

39. Die Schwingungsdauer als elliptisches Integral.

Ein kleiner schwerer Körper, den wir als materiellen Punkt mit der Masse m betrachten, hängt an einem Faden der Länge l, den wir als gewichtslos und unausdehnbar annehmen wollen. Wir bringen den Massenpunkt bei gespanntem Faden aus seiner Ruhelage durch eine in einer Vertikalebene (durch diese Gleichgewichtslage) erfolgende Bewegung; nachdem wir dem Faden einen Ausschlag α gegen die Vertikalrichtung erteilt haben, lassen wir den Massenpunkt los und studieren nun die

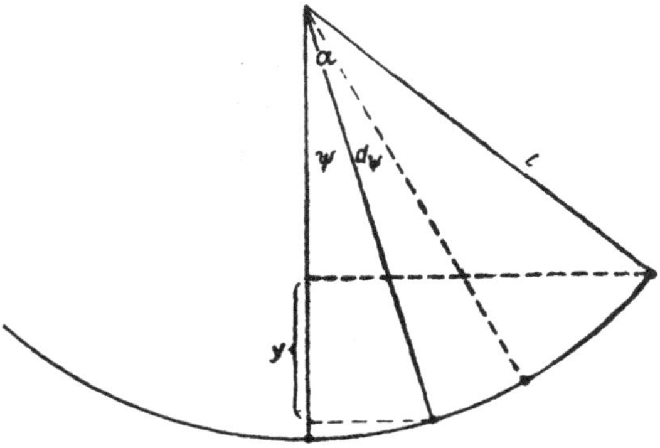

Bild 49.

Bewegung, die er unter dem Einfluß der Schwere ausführt. Luftwiderstand und Erddrehung sollen dabei unberücksichtigt bleiben.

Die im Betrachtungsaugenblick vorhandene Stellung des schwingenden Pendels wird durch den im Bogenmaß notierten Winkel ψ charakterisiert (Bild 49). Wir verfolgen die Bewegung des Pendels von der Lage ψ (im Zeitpunkt t) bis zum größten Ausschlag α. In der Stellung ψ hat der Massenpunkt eine gewisse kinetische Energie

$$\frac{1}{2} m v^2 = \frac{1}{2} m \left(\frac{l \, \mathrm{d}\psi}{\mathrm{d}t}\right)^2.$$

Wenn der Massenpunkt bis zum Ausschlag α gelangt ist, erscheint diese kinetische Energie vollkommen aufgebraucht (die Geschwindigkeit hat dann den Wert Null) und in potentielle Energie

$$mgy = mgl \; (\cos\psi - \cos\alpha)$$

umgewandelt. Wir haben also die Relation:

$$mgy = mgl \; (\cos\psi - \cos\alpha) = \frac{1}{2} m v^2 = \frac{1}{2} m l^2 \left(\frac{\mathrm{d}\psi}{\mathrm{d}t}\right)^2.$$

Wir erhalten

$$\mathrm{d}t = \sqrt{\frac{l}{2g}} \frac{1}{\sqrt{\cos\psi - \cos\alpha}} \, \mathrm{d}\psi .$$

Die Zeit, die während der Bewegung aus der Lage ψ in die Lage α verstreicht, ist dann durch das Integral gegeben

$$\sqrt{\frac{l}{2g}} \int\limits_{\psi}^{\alpha} \frac{\mathrm{d}\psi}{\sqrt{\cos\psi - \cos\alpha}} .$$

Insbesondere ist die Dauer einer Viertelschwingung, nämlich die Zeit, die zu einem Durchlaufen des Kreisbogens von $\psi = 0$ bis $\psi = \alpha$ benötigt wird, gegeben durch

$$\tau = \sqrt{\frac{l}{2g}} \int\limits_{0}^{\alpha} \frac{\mathrm{d}\psi}{\sqrt{\cos\psi - \cos\alpha}} \;^{1)}.$$

---

[1]) Wir bedenken, daß die Bewegung in der umgekehrten Richtung von $\psi = \alpha$ bis $\psi = 0$ ebensoviel Zeit beansprucht wie die Bewegung von $\psi = 0$ bis $\psi = \alpha$, da die Geschwindigkeit v nur von y abhängt und deshalb in beiden Fällen dieselbe ist.

Wegen $\cos\alpha = 1 - 2\sin^2\frac{\alpha}{2}$ und $\cos\psi = 1 - 2\sin^2\frac{\psi}{2}$ können wir schreiben:

$$\tau = \frac{1}{2}\sqrt{\frac{l}{g}}\int_0^{\alpha}\frac{d\psi}{\sqrt{\sin^2\frac{\alpha}{2} - \sin^2\frac{\psi}{2}}}.$$

Mittels der naheliegenden Substitution $\sin\frac{\psi}{2} = \sin\frac{\alpha}{2}\sin\varphi$ und der sich durch Differentiation nach ψ aus ihr ergebenden Relation

$$\frac{1}{2}\cos\frac{\psi}{2} = \sin\frac{\alpha}{2}\cos\varphi\frac{d\varphi}{d\psi}\text{, d. h. }\frac{1}{2}\sqrt{1-\sin^2\frac{\alpha}{2}\sin^2\varphi} = \sin\frac{\alpha}{2}\cos\varphi\frac{d\varphi}{d\psi}$$

bekommen wir:

$$\tau = \frac{1}{2}\sqrt{\frac{l}{g}}\int_{\varphi=0}^{\varphi=\frac{\pi}{2}}\frac{2\sin\frac{\alpha}{2}\cos\varphi\, d\varphi}{\sqrt{1-\sin^2\frac{\alpha}{2}\sin^2\varphi}\sqrt{\sin^2\frac{\alpha}{2}(1-\sin^2\varphi)}},$$

$$\tau = \sqrt{\frac{l}{g}}\int_0^{\frac{\pi}{2}}\frac{d\varphi}{\sqrt{1-\sin^2\frac{\alpha}{2}\sin^2\varphi}}. \tag{184}$$

Das ist die uns bekannte Schreibweise (52) des elliptischen Integrals I. Art (51), s. auch (179).

40. Ermittelung dieses Integrals, Näherungsformel.

Dieses Integral wird nach Legendre mit $F\left(\sin\frac{\alpha}{2}, \frac{\pi}{2}\right)$ bezeichnet. Legendre hat als erster Tabellen für die Werte dieses Integrals berechnet; in neueren Tafeln ist an Stelle von $\sin\frac{\alpha}{2}$ ein einziger Buchstabe, k oder auch ε notiert. Man liest in den Tafeln z. B. folgendes ab (für α in Graden):

Für $\frac{\alpha}{2}$	$= 0^0$	$2{,}5^0$	5^0	10^0	20^0 ist
$F\left(\sin\frac{\alpha}{2}, \frac{\pi}{2}\right)$	$= 1{,}5708$	$1{,}5715$	$1{,}5738$	$1{,}5828$	$1{,}6200$.

Für $\frac{\alpha}{2}$	$= 30^0$	45^0	60^0	75^0	90^0	ist
$F\left(\sin\frac{\alpha}{2}, \frac{\pi}{2}\right) =$	1,6858	1,8541	2,1565	2,7681	∞ [1]).	

Wir erkennen insbesondere, wie τ [s. (184)] mit wachsendem Ausschlag α wächst. Für sehr kleine Ausschläge α geht F in den Wert $\frac{\pi}{2}$ über (s. auch obige Tabelle), und dann ist

$$\tau = \frac{\pi}{2}\sqrt{\frac{l}{g}}\,.$$

Ist α zwar klein, aber doch nicht so klein, daß wir es näherungsweise gleich Null setzen können, so wird die soeben notierte Näherungsformel dem wahren Sachverhalt nicht mehr gerecht. Bis zu einem Ausschlag α von etwa 30^0 können wir so verfahren: Wir bemerken, daß die Größe $\sin^2\frac{\alpha}{2}$ $\sin^2\varphi$ höchstens den Wert $\sin^2\frac{\alpha}{2}$ annehmen kann und daß dieser Wert für $\alpha = 30^0$ noch unter 0,07 liegt. Der Integrand in (184) läßt sich dann entwickeln:

$$\frac{1}{\sqrt{1-\varepsilon}} = (1-\varepsilon)^{-\frac{1}{2}} = 1 + \frac{1}{2}\varepsilon + \frac{3}{8}\varepsilon^2 + \cdots;$$

brechen wir mit dem zweiten Glied ab, so erhalten wir nach (184):

$$\tau = \sqrt{\frac{l}{g}}\int_0^{\frac{\pi}{2}}\left(1 + \frac{1}{2}\sin^2\frac{\alpha}{2}\sin^2\varphi\right)d\,\varphi\,. \qquad (185)$$

Unter Berücksichtigung der Beziehung

$$\int_0^{\frac{\pi}{2}}\sin^2\varphi\,d\,\varphi = \frac{\pi}{4}$$

erhalten wir für unsere Näherungsformel (185)

$$\tau = \sqrt{\frac{l}{g}}\left(\frac{\pi}{2} + \frac{\pi}{8}\sin^2\frac{\alpha}{2}\right),$$

$$\tau = \frac{\pi}{2}\sqrt{\frac{l}{g}}\left(1 + \frac{1}{4}\sin^2\frac{\alpha}{2}\right).$$

Das Glied im Klammerausdruck ergibt ein Korrekturglied für die oben angegebene übliche Näherungsformel bei sehr kleinen Ausschlägen α.

---

[1]) Wir haben anläßlich der Reihenentwicklungen (117a), (121b), (128) für das elliptische Integral I. Art in Weierstraßscher Normalform erkannt, daß dieses überall endlich ist (man berücksichtige auch die Entwicklungen in 31). Im Falle $\frac{\alpha}{2} = 90^0$, d. h. $\sin\frac{\alpha}{2} = 1$ artet das Integral in das nicht mehr elliptische Integral

$$\int_0^{\frac{\pi}{2}}\frac{d\varphi}{\cos\varphi} = \left[-\log\operatorname{tg}\left(\frac{\pi}{4} - \frac{\varphi}{2}\right)\right]_0^{\frac{\pi}{2}}$$ aus; nach (51): $$\int_0^1\frac{dz}{1-z^2}\,.$$

Schrifttumsverzeichnis.

Heinrich Burkhardt: Elliptische Funktionen, 3. Auflage, Berlin und Leipzig 1920.

Encyclopädie der math. Wissenschaften, Bd. II, 2, Heft 2/3, Leipzig 1913.

L. D. Ford: Automorphic Functions, New York 1929.

R. Fricke: Die elliptischen Funktionen und ihre Anwendungen, I. Teil, Leipzig 1916.

Halphen: Traité des fonctions elliptiques (II. Band enthält Anwendungen auf Geometrie und Mechanik).

Hurwitz: Vorlesungen über allgemeine Funktionentheorie und elliptische Funktionen. Herausgegeben von R. Courant. Berlin 1925, Springer-Verlag.

König-Krafft: Elliptische Funktionen, Berlin, Walter de Gruyter. 1928.

F. Oberhettinger und W. Magnus: Anwendung der elliptischen Funktionen in Physik und Technik (Berlin, Springer 1949).

L. Schlesinger: Automorphe Funktionen, Berlin und Leipzig 1924.

F. Tricomi: Elliptische Funktionen, Übersetzung von Krafft, Leipzig 1948, Akad. Verlagsgesellschaft.

F. Tricomi: Funzioni ellitiche, Bologna 1937, bei Zanichelli.

H. Weber: Elliptische Funktionen und algebraische Zahlen, Braunschweig 1891.

K. Weierstraß und H. A. Schwarz: Formeln und Lehrsätze zum Gebrauch der elliptischen Funktionen (Berlin 1883 bei Springer).

E. T. Whittaker und G. N. Watson: Modern Analysis (4. ed. Cambridge 1927, University press), p. 429—535.

Tafeln:

Jahnke-Emde: Tafeln höherer Funktionen. B. G. Teubner Verlagsgesellschaft Leipzig 1948, S. 53—103.

L. M. Milner-Thomson.: Die elliptischen Funktionen von Jacobi (Berlin 1931 bei Springer).

Namen- und Sachverzeichnis.